Galileo 科學大圖鑑系列

VISUAL BOOK OF THE SCIENCE
科學大圖鑑

人人出版

前　言

生活在現代的我們，

已經知道球會掉落地面是重力的緣故，

也知道感冒主要是病毒在作怪。

但在距今2500多年前的古希臘時代，

卻認為無論是打雷、睡覺還是生病，全都是天神在發威。

於是，陸續有愈來愈多的人，

試圖透過更理性、合理的說明來解釋各式各樣的現象（自然現象）。

人們這種「探索知識」的行為，曾一度統稱為哲學。

而一部分的哲學在17世紀到19世紀之後，逐漸轉變成為科學。

換句話說，不管是伽利略還是牛頓，在當時都算是哲學家。

很多人一聽到「科學」，

就會聯想到化學、物理學、天文學等「自然科學」。

但另一方面，英語的「science」來自拉丁語的「scientia」，

這個字泛指一般「確實的知識」。

由此也可以感受到科學與哲學是相通的！

附帶一提，「哲學」（philosophy）源於古希臘語中的「philosophia」，

philo是「愛」，sophia則是「知識」的意思。

本書除了科學的發展之外，也廣泛地介紹

構成科學（自然科學）的各個領域。

希望透過本書能提高各位讀者對科學的興趣。

科學大圖鑑

1 化學科學

2 物理科學

3 技術科學

4 生命科學

5 地球科學

6 宇宙科學

7 創造科學的人類思考

1
化學科學
Logical explanation of Chemistry

世界乃由3種「粒子」組成

所有的物質都由「原子」組成。無論是流動的水、堅硬的金屬，還是有生命活動的我們，全部都是原子的集合體。在日常生活中之所以不會意識到這點，是因為原子實在太小了。原子的平均大小是1000萬分之1（0.0000001）毫米，原子與彈珠的體積比，就相當於地球與棒球的體積比。

原子的中心有帶正電的「原子核」，周圍則分布著帶負電的「電子」。而原子可再分為帶正電的「質子」與不帶電的「中子」。一個原子所含有的電子數與質子數相等，因此原子屬於電中性。

多個原子結合在一起稱為「分子」。譬如氧，一般來說，就是以兩個氧原子結合在一起的氧分子（O_2）形式存在。

原子
電子（帶負電）
原子核
（帶正電）
原子核
質子
（帶正電）
中子
（不帶電）

（↑）原子的結構

原子由中央的「原子核」與其周圍的「電子」組成。原子核的大小約為整個原子的1萬分之1至10萬分之1，小到甚至連用點都畫不出來。

由於電子與質子的數量相等，因此原子屬於電中性。當原子帶著正電或負電時稱為「離子」（ion，為陽離子或陰離子）。

銀河系的恆星數量

10^{11}個

地球總人口

7.6×10^{9}人

日常看到的物體由數量龐大的原子與分子聚集而成。舉例來說，1小匙（5毫升）水所含的水分子數竟然約為1.7×10^{23}個（170,000,000,000,000,000,000,000：1700垓個）。從圖中可以知道，即使是整個地球的人口或銀河系的恆星數量，都遠遠比不上。

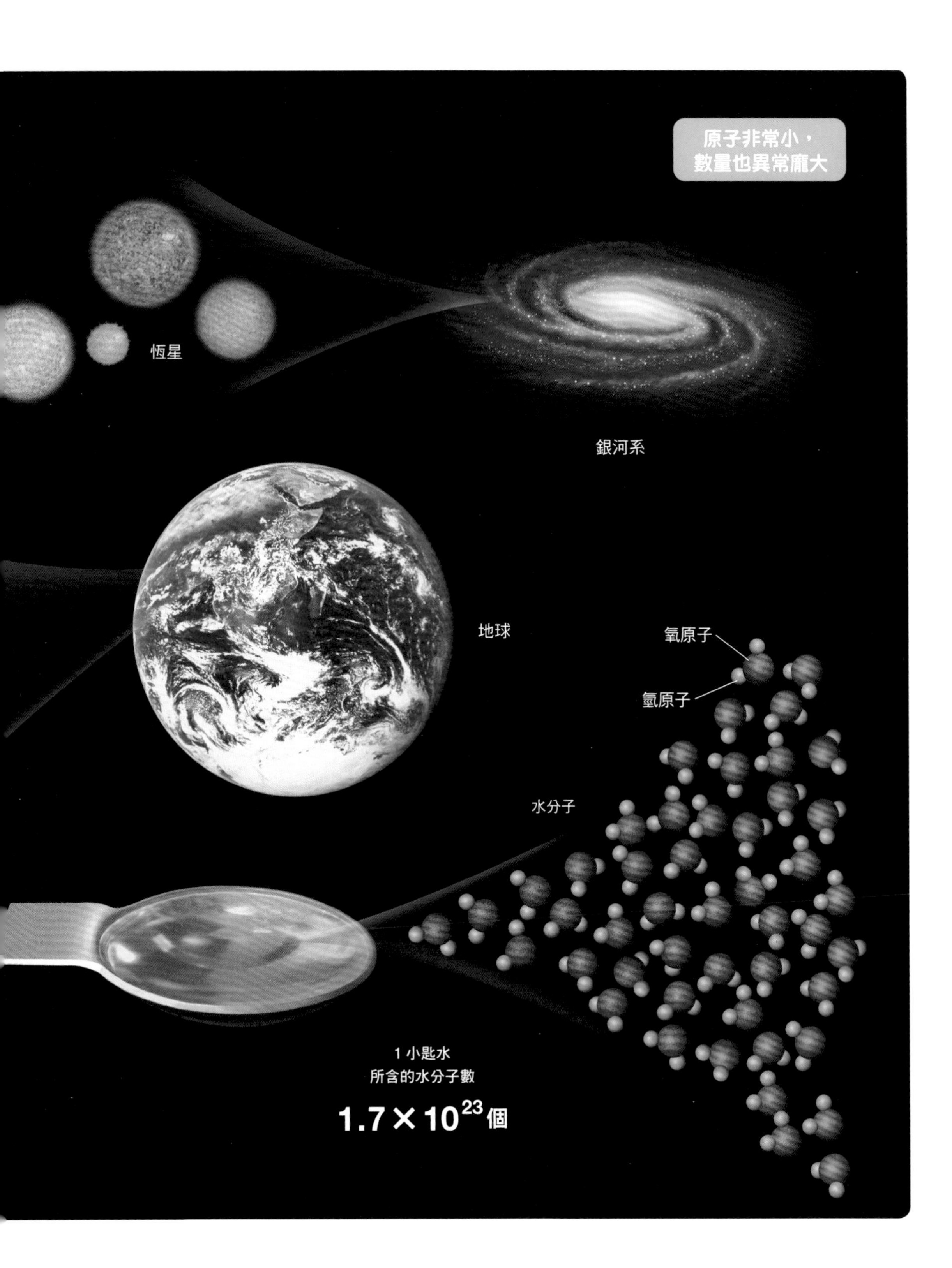
原子非常小，
數量也異常龐大
恆星
銀河系
地球
氧原子
氫原子
水分子
1 小匙水
所含的水分子數
1.7×10²³個

從原子或分子的尺度觀察周遭的各種現象

原子與分子活動的劇烈程度（動能），我們通常稱之為「溫度」。

一般來說，物質的狀態從高溫到低溫，分別是氣體、液體、固體。「氣體」是原子（分子）以猛烈的速度四散紛飛的狀態。在這個狀態中，原子本身會旋轉、伸縮或是振動，雖然密度也有影響，但基本上氣體原子之間會不斷地頻繁碰撞。

當氣體溫度下降，也就是原子的速度變慢時，原子之間會因為引力（彼此吸引的力）而聚集在一起，這種狀態就是「液體」。原子本身能夠自由移動，因此也和氣體一樣會旋轉、伸縮。

如果溫度又再下降，引力就會增強，使得原子當場停下來，這個狀態稱為「固體」。但原子並非靜止不動，而是隨時都在原地振動（溫度愈高愈激烈）。換句話說，就算是冰塊，如果放大仔細看，也會發現水分子不斷在抖動。

原子之間的引力強度依物質而異。當引力弱的時候，就算低溫也很難變成液體或固體（沸點或凝固點低※）。

※：「沸點」是液體沸騰變成氣體的溫度，而「凝固點」是指液體變成固體的溫度。

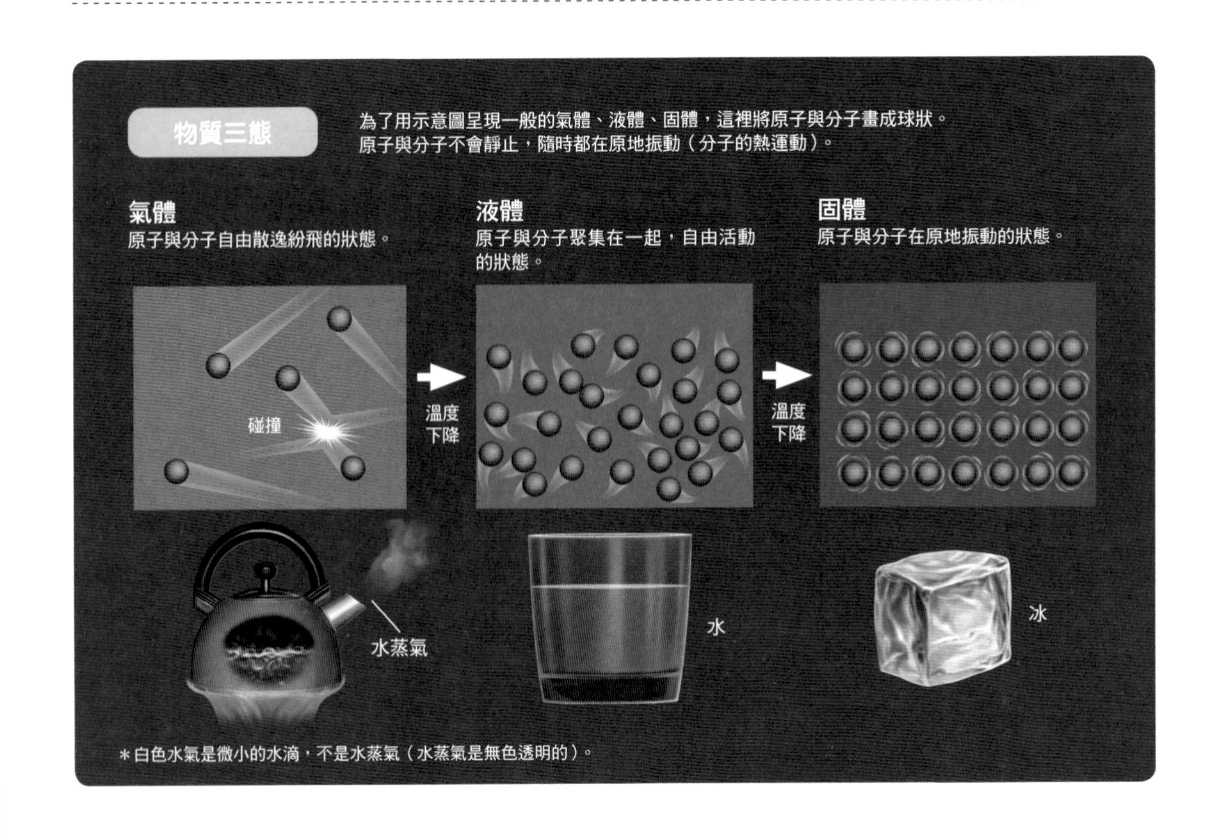

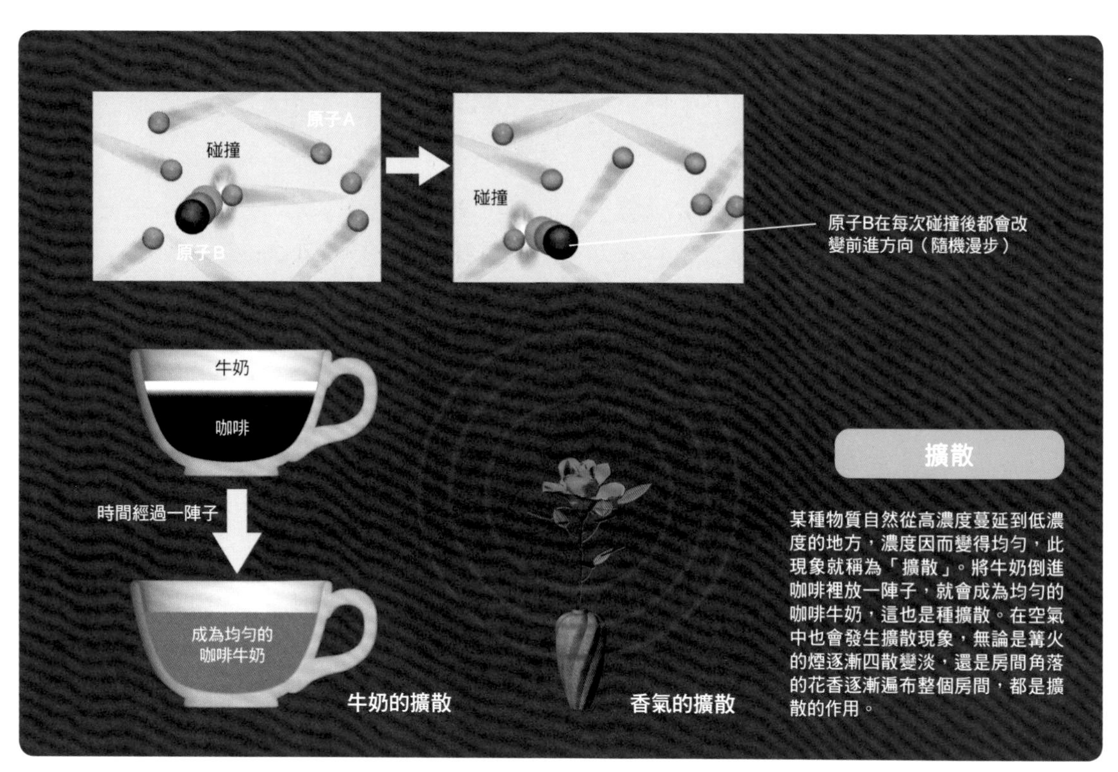

擴散

某種物質自然從高濃度蔓延到低濃度的地方，濃度因而變得均勻，此現象就稱為「擴散」。將牛奶倒進咖啡裡放一陣子，就會成為均勻的咖啡牛奶，這也是種擴散。在空氣中也會發生擴散現象，無論是篝火的煙逐漸四散變淡，還是房間角落的花香逐漸遍布整個房間，都是擴散的作用。

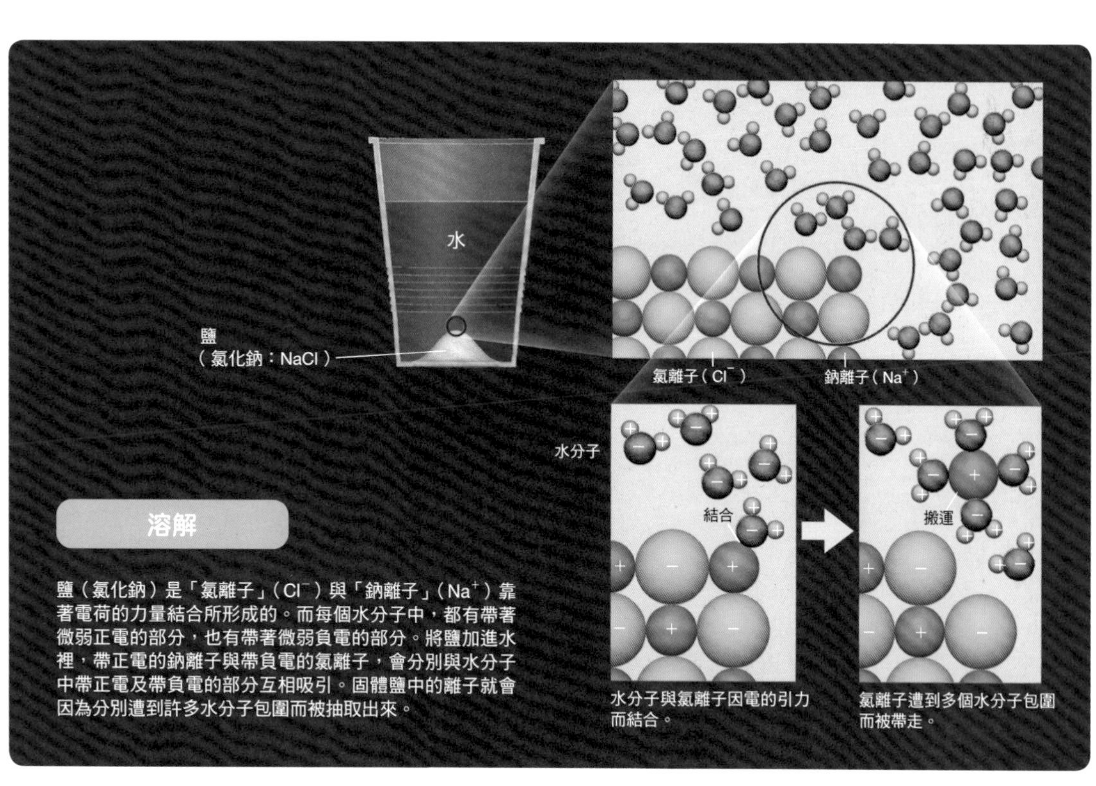

水分子與氯離子因電的引力而結合。

氯離子遭到多個水分子包圍而被帶走。

溶解

鹽（氯化鈉）是「氯離子」（Cl^-）與「鈉離子」（Na^+）靠著電荷的力量結合所形成的。而每個水分子中，都有帶著微弱正電的部分，也有帶著微弱負電的部分。將鹽加進水裡，帶正電的鈉離子與帶負電的氯離子，會分別與水分子中帶正電及帶負電的部分互相吸引。固體鹽中的離子就會因為分別遭到許多水分子包圍而被抽取出來。

改變原子的組合 形成不同性質的分子

「化學反應」指的是分子與分子碰撞，並且因碰撞而釋放出原子，或是與其他原子結合的反應。

發生化學反應時，會改變構成分子的原子組合，使分子的性質與反應之前截然不同。舉例來說，將氧分子與氫分子混和，施加熱能、電能就會產生反應，形成「水」分子。附帶一提，冰融化成水時，改變的只有分子結合的強弱程度，水分子本身並不會產生變化，因此稱為三態變化或是相變（phase transition，廣義來說也包含在化學反應當中）。

日常生活中也能看到多種化學反應，例如「燃燒」物體是物質（物體）與氧結合，發出光與熱的化學反應；我們「呼吸」的行為，也是使用吸入的氧燃燒體內的葡萄糖等，製造活動身體所需能量的化學反應。

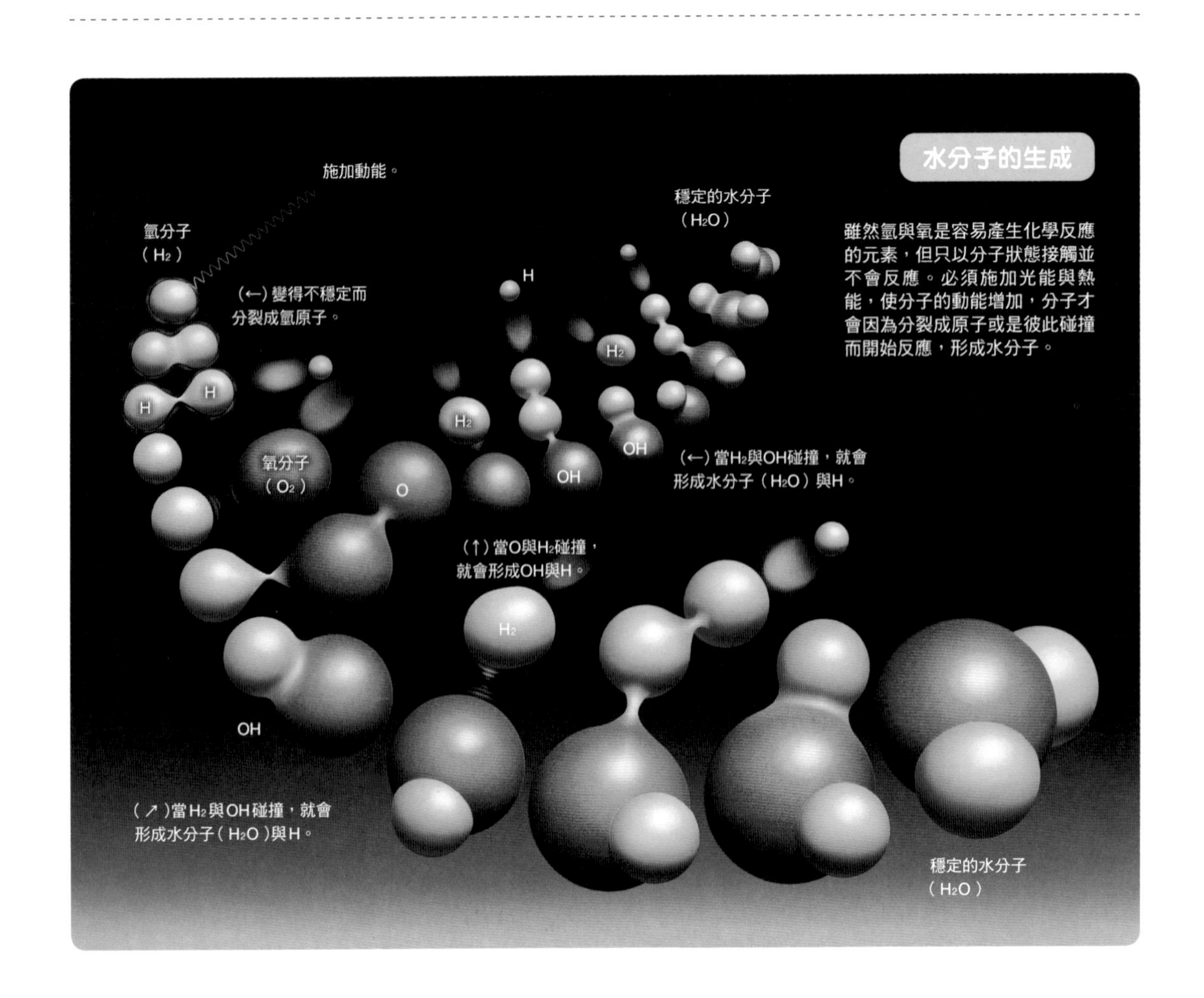

燃燒
物質燃燒是物質的原子與氧原子結合而發出光與熱的反應。當燃燒的速度很快，物質一口氣燒掉時，就會出現像炸藥那樣的「爆炸」現象。另一方面，如果物質與氧原子結合時（或是原本結合的氫原子被奪走時）沒有釋放出光與熱，則稱為「氧化」。金屬生鏽就是一種進展緩慢的氧化。

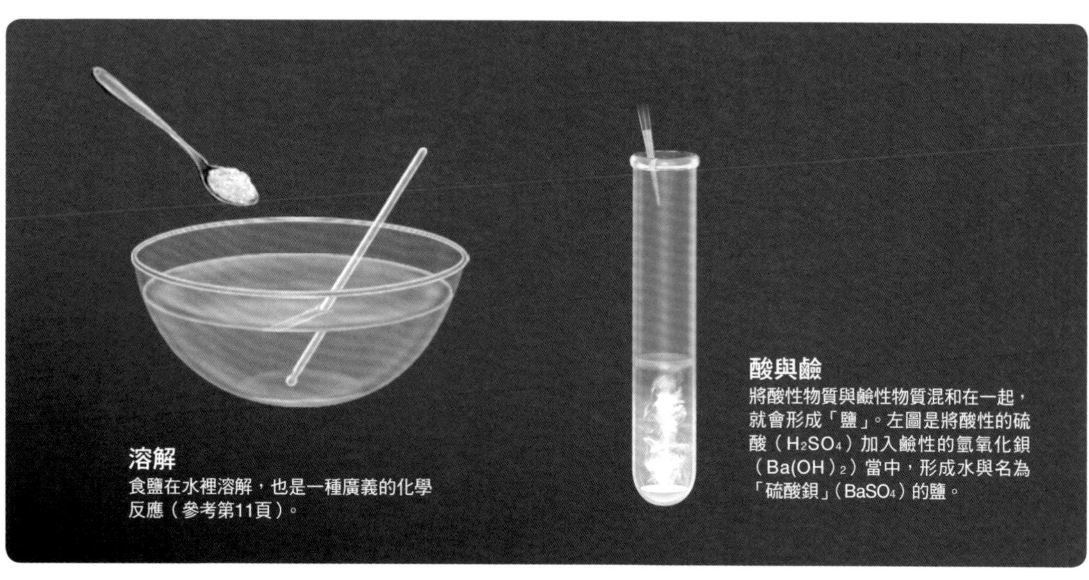

溶解
食鹽在水裡溶解，也是一種廣義的化學反應（參考第11頁）。

酸與鹼
將酸性物質與鹼性物質混和在一起，就會形成「鹽」。左圖是將酸性的硫酸（H_2SO_4）加入鹼性的氫氧化鋇（$Ba(OH)_2$）當中，形成水與名為「硫酸鋇」（$BaSO_4$）的鹽。

清楚證明原子的存在

既然肉眼看不到原子，那麼人類如何證明其存在呢？

古希臘哲學家曾思考過萬物的根源。舉例來說，德謨克利特（Democritus，約前460～約前370）就曾主張「萬物由微小的粒子組成」，並將這種粒子稱為「atom」（原子），這在希臘語中指的是「無法進一步分割的物質」。他認為不同的物質有不同的原子，甚至還存在「人類靈魂的原子」。

另一方面，也有其他不同於「原子說」的假說。最具代表性的說法，就是亞里斯多德（Aristotle，約前384～約前322）所支持的「四元素說」，認為「所有的物質都由火、土、空氣、水這四種『元素』組成」，此說提出之後即獲得廣泛的支持，時間長達2000年以上。

新的元素假說與原子說的確立

法國化學家拉瓦錫（Antoine-Laurent de Lavoisier，1743～1794）對於「元素是什麼」的討論帶來決定性的影響，他主張「元素是無法再進一步分離的物質」，而且「水是由氫與氧結合而成，本身不是元素」。這麼一來，四元素說就被否定了。此外，拉瓦錫也在1789年發表了33種元素（元素表），用來取代四元素說。

德謨克利特的原子（↓）
西元前5世紀左右，古希臘的德謨克利特認為物質的根源就是有限且不可分割的atom（原子）。

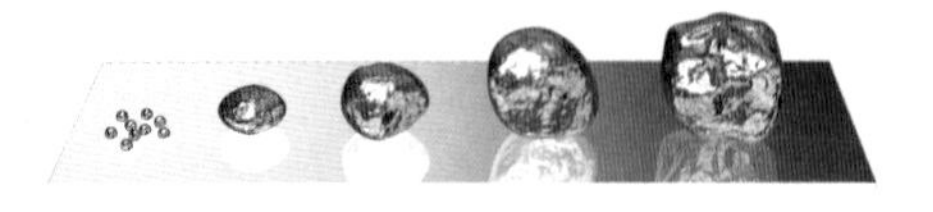

熱
火
空氣
乾
濕
土
水
冷

亞里斯多德的四元素說（→）
亞里斯多德為恩培多克勒（Empedocles，前490～前430）所想出的四元素說，再加上感覺性質（冷、熱等）的說明。

（←）拉瓦錫
18世紀後半，拉瓦錫將「元素」定義為竭盡各種手段進行實驗都無法進一步分解的物質，並發表30多種元素，確立新的元素觀。

英國物理學家兼化學家道耳吞（John Dalton，1766～1844），將新的元素說與「原子說」結合。道耳吞根據化合物中的元素質量比固定不變的定比定律〔法國的普魯斯特（Joseph Proust，1754～1826）在1799年發表〕，認為「元素是某種擁有固定質量之粒子（原子）的集合」。

不過，道耳吞只提出世界上存在「原子」這種粒子的概念，並未實際證明其正確性。必須等到100年後，物理學家愛因斯坦（Albert Einstein，1879～1955）建立了理論，並由法國物理化學家佩蘭（Jean Perrin，1870～1942）透過實驗予以證明。

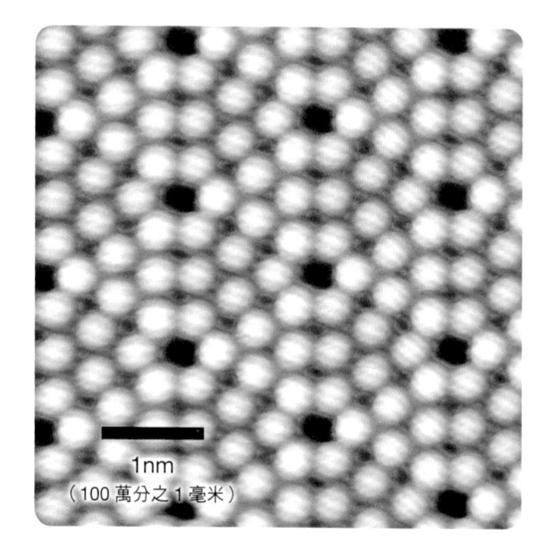

顯微鏡下的原子
上圖是掃描穿隧顯微鏡（STM）拍下的矽（Si）原子結晶。這種顯微鏡利用金屬探針「觸及」樣本（矽結晶）表面，就像用手指撫摸物體表面確認其形狀一樣。不過探針並沒有真的觸碰到樣本，而是利用兩者之間產生的微弱電流測量表面凹凸。

發現原子真實樣貌的主要科學家

※1：1804年
※2：1868年發現，1869年發表

年代	人名	主要成果
約1785年	拉瓦錫（1743～1794）	元素的概念、質量守恆定律
1799年	普魯斯特（1754～1826）	定比定律
1803年	道耳吞（1766～1844）	原子說、倍比定律※1
1811年	亞佛加厥（1776～1856）	分子的概念、亞佛加厥常數
1869年※2	門德列夫（1834～1907）	週期表（→第24、28頁）
1897年	湯姆森（1856～1940）	確認電子的存在（→第16頁）
1905年	愛因斯坦（1879～1955）	以理論證明原子的存在
1908年	佩蘭（1870～1942）	以實驗證明原子的存在
1911年	拉塞福（1871～1937）	發現原子核（→第18頁）
1911年	索迪（1877～1956）	發現同位素
1913年	波耳（1885～1962）	關於電子軌道的假說（→第20、22頁）
1924年	德布羅意（1892～1987）	電子波動說（→第22、60頁）
1926年	薛丁格（1887～1961）	電子波動方程式（→第22頁）
1932年	查德威克（1891～1974）	發現中子

湯姆森發現「電子」的存在

1858年，德國數學家暨物理學家普呂克（Julius Plücker，1801～1868）在進行「真空放電」的實驗時發現，原本在幾乎抽成真空的玻璃管兩端施加電壓，管內會閃現紫色光，但如果將玻璃管中的空氣抽得更乾淨，紫色光就會消失，取而代之在玻璃

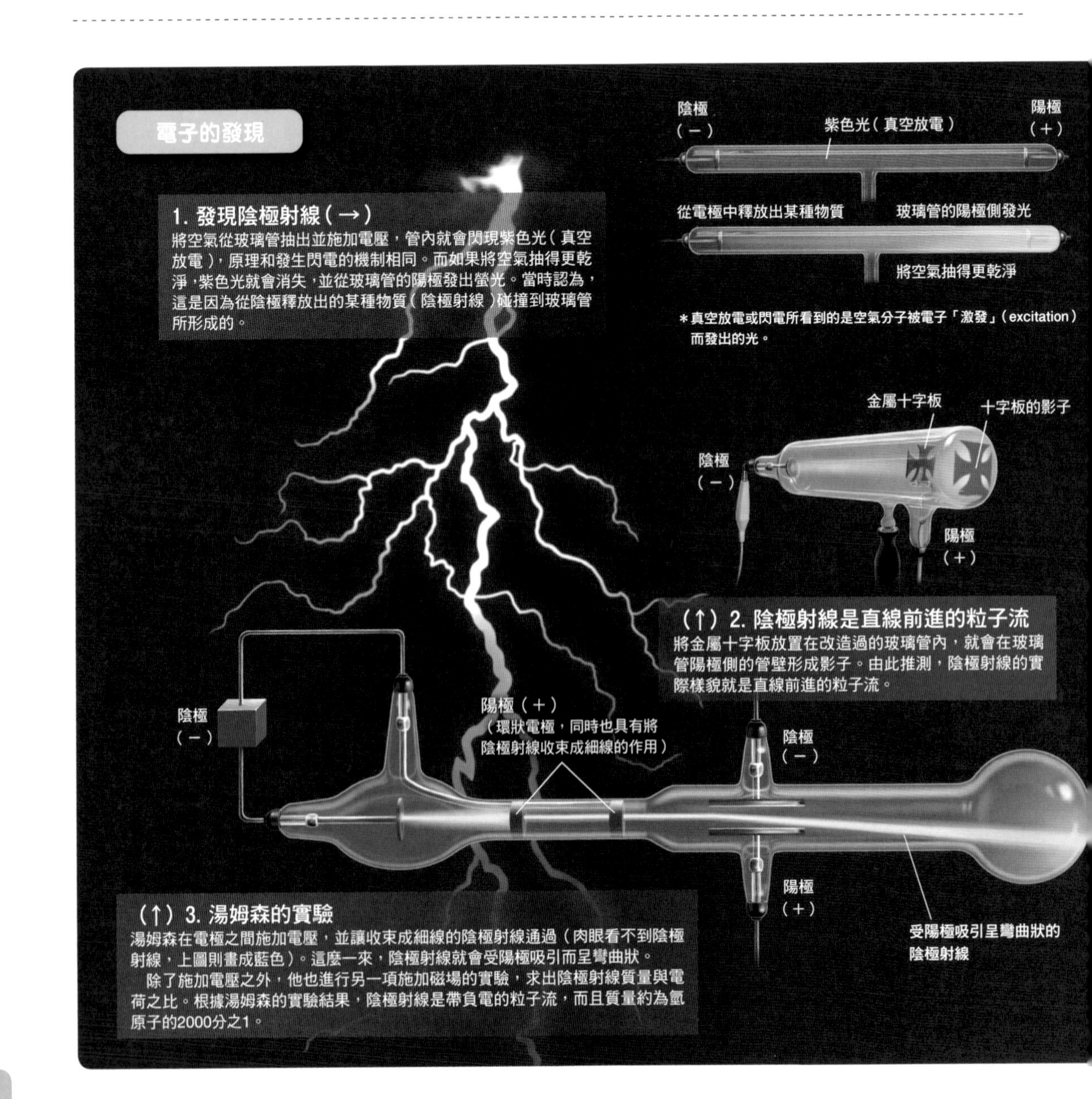

1. 發現陰極射線（→）

將空氣從玻璃管抽出並施加電壓，管內就會閃現紫色光（真空放電），原理和發生閃電的機制相同。而如果將空氣抽得更乾淨，紫色光就會消失，並從玻璃管的陽極發出螢光。當時認為，這是因為從陰極釋放出的某種物質（陰極射線）碰撞到玻璃管所形成的。

（↑）2. 陰極射線是直線前進的粒子流

將金屬十字板放置在改造過的玻璃管內，就會在玻璃管陽極側的管壁形成影子。由此推測，陰極射線的實際樣貌就是直線前進的粒子流。

（↑）3. 湯姆森的實驗

湯姆森在電極之間施加電壓，並讓收束成細線的陰極射線通過（肉眼看不到陰極射線，上圖則畫成藍色）。這麼一來，陰極射線就會受陽極吸引而呈彎曲狀。

除了施加電壓之外，他也進行另一項施加磁場的實驗，求出陰極射線質量與電荷之比。根據湯姆森的實驗結果，陰極射線是帶負電的粒子流，而且質量約為氫原子的2000分之1。

管陽極側發出螢光。

後來，英國化學家暨物理學家克魯克斯（William Crookes，1832～1919）等人主張，讓玻璃管發光的是由陰極所釋放出來某種帶有負電的極小粒子流。揭開這種粒子真實樣貌的是英國物理學家湯姆森（Joseph John Thomson，1856～1940）。這種粒子稱為「電子」。

當時認為，各種物質都由原子構成，而且原子無法再進一步分割。但由於發現了比原子更小的電子，包含湯姆森在內的科學家，都推測電子只不過是構成原子的其中一種「零件」，並且想像出各種原子的樣貌。

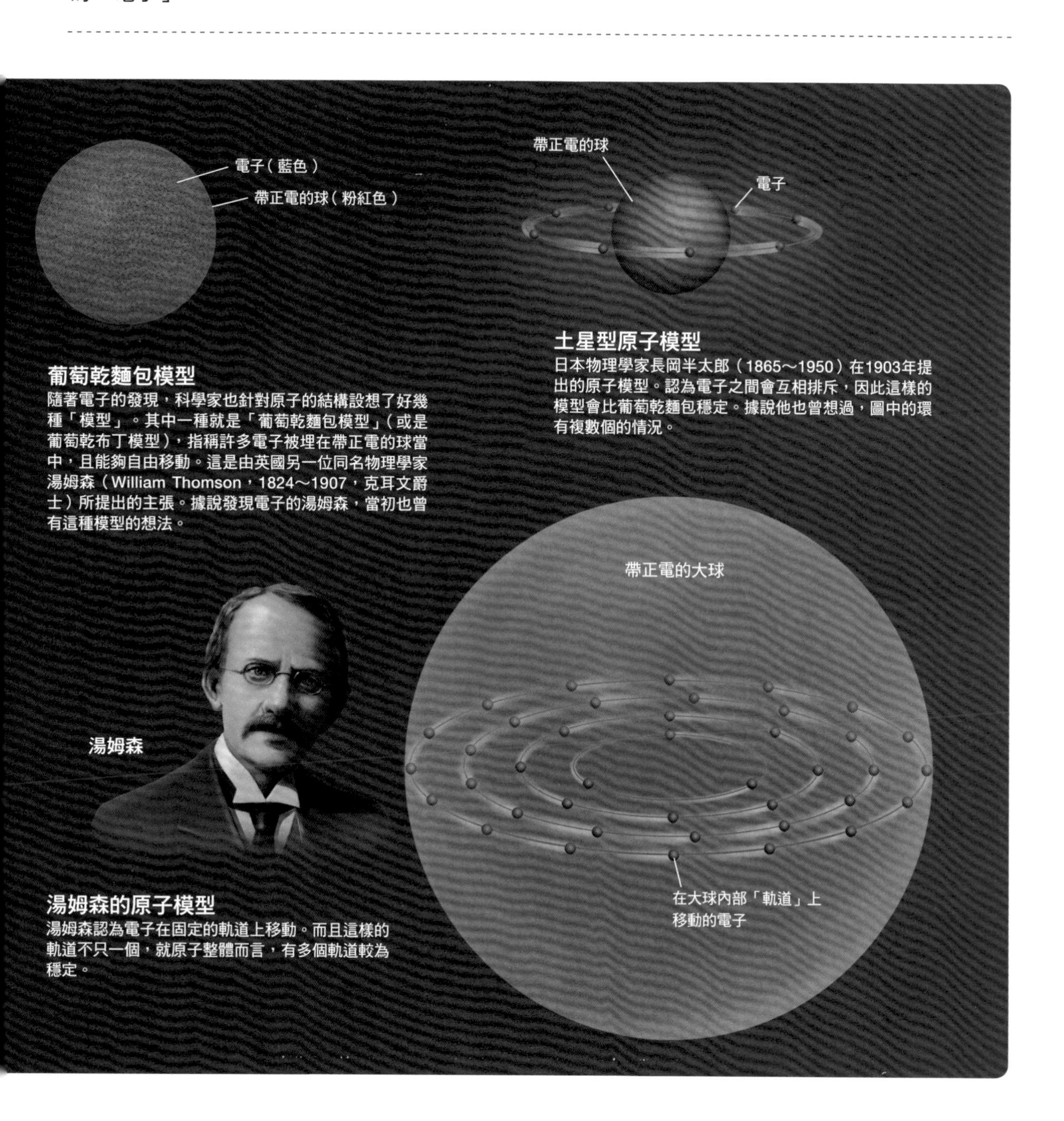

葡萄乾麵包模型
隨著電子的發現，科學家也針對原子的結構設想了好幾種「模型」。其中一種就是「葡萄乾麵包模型」（或是葡萄乾布丁模型），指稱許多電子被埋在帶正電的球當中，且能夠自由移動。這是由英國另一位同名物理學家湯姆森（William Thomson，1824～1907，克耳文爵士）所提出的主張。據說發現電子的湯姆森，當初也曾有這種模型的想法。

土星型原子模型
日本物理學家長岡半太郎（1865～1950）在1903年提出的原子模型。認為電子之間會互相排斥，因此這樣的模型會比葡萄乾麵包穩定。據說他也曾想過，圖中的環有複數個的情況。

湯姆森的原子模型
湯姆森認為電子在固定的軌道上移動。而且這樣的軌道不只一個，就原子整體而言，有多個軌道較為穩定。

存在於原子中央的正電荷團塊

自從湯姆森發現電子以來，關於原子結構的臆測就眾說紛紜。氣體與液體本身並不帶電，換言之可以推測原子本身應該是電中性。然而電子卻帶負電，既然如此，將其抵消的正電到底來自哪裡呢？

回答這個問題的是英國物理學家拉塞福（Ernest Rutherford，1871～1973）。拉塞福當時正在進行「α射線」的研究。α射線是帶正電α粒子的集合，質量約為電子的8000倍，移動的速度非常快，因此拉塞福預

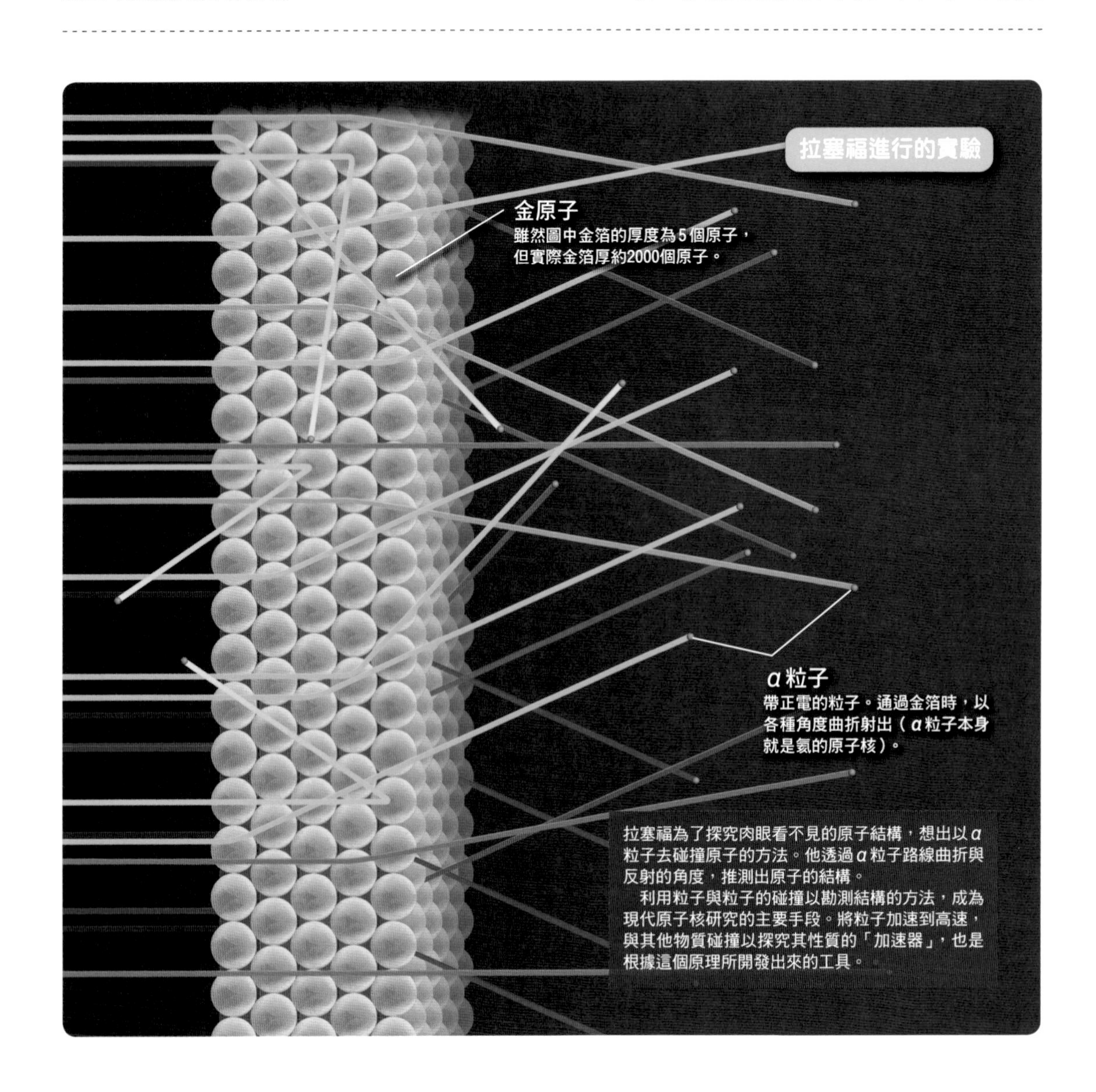

拉塞福為了探究肉眼看不見的原子結構，想出以α粒子去碰撞原子的方法。他透過α粒子路線曲折與反射的角度，推測出原子的結構。

利用粒子與粒子的碰撞以勘測結構的方法，成為現代原子核研究的主要手段。將粒子加速到高速，與其他物質碰撞以探究其性質的「加速器」，也是根據這個原理所開發出來的工具。

測，即使將其朝著原子射出，α粒子也會直接通過※。

然而，根據研究室年輕助理蓋格（Hans Geiger，1882～1945）與瑪斯登（Ernest Marsden，1889～1970）的測量，發現α粒子的行進方向在極少數的情況下（大約每1萬次會有1次），會出現大角度的曲折，有時甚至會朝著反方向彈回。然而電子不太可能令重量遠大於自身的α粒子反彈，因此拉塞福推測，原子中央極小的區域可能聚集著正電荷。而這就是發現「原子核」的過程。

※：或者也可能受原子影響，使得行進方向稍微改變。

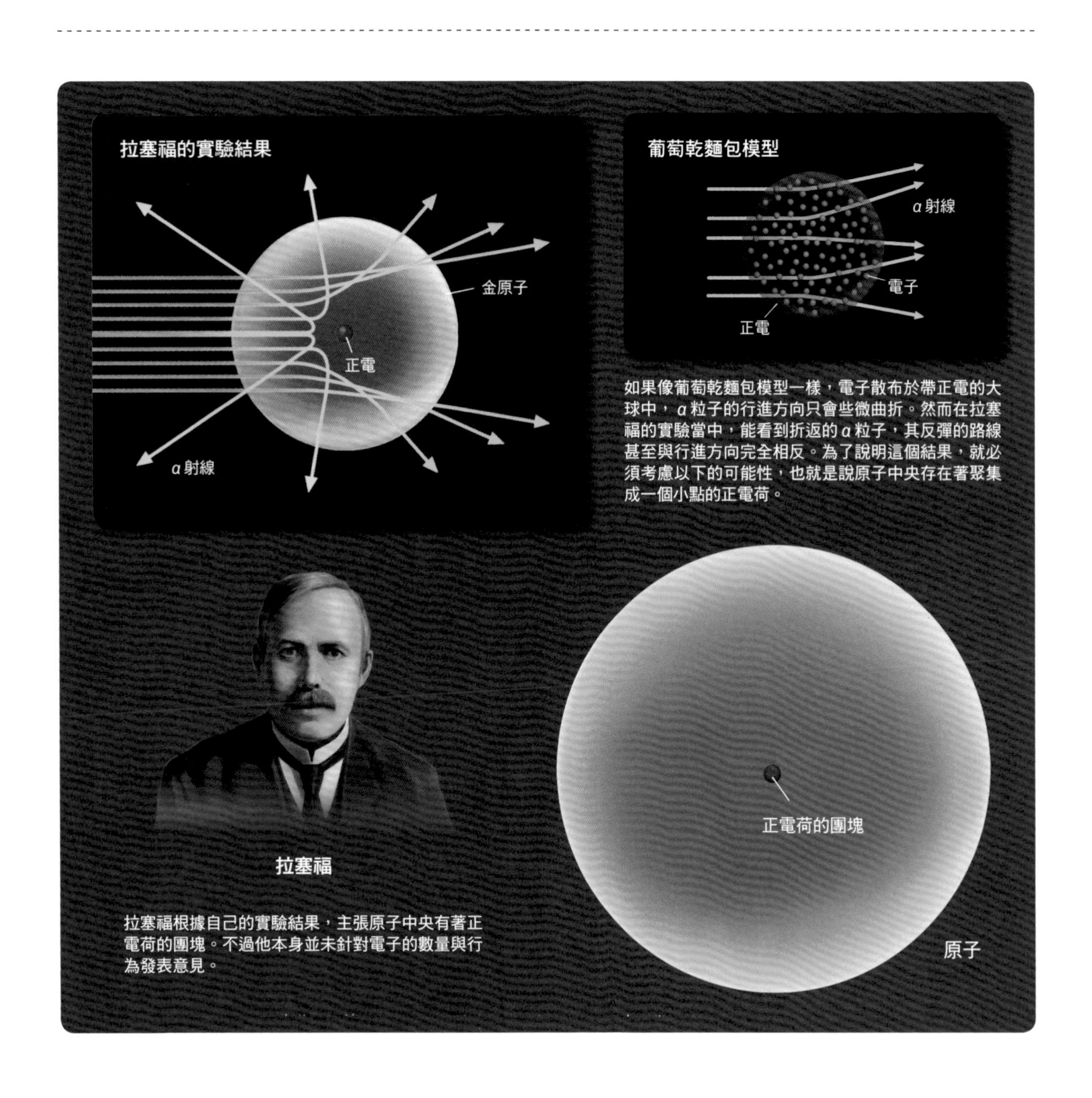

如果像葡萄乾麵包模型一樣，電子散布於帶正電的大球中，α粒子的行進方向只會些微曲折。然而在拉塞福的實驗當中，能看到折返的α粒子，其反彈的路線甚至與行進方向完全相反。為了說明這個結果，就必須考慮以下的可能性，也就是說原子中央存在著聚集成一個小點的正電荷。

拉塞福根據自己的實驗結果，主張原子中央有著正電荷的團塊。不過他本身並未針對電子的數量與行為發表意見。

電子只會沿著有限的軌道運動

拉塞福的實驗結果發表後不久，科學家開始探索原子真正的樣貌，而這方面的先驅就是丹麥理論物理學家波耳（Niels Bohr，1885～1962）。

波耳首先設想一個能滿足拉塞福實驗結果的原子模型。在這個模型當中，電子彷彿是

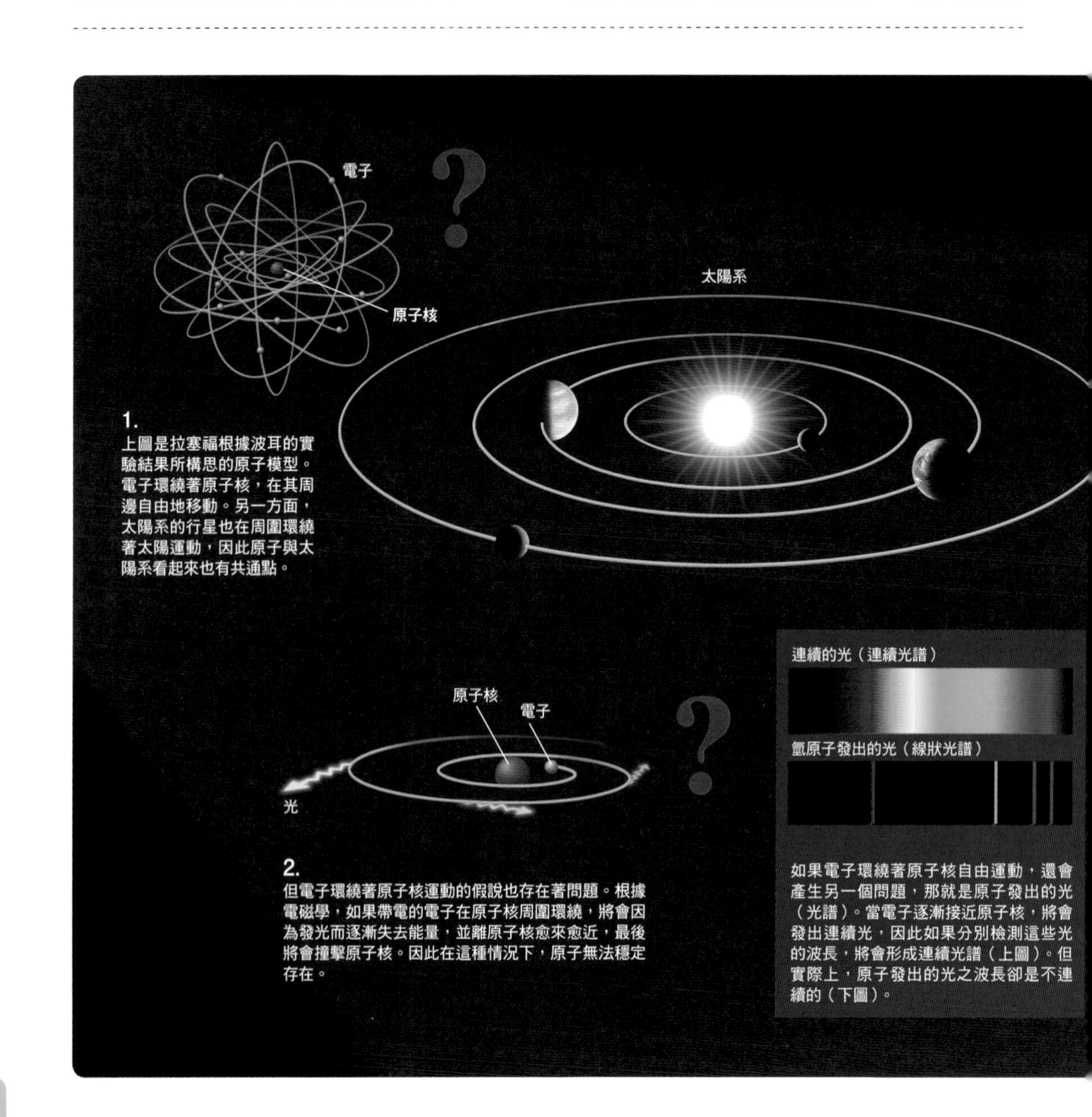

1.
上圖是拉塞福根據波耳的實驗結果所構思的原子模型。電子環繞著原子核，在其周邊自由地移動。另一方面，太陽系的行星也在周圍環繞著太陽運動，因此原子與太陽系看起來也有共通點。

2.
但電子環繞著原子核運動的假說也存在著問題。根據電磁學，如果帶電的電子在原子核周圍環繞，將會因為發光而逐漸失去能量，並離原子核愈來愈近，最後將會撞擊原子核。因此在這種情況下，原子無法穩定存在。

如果電子環繞著原子核自由運動，還會產生另一個問題，那就是原子發出的光（光譜）。當電子逐漸接近原子核，將會發出連續光，因此如果分別檢測這些光的波長，將會形成連續光譜（上圖）。但實際上，原子發出的光之波長卻是不連續的（下圖）。

環繞著原子中央的正電荷團塊般自由地運動（1）。

然而這個模型有個問題。根據電磁學，帶電的物體（電子）進行圓周運動時會發光，並逐漸失去能量。結果將導致電子與原子核碰撞，無法保持原本的狀態（2）。

波耳在1913年發表解決這個問題的「波耳假說」── 原子核周圍存在著各種形狀與半徑的軌道。電子只能待在不連續的特別軌道上，這些電子即使繞著原子核運動也不會發光。

這是波耳為了說明原子樣貌所想出來「違背」傳統力學的新規則（3）。

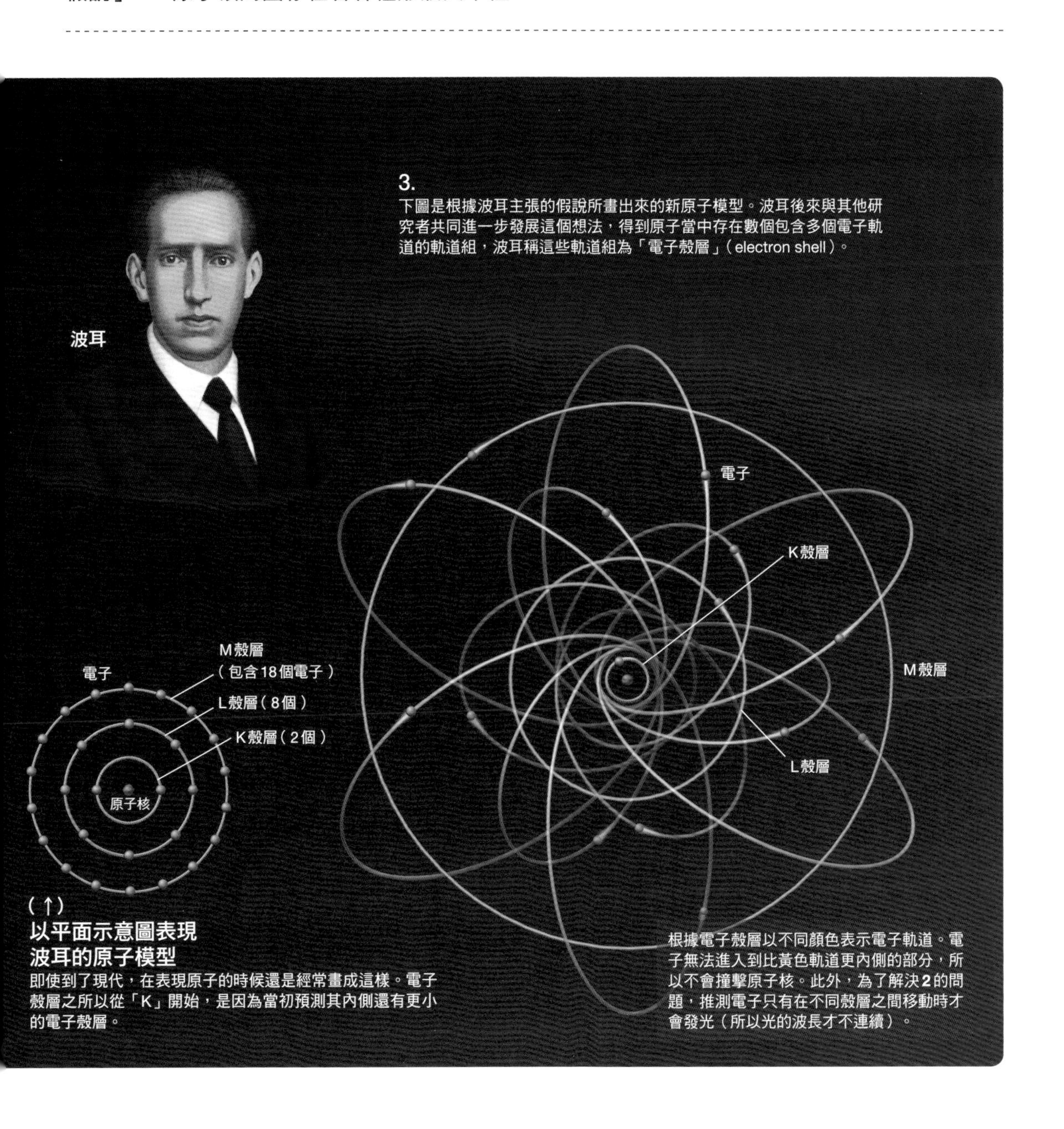

3.
下圖是根據波耳主張的假說所畫出來的新原子模型。波耳後來與其他研究者共同進一步發展這個想法，得到原子當中存在數個包含多個電子軌道的軌道組，波耳稱這些軌道組為「電子殼層」（electron shell）。

根據電子殼層以不同顏色表示電子軌道。電子無法進入到比黃色軌道更內側的部分，所以不會撞擊原子核。此外，為了解決**2**的問題，推測電子只有在不同殼層之間移動時才會發光（所以光的波長才不連續）。

（↑）
以平面示意圖表現波耳的原子模型
即使到了現代，在表現原子的時候還是經常畫成這樣。電子殼層之所以從「K」開始，是因為當初預測其內側還有更小的電子殼層。

以「電子雲」表現電子所能存在的範圍

當時的物理學家針對原子的樣貌交換了許多意見，最後得到的結論就是「量子力學」，這是個可說明極微小世界的學問。

來自奧地利的理論物理學家薛丁格（Erwin Schrödinger，1887～1961）與德國物理學家玻恩（Max Born，1882～1970）認為，電子不是普通的粒子，而是「同時具備波之性質的粒子」。我們無法確定原子核周圍的電子其

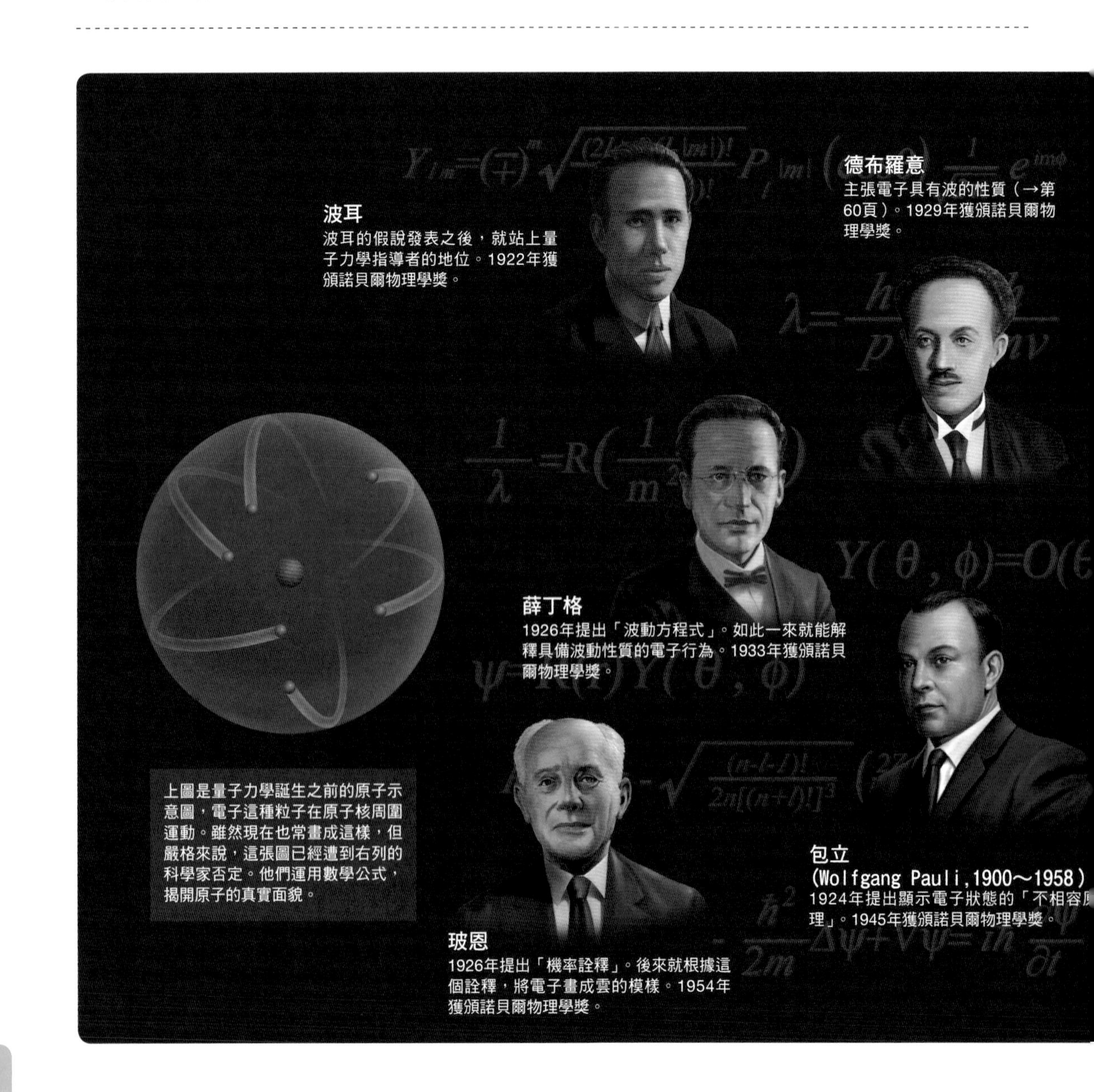

上圖是量子力學誕生之前的原子示意圖，電子這種粒子在原子核周圍運動。雖然現在也常畫成這樣，但嚴格來說，這張圖已經遭到右列的科學家否定。他們運用數學公式，揭開原子的真實面貌。

所在位置與運動狀態※，但可以知道「電子所存在的範圍」，1個電子在這個範圍當中有無數個場所可待。雖然就常識而言很難理解，但許多實驗結果都能以這個想法來解釋。

一般為了表現這樣無法確定位置與運動狀態的電子，都將電子所能存在的範圍畫得像雲一樣。存在可能性高的範圍畫得較濃密，而可能性低的範圍就畫得較稀薄。

※：只要進行觀測，在當下的瞬間就會確定電子位置，但是卻無法得知電子在觀測之前是如何運動的。因此最後仍無法切確得知電子的位置與運動狀態。

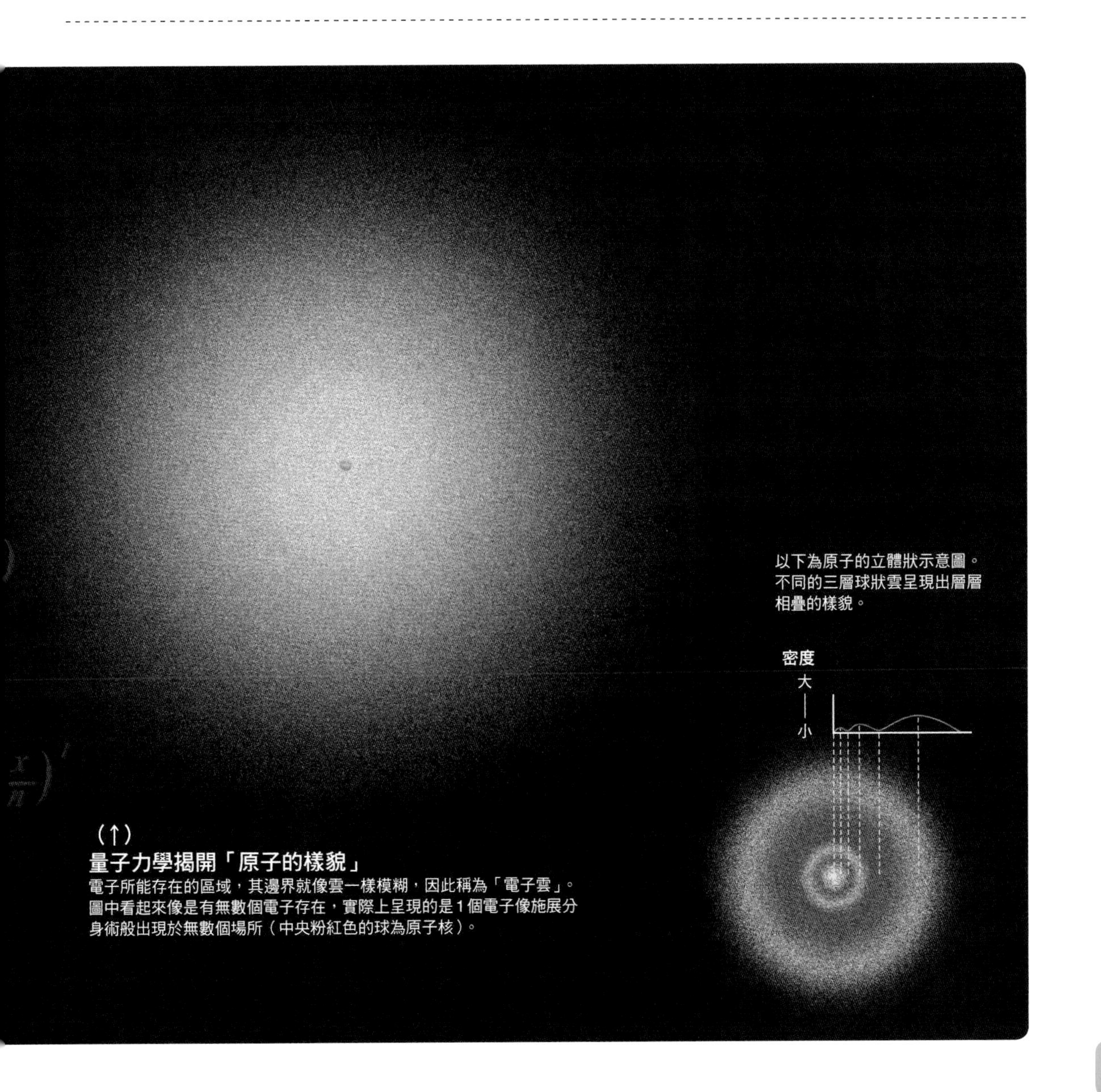

（↑）
量子力學揭開「原子的樣貌」
電子所能存在的區域，其邊界就像雲一樣模糊，因此稱為「電子雲」。圖中看起來像是有無數個電子存在，實際上呈現的是1個電子像施展分身術般出現於無數個場所（中央粉紅色的球為原子核）。

依化學性質不同而將元素予以分類的「週期表」

「週期表」乃依照化學性質不同而將元素進行分類，由俄國化學家門得列夫（Dmitri Mendeleev，1834～1907）在1869年繪製而成，每當發現新的元素就會進行修改。

週期表的橫列稱為「週期」，電子殼層數相同的元素排在同一橫列。縱列稱為「族」，最外殼層（最外側的電子殼層）電子數相同的元素就排在同一縱列。元素的性質取決於最外殼層的電子數，因此只要查閱週期表，性質相似的元素就能一目了然。

舉例來說，排在最左列的「第１族」稱為鹼金屬（氫除外），具有反應劇烈的特徵。最右列的「第18族」則非常穩定，幾乎不會與其他的原子（元素）產生反應。舉例來說，氦（He）比空氣輕，即使靠近火源也不會燃燒，因此經常使用於氣球。

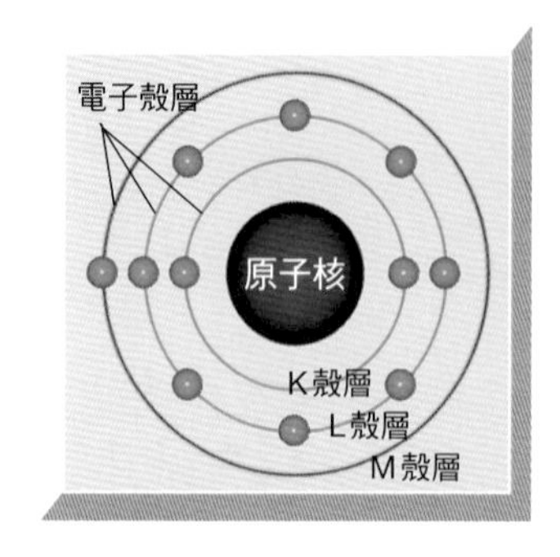

電子配置
電子分別存在於原子核周圍的幾個殼層（電子殼層），由內而外分別稱為K殼層、L殼層、M殼層，而各殼層所能存在的最多電子數是固定的，分別是2個、8個、18個。上面僅是示意圖，原子核的大小實際上只有原子的10萬分之1左右。

鹼金屬
氫以外的第１族元素反應相當劇烈。舉例來說，將鈉（Na）放在含水的紙上就會燃燒。這是鈉原子將最外層（M殼層）的１個電子轉移給水分子所引起的化學反應。如此一來，M殼層就失去電子，往內一層的L殼層則變成了最外層。這時L殼層就變成填滿電子的狀態，因此相當穩定。

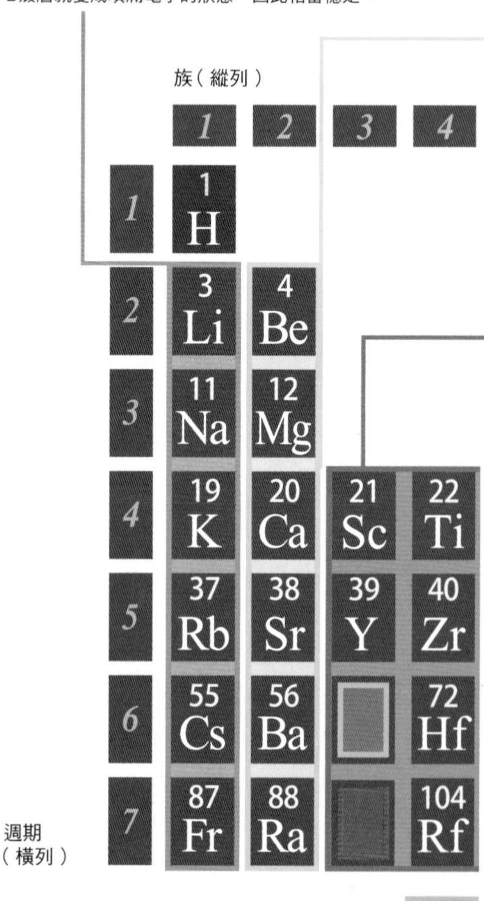

鑭系元素
第57～71號元素。鑭系元素加上第21號的鈧（Sc）與第39號的釔（Y）共17個元素，也稱為稀土元素。

超長期型週期表（↓）

列出第1族～第18族、第1週期～第7週期的長週期表。這是現在國際上採用的標準形式。

鹼土金屬
第2族元素。熔點比鹼金屬高，密度也較大，但在自然界無法單獨存在。

鹵素
第17族的元素。其特具的性質為易從其他原子獲得1個電子而成為1價陰離子。

惰性氣體
第18族的元素。幾乎無法與其他原子形成化合物，基本上以單一原子氣體的形式存在（因為最外層已經填滿電子，即使只有單一原子也很穩定）。

代表元素
第1、2、12～18族的元素。同一縱列（同一族）的元素，多半呈現類似的性質。

過渡元素
第3～11族的元素。同一橫列（同一週期）的元素，多半呈現類似的性質。

5	6	7	8	9	10	11	12	13	14	15	16	17	18
													2 He
								5 B	6 C	7 N	8 O	9 F	10 Ne
								13 Al	14 Si	15 P	16 S	17 Cl	18 Ar
23 V	24 Cr	25 Mn	26 Fe	27 Co	28 Ni	29 Cu	30 Zn	31 Ga	32 Ge	33 As	34 Se	35 Br	36 Kr
41 Nb	42 Mo	43 Tc	44 Ru	45 Rh	46 Pd	47 Ag	48 Cd	49 In	50 Sn	51 Sb	52 Te	53 I	54 Xe
73 Ta	74 W	75 Re	76 Os	77 Ir	78 Pt	79 Au	80 Hg	81 Tl	82 Pb	83 Bi	84 Po	85 At	86 Rn
105 Db	106 Sg	107 Bh	108 Hs	109 Mt	110 Ds	111 Rg	112 Cn	113 Nh	114 Fl	115 Mc	116 Lv	117 Ts	118 Og
58 Ce	59 Pr	60 Nd	61 Pm	62 Sm	63 Eu	64 Gd	65 Tb	66 Dy	67 Ho	68 Er	69 Tm	70 Yb	71 Lu
90 Th	91 Pa	92 U	93 Np	94 Pu	95 Am	96 Cm	97 Bk	98 Cf	99 Es	100 Fm	101 Md	102 No	103 Lr

挑戰製造黃金的「煉金術師」

據說古埃及人就已經具備金屬加工技術。舉例來說，王公貴族的墓穴壁畫中，就描繪有使用「風箱」熔煉青銅的情景。實際挖掘出來的當時文物中，也有許多由青銅（銅或金等）製成的飾品與武器。

金屬加工技術於西元前323年～前30年左右，在埃及的亞歷山大逐漸發達，「煉金術」也開始盛行，人們試圖利用鉛、鋅等卑金屬（base metal）製造出黃金之類的貴金屬（precious metal）。據說這是因為受到亞里斯多德提出的四元素說影響（參考第14頁）。四元素說認為，所有物質都由四種元素組成，只要這四種元素的比例不同，物質就會產生變化，就像水會變成水蒸氣一樣。既然如此，卑金屬不就也能變成黃金嗎？

後來，從伊斯蘭各國發展起來的煉金術，到了12世紀左右流傳到歐洲，蔚為流行。王公貴族為了獲得財富，爭相招攬煉金術師。而另一方面，煉金術也與拯救靈魂、治療疾病、煉製長生不老藥等宗教行為產生連結。

從尿液中發現的「元素」

1669年，德國煉金術師布蘭德（Hennig Brand，1630～1710）為了將卑金屬轉換成黃金的物質（賢者之石），熬煮大量人類的尿液，最後他從尿液中得到了黑色的沉澱物。如果將這種沉澱物加熱到高溫，就會轉變成白色的物質，並且綻放出明亮的光芒。不久之後才知道，這是存在於尿液中的物質「磷」燃燒後所產生的現象。而這也是人類發現「元素」最早的明確紀錄。

在布蘭德發現磷的17世紀，關於元素的概念尚未確立。雖然人類自古以來就發現黃金與硫磺等存在於自然界的元素，並且加以使用，卻沒有關於元素的認知。

從尿液中發現新元素

英國畫家萊特（Joseph Wright，1734～1797）的畫作《尋找賢者之石的煉金術師》。描繪的是熬煮尿液的煉金術師布蘭德（右側人物）發現磷的情景。不過到了現代，就技術而言，利用核子反應生成金已經可行。

就現代的角度來看，煉金術可說是一種「可笑」的行為。但要說這樣的行為完全是在白費功夫嗎？卻又並非如此。畢竟煉金術也帶來了蒸餾技術、藥物製造（從植物等提煉出有效成分）的方法等各式各樣的發明，為化學奠定了基礎。

關係到化學反應的最外殼層電子「價電子」

每個電子殼層能夠填入的電子「空位數」是固定的（參考第24頁「電子配置」）。

如果所有的空位都填滿，就會像第18族一樣非常穩定（閉殼結構），幾乎不會與其他原子產生反應。但如果最外殼層有空位，就會像第1族～第17族一樣不穩定，容易與其他原子結合。我們常會看到鋰電池起火的新聞，就是因為鋰（Li）是第1族的元素。

換句話說，化學反應就是原子與原子交換最外殼層的電子，而這些與化學反應有關的電子就稱為「價電子」（valence electron）。

第14族擁有4個價電子，因此具有能夠與各種原子（元素）結合的特徵。舉例來說，碳（C）能夠與氮（N）結合，形成胺基酸。胺基酸是蛋白質的材料，能夠打造我們的身體。至於矽（Si）則經常使用於玻璃、陶瓷、半導體等我們周遭的許多產品。

主要元素的電子配置

第1族

第2族

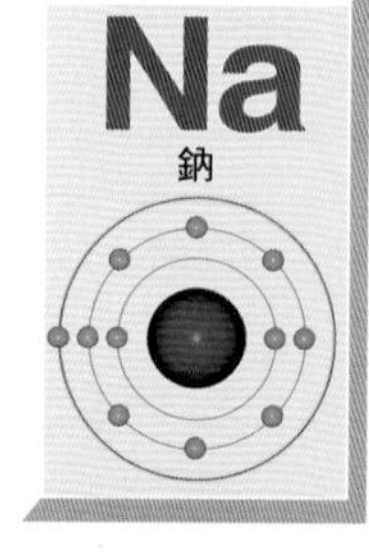

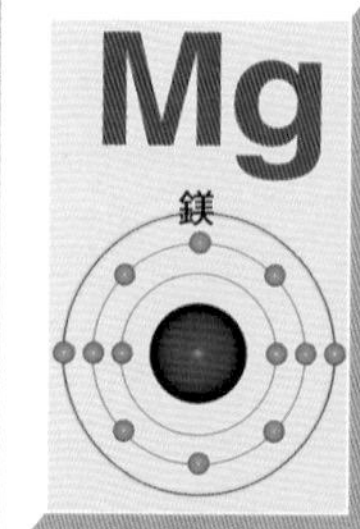

第1族的性質
價電子數：1
最外殼層的電子只有1個，因此容易失去電子，形成1價的陽離子。

第2族的性質
價電子數：2
最外殼層的電子有2個，因此容易失去電子，形成2價的陽離子。

專欄 COLUMN　門得列夫與週期表

義大利化學家坎尼午若（Stanislao Cannizzaro，1826～1910）在1860年於德國喀斯魯舉行的第1屆國際化學家研討會上，根據亞佛加厥的假說，指出「分子」的存在。這麼一來，就能正確計算出原本在各研究者之間存在著誤差的原子量了。

坎尼午若的演講打動了門得列夫，使他察覺原子量的重要性，並試著根據原子量（質子數）排列元素，結果發展出「週期律」的概念 —— 性質相似的元素會週期性地出現。後來門得列夫於1869年成為聖彼得堡大學的講師，並在編寫化學教科書的過程中完成了週期表。

第18族

＊「○價」指的是電子比平時多1個或少1個的狀態。
譬如氫（H）容易形成帶1個正電的陽離子「H^+」，而氟（F）容易形成帶1個負電的「F^-」。

第13族 第14族 第15族 第16族 第17族

B
硼

C
碳

N
氮

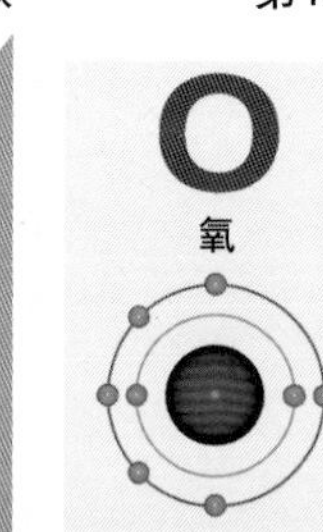

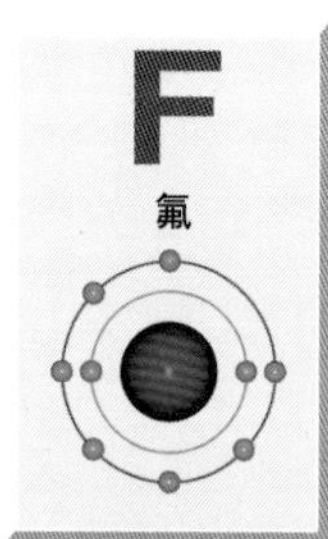

Al
鋁

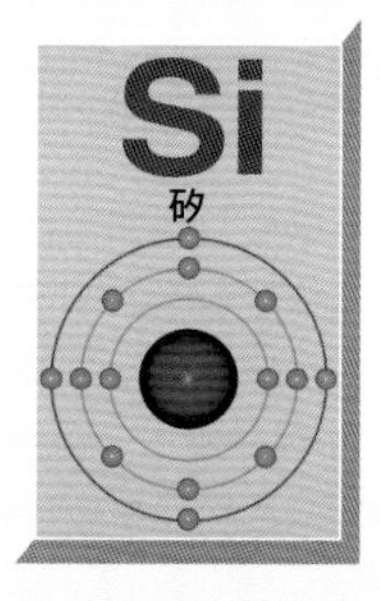

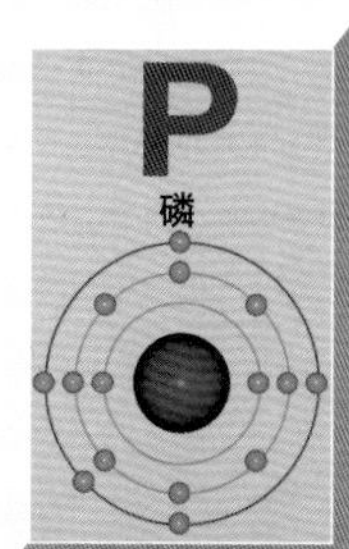

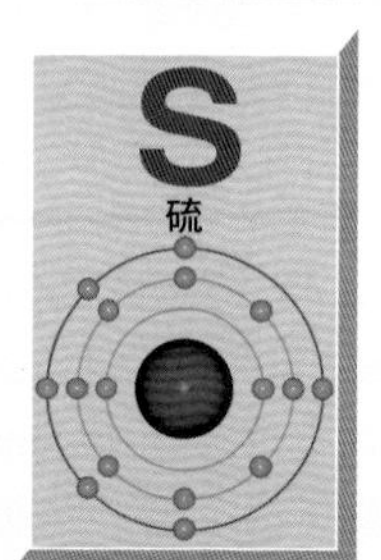

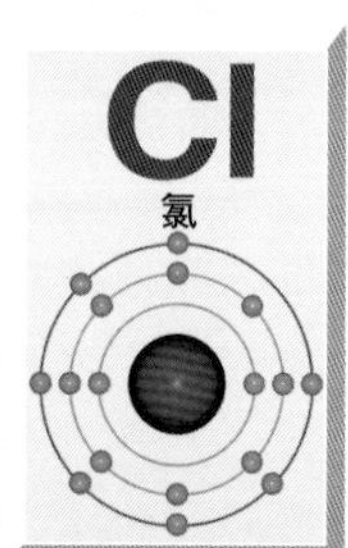

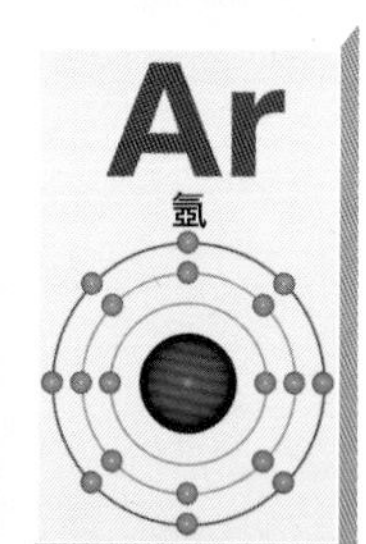

第13族的性質
價電子數：3
最外殼層的電子有3個，因此容易失去電子，形成3價的陽離子。

第14族的性質
價電子數：4
最外殼層的電子有4個。因此容易與四個原子結合。

第15族的性質
價電子數：5
最外殼層缺3個電子，因此容易奪取電子，形成3價的陰離子。

第16族的性質
價電子數：6
最外殼層缺2個電子，因此容易奪取電子，形成2價的陰離子。

第17族的性質
價電子數：7
最外殼層缺1個電子，因此容易奪取電子，形成1價的陰離子。

第18族的性質
價電子數：0
最外殼層填滿電子，因此很難與其他原子產生反應。

原子之間有多種不同的鍵結方式

原子與原子的結合稱為「化學鍵結」（chemical bonding），大致又可分成三大類，分別是離子鍵結（ionic bonding）、金屬鍵結（metallic bonding）與共價鍵結（covalent bonding）。

「離子鍵結」是失去電子而帶正電的陽離子，與獲得電子而帶負電的陰離子，因正負電互相吸引而鍵結。以生活周遭常見的例子來說，鹽（氯化鈉）就是因離子鍵結而形成的物質。

至於自由電子與金屬原子結合，形成的金屬結晶則稱為「金屬鍵結」，是靠著最外殼層的電子（自由電子）在結晶中自由移動，使原子與原子結合在一起。自由電子賦予金屬容易導熱導電、具有光澤，以及施加力量就能延展得又寬又薄（延性、展性）的性質。

「共價鍵結」則是原子彼此共用電子的結合方式。舉例來說，氫分子（H_2）就是2個氫原子（H）共用電子鍵結而成。而共價鍵結的力，是所有化學鍵結當中最強的。

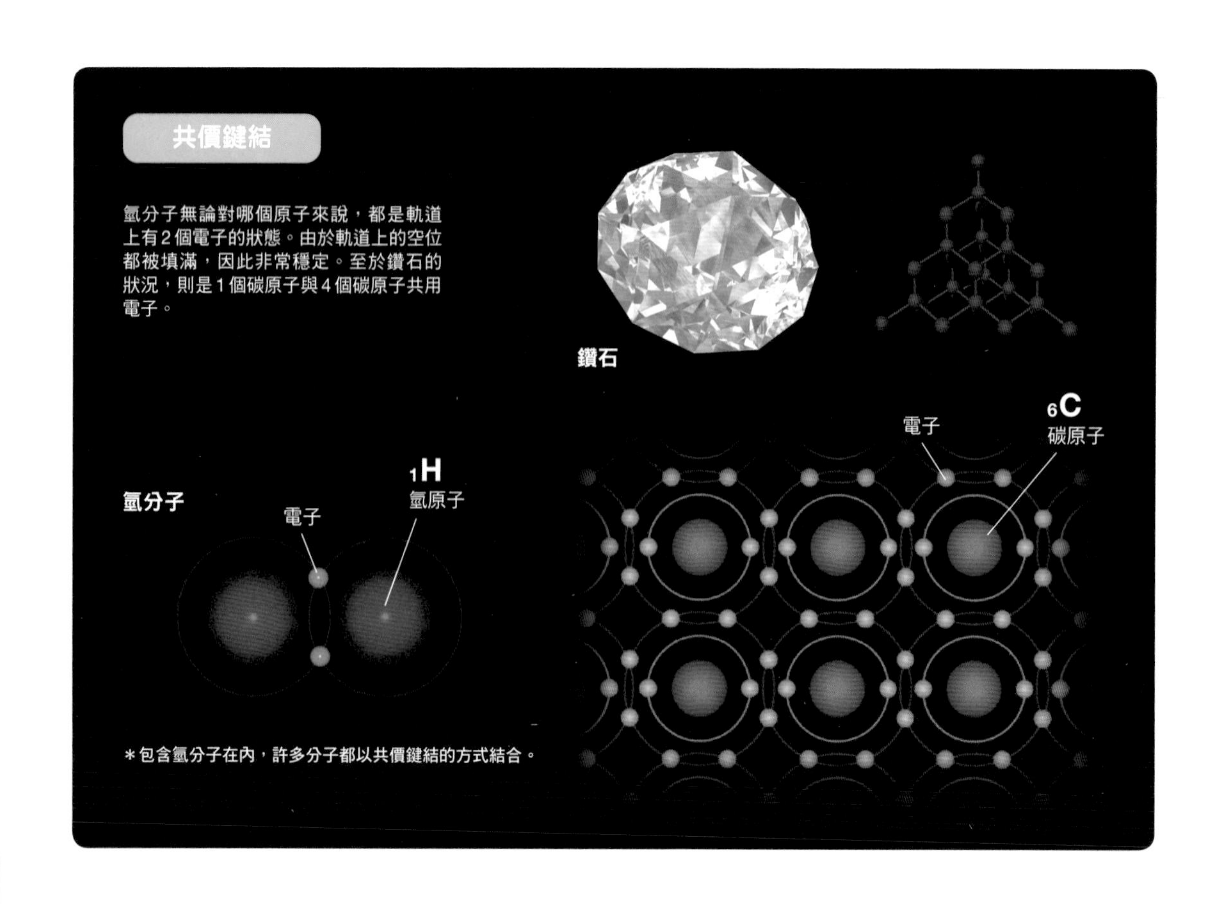

金屬鍵結

最外殼層的自由電子在多個原子之間移動，
將金屬原子結合在一起。

自由電子

$_{79}$Au
金原子

金

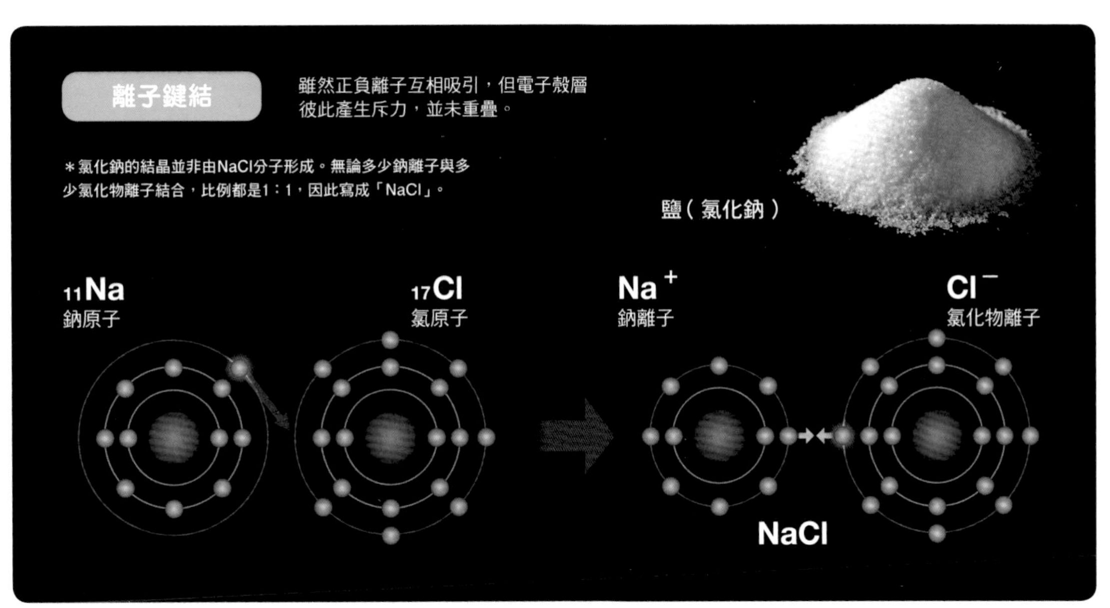

專欄 COLUMN 靠著氫鍵結合的DNA

掌管生物遺傳的DNA（去氧核醣核酸），是由2條結構相同的長鏈平行鍵結，並扭轉成螺旋狀的高分子物質。所謂的高分子，指的是結合的原子數超過1000個分子。1條DNA長鏈是將數千個去氧核醣（糖）、磷酸和鹼基所形成的基本單位（去氧核糖核苷酸，deoxyribonucleotide）串聯而成。

鹼基用來交換化合物中的氫原子，而分子之間則靠著電力結合（氫鍵）。氫鍵的強度只有共價鍵的10分之1，因此DNA的2條長鏈很容易根據需要打開或關閉。

有機化學勾勒出的未來

18世紀左右，化學家將水、土、礦物等與生物無關的物質稱為「無機化合物」（無機物），至於透過動物、植物這類生物製成的酒類與染料等則稱為「有機化合物」（有機物）※。

無機物的性質隨著所含的元素與比例而異。至於有機物的性質，則取決於主要元素的結合方式。雖然有機物只由碳、氫、氧、氮等少數元素形成，種類卻遠比無機物還要多。

我們的生活周遭充滿了有機物

化學大致上可分為無機化學（inorganic chemistry）與有機化學（organic chemistry）。「無機化學」研究、開發的對象是各式各樣的元素，長久以來促進半導體等精密儀器的發展。至於「有機化學」則以碳所形成的化合物為主要的研究、開發對象，其成果應用在日用品、醫藥品、家電與工業產品等多元豐富的領域。

舉例來說，日常的塑膠袋與寶特瓶由「聚合物」（polymer，高分子）構成，這就是在20世紀上半，人類以人工方式製造出來的有機物。

製造聚合物之前，必須先製造小分子（單體，monomer），接著將數萬至數十萬個小分子結合在一起，形成長鏈狀的分子。美國化學家卡羅瑟斯（Wallace Carothers，1896～1937）在1931年合成世界第一塊橡膠「聚氯平」（polychloroprene），以及在1935年的全球第一個合成纖維「尼龍」，就是知名的早期聚

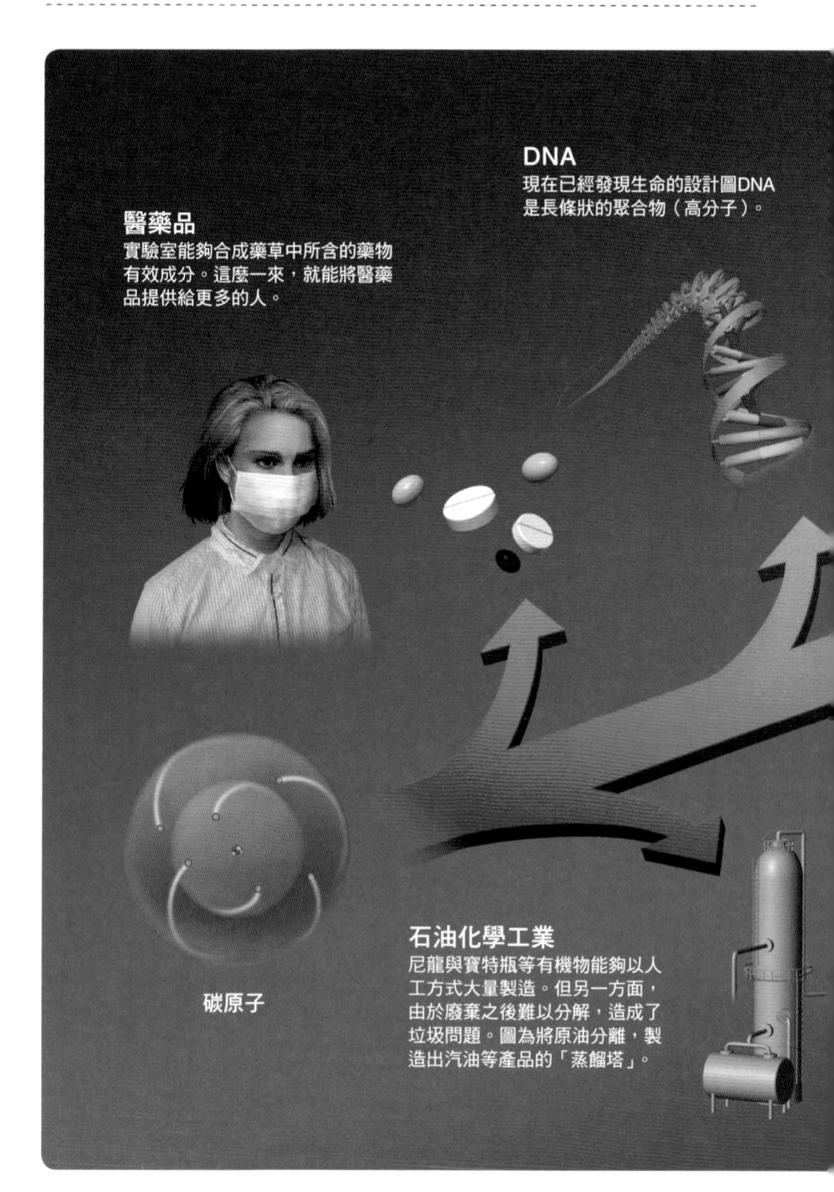

合物。尼龍推出時的宣傳標語是「由煤炭、空氣與水製成的纖維。比蜘蛛絲還要細，比鋼鐵還要強韌」，掀起一番熱議。

有機化學的現狀與未來

有機化學雖然豐富了我們的生活，卻也引起全球規模的垃圾問題。自然界幾乎不存在能夠分解人工物質的生物，因此許多聚合物長久以來都因為無法分解而殘留下來。現在為了解決問題，正在開發各方面的技術與方法。

有機化學在今後將如何發展呢？現在逐漸能透過電腦，從分子的結構預測分子的性質，並根據目的實際設計與製造。

此外，不只製造分子，目前也正在開發「超分子」（supramolecular）技術，可以將多個製造出來的分子組合在一起。超分子可以應用在許多方面，譬如只偵測特定分子的感測器，或是將微量藥物包覆起來送到患部的膠囊等等。

※：現代有時也會將無機物定義為「不含碳的物質」，將有機物定義為「除了CO與CO_2之外的含碳化合物」。

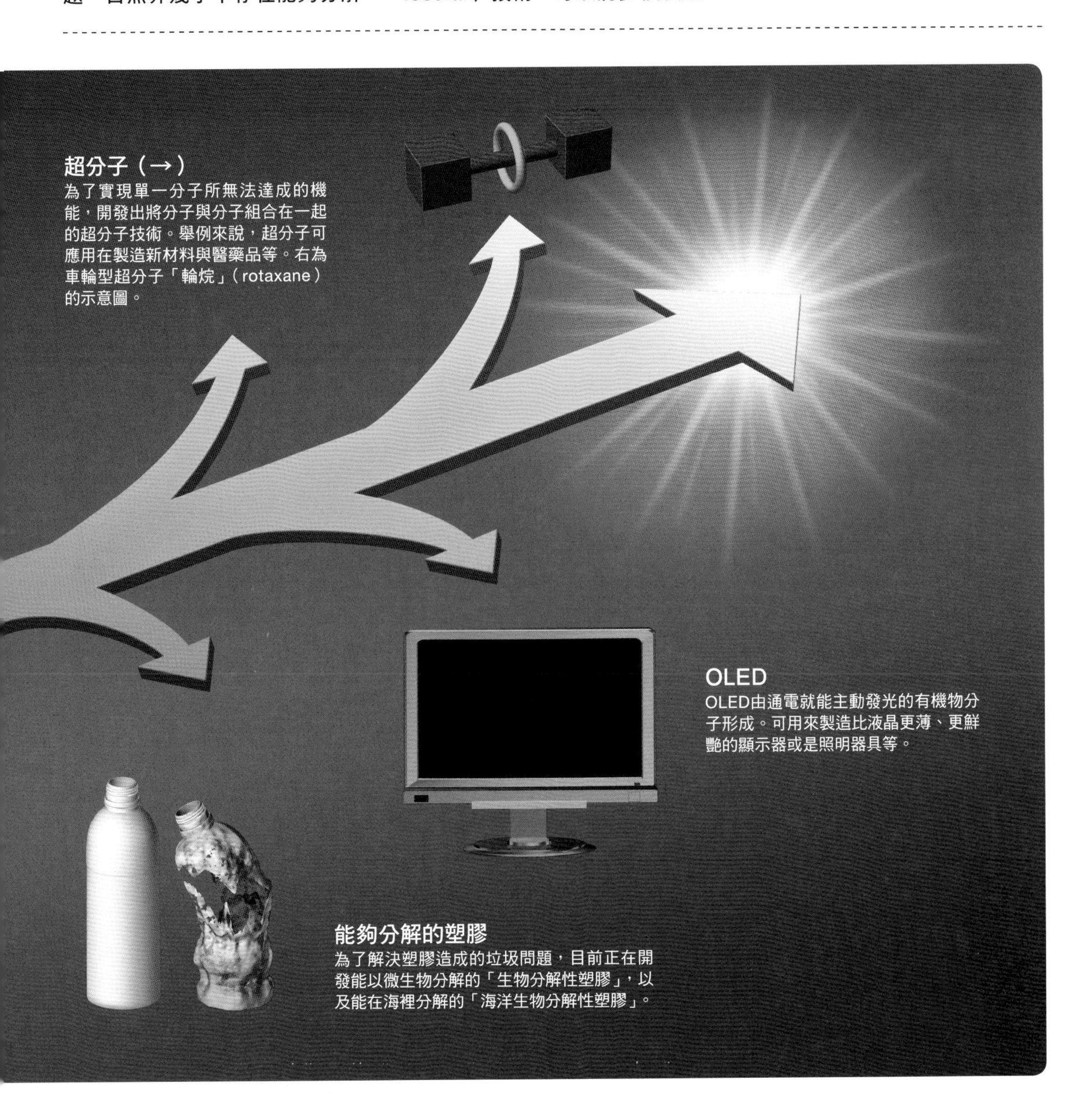

超分子（→）
為了實現單一分子所無法達成的機能，開發出將分子與分子組合在一起的超分子技術。舉例來說，超分子可應用在製造新材料與醫藥品等。右為車輪型超分子「輪烷」（rotaxane）的示意圖。

OLED
OLED由通電就能主動發光的有機物分子形成。可用來製造比液晶更薄、更鮮艷的顯示器或是照明器具等。

能夠分解的塑膠
為了解決塑膠造成的垃圾問題，目前正在開發能以微生物分解的「生物分解性塑膠」，以及能在海裡分解的「海洋生物分解性塑膠」。

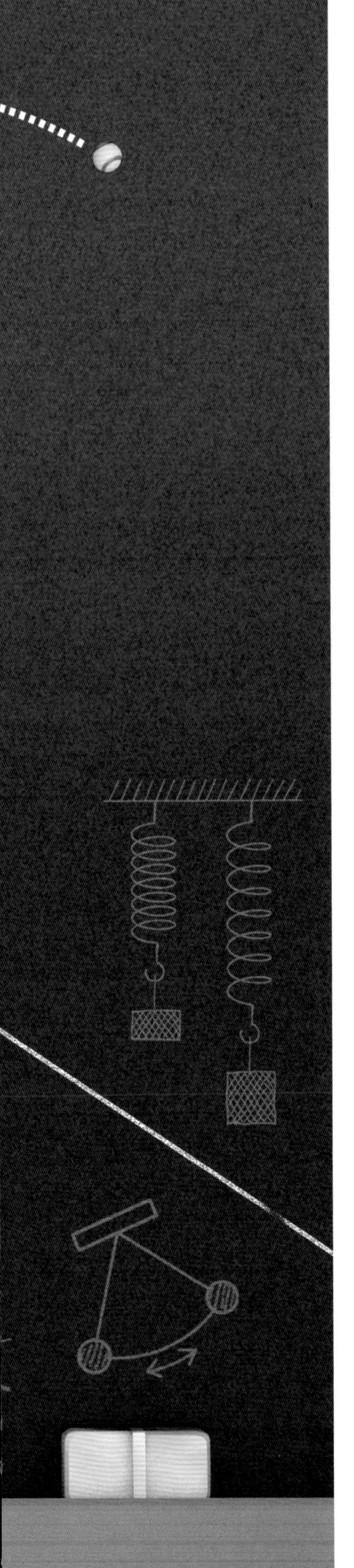

2
物理科學
Logical explanation of Physics

「牛頓力學」是整個物理學的出發點

自古以來，人類一直從各種不同的角度思考運動的機制，並且不斷地討論。而英國科學家牛頓（Isaac Newton，1642～1727）就在17世紀後半，給出了「答案」。

牛頓所構思的「牛頓力學」，不一定全部都由牛頓獨創。舉例來說，現在已經大致確定，牛頓力學的基礎「三大運動定律」（慣性定律、運動方程式、作用力與反作用力定律），是由伽利略、笛卡兒、惠更斯等活躍於16～17世紀的科學家所確立的。牛頓的貢獻則是將三大運動定律與「萬有引力定律」結合，藉此說明從行星到雨滴、球體等身邊各種物體的運動。

從下一節開始，將詳細綜觀其中內容。

牛頓的三大功績

牛頓（左圖）23歲時，黑死病肆虐英國，大學因而關閉，於是暫時回到故鄉，並在那裡成就了足以在科學史冊記下一筆的偉大功績。1665～66因此稱為「奇蹟年」（annus mirabilis）。

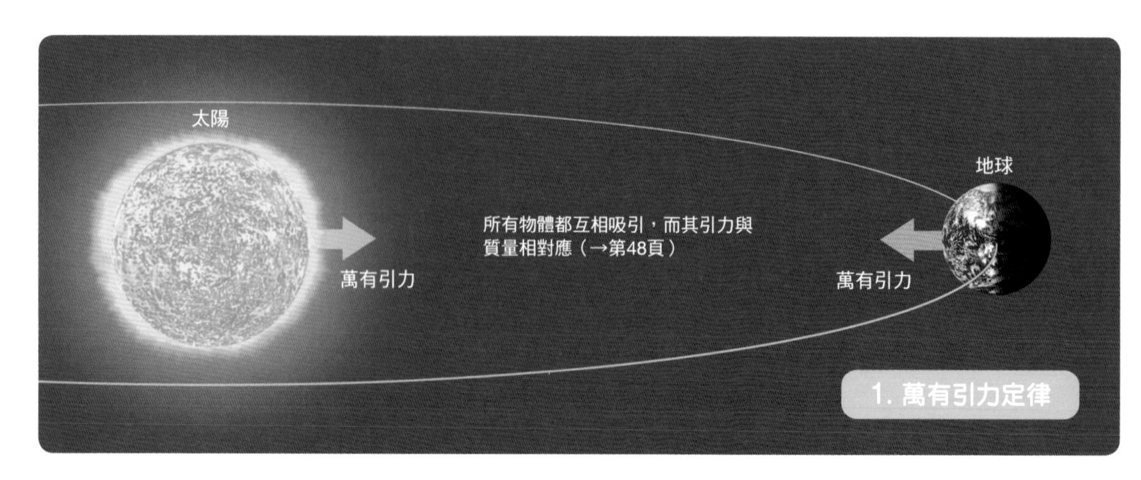

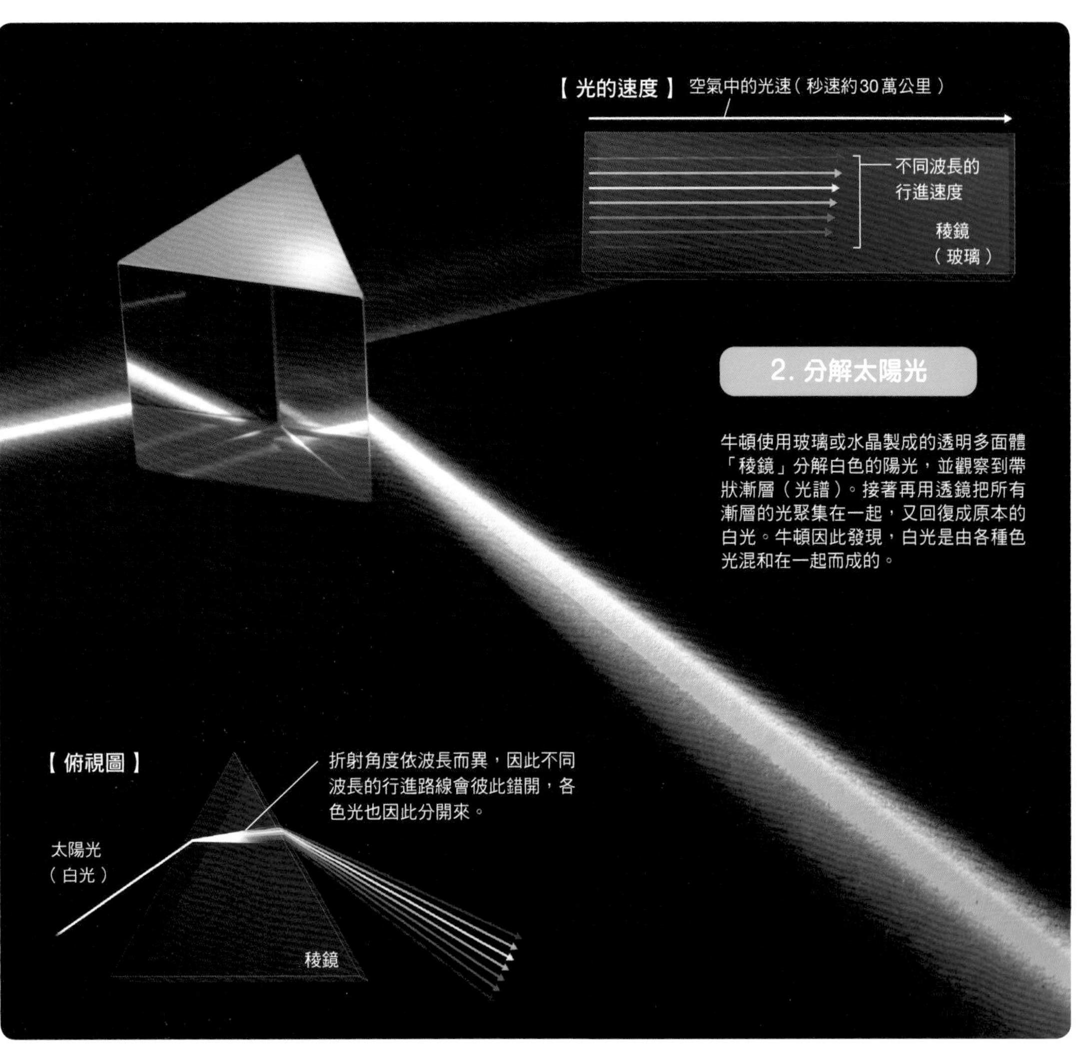

2. 分解太陽光

牛頓使用玻璃或水晶製成的透明多面體「稜鏡」分解白色的陽光，並觀察到帶狀漸層（光譜）。接著再用透鏡把所有漸層的光聚集在一起，又回復成原本的白光。牛頓因此發現，白光是由各種色光混和在一起而成的。

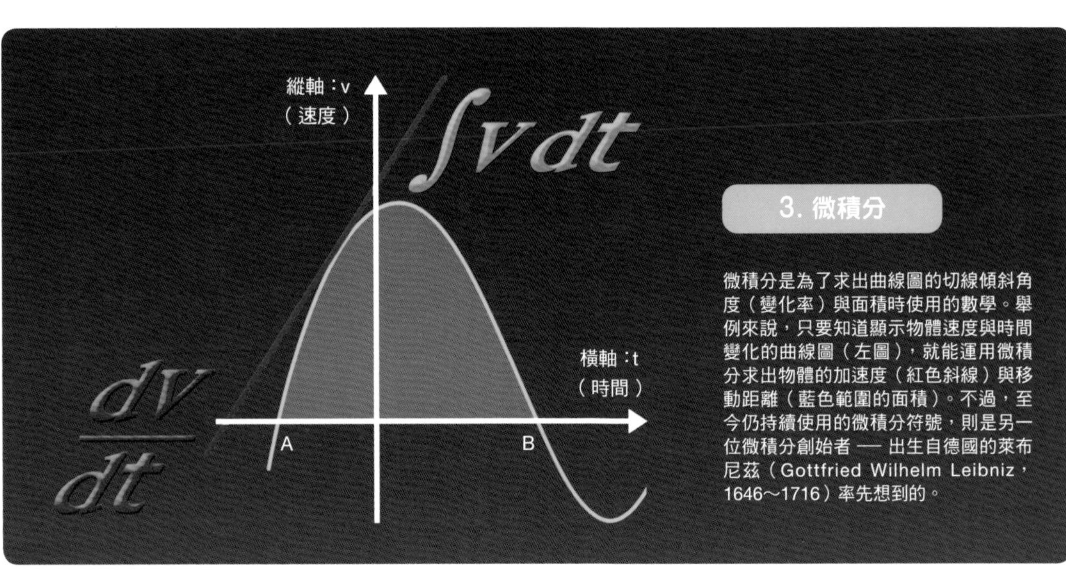

3. 微積分

微積分是為了求出曲線圖的切線傾斜角度（變化率）與面積時使用的數學。舉例來說，只要知道顯示物體速度與時間變化的曲線圖（左圖），就能運用微積分求出物體的加速度（紅色斜線）與移動距離（藍色範圍的面積）。不過，至今仍持續使用的微積分符號，則是另一位微積分創始者 — 出生自德國的萊布尼茲（Gottfried Wilhelm Leibniz，1646～1716）率先想到的。

一旦於宇宙太空中移動就停不下來

如果自己搭乘的太空船燃料耗盡之際，卻身處周遭是沒有銀河、沒有星體，也沒有星雲等不存在任何物體的宇宙太空，此時太空船將會發生什麼事呢？答案是太空船不會停止也不會轉彎，將永遠以同樣的速度筆直前進。

如果不施力推或拉，移動的物體本來就會以同樣的速度，持續地往前直線移動※，這就是「慣性定律」（第1運動定律）。舉例來說，美國太空總署（NASA）於1977年發射的宇宙探測船「航海家1號」（Voyager 1）與「航海家2號」（Voyager 2），就依循著慣性定律（慣性飛行），至今仍然在太空中航行，朝著太陽系外側飛去。

在我們的日常生活中，因為會受到摩擦力與空氣阻力等的影響，很難看到物體持續移動的景象。但如果以宇宙太空這樣的「理想狀況」來思考，就能看見物體運動的本質。

※：這樣的運動稱為「等速直線運動」。附帶一提，靜止的物體如果完全沒有承受來自周圍的力，就會保持靜止。

在宇宙太空中行進的航海家1號（→）

航海家1號與航海家2號都在1977年發射。這兩艘探測船沿著不同的軌道觀測木星與土星後，就朝著太陽系的外側移動，而且至今仍遵循著慣性定律持續航行。航海家1號是距離地球最遠的人造物體，其紀錄至今也持續刷新（截至2023年5月19日，距離地球約238億公里）。

※嚴格來說，航海家1號、2號並非完全以同樣的速度筆直航行，而是受到來自太陽與行星等天體的重力影響，速度有產生些微的變化。

※可上NASA網站：https://voyager.jpl.nasa.gov/ 查看航海家1號、2號最新的進度。

以同樣速度持續
筆直行進
航海家1號

顛覆「既有認知」的伽利略與笛卡兒

義大利科學家伽利略（Galileo Galilei，1564～1642）曾進行下列的實驗。當球從斜面A（參考下圖1）滾下來，就會沿著斜面B滾到與原先從斜面A滾下來時相同的高度。即使改變斜面B的傾斜角度，情況也不會改變（2）。

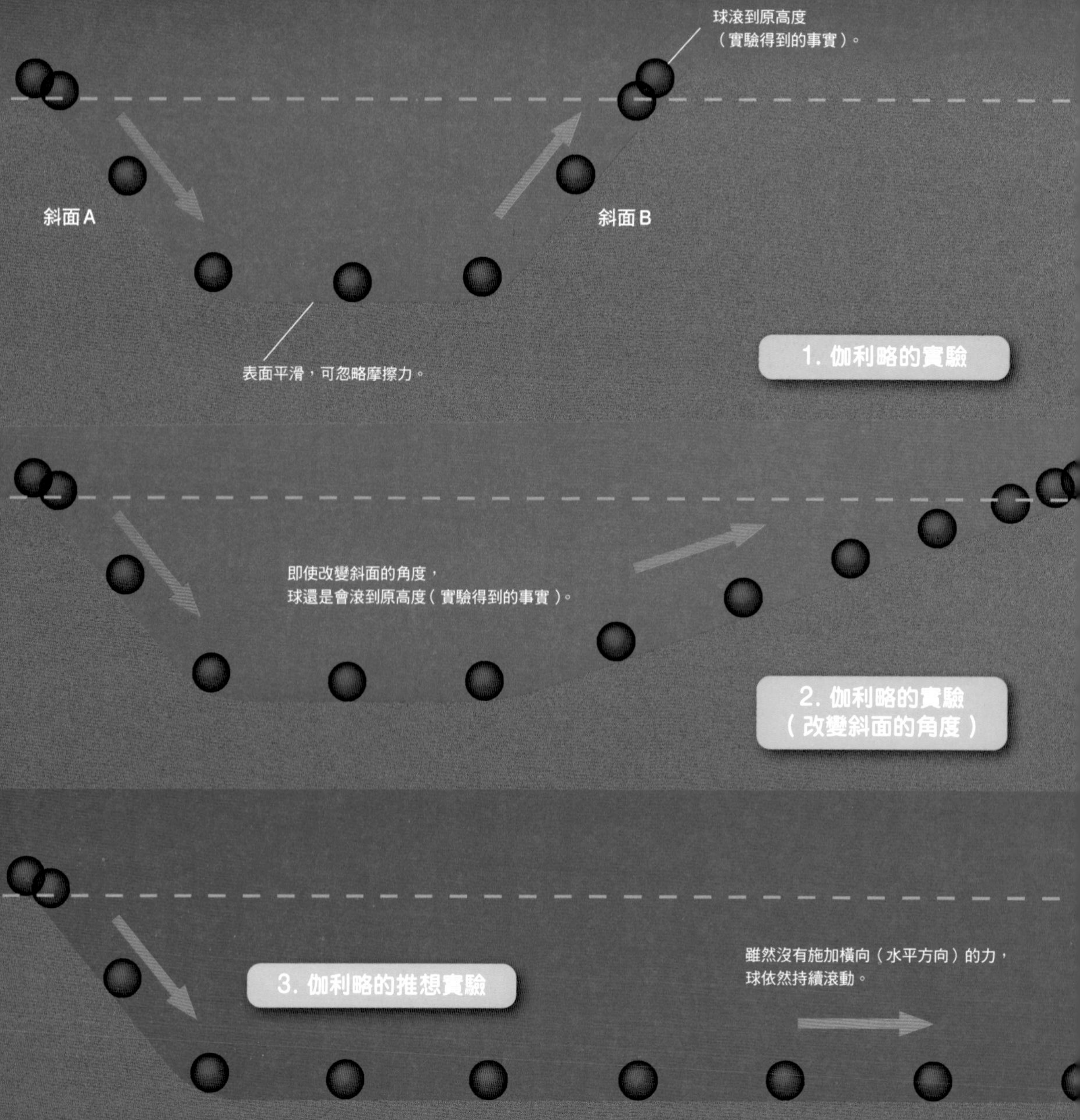

伽利略在腦中推想斜面B傾斜角度逐漸緩和（推想實驗，3）的情況。若球依然會滾到同樣的高度，那麼就應該會愈滾愈遠。當斜面B變成水平時，球將永遠沿著這個水平面筆直前進。這就是「慣性定律」。

慣性定律是伽利略與法國笛卡兒（René Descartes，1596～1650）在同時期提出的概念。已往人們都依循著亞里斯多德的想法，認為「只要不持續施力，物體的移動就無法持續」。他們顛覆了2000年來人們深信的「既有認知」，發現讓物體持續移動並不需要施力。

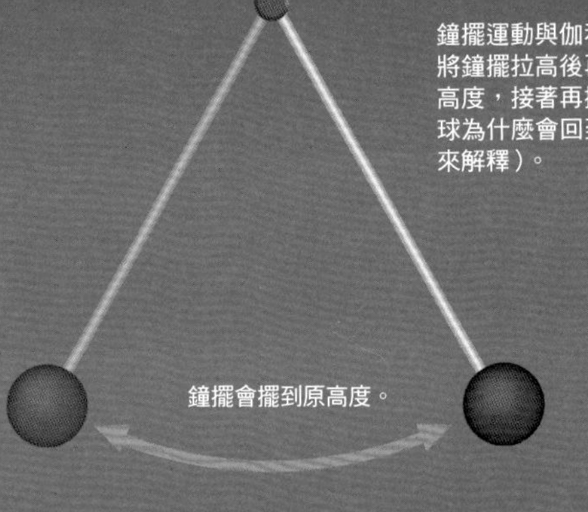

鐘擺運動與伽利略令球在斜面上運動的實驗類似。將鐘擺拉高後再輕輕放開，就會擺到另一側的同樣高度，接著再擺回來（至於鐘擺與伽利略實驗中的球為什麼會回到原高度，可透過「能量守恆定律」來解釋）。

伽利略與笛卡兒

由於地表是球面，因此如果持續進行，3的運動將會變成圓周運動。伽利略認為「只要不受力，移動的物體就會持續進行圓周運動」，而笛卡兒則認為「只要不受力，移動的物體就會持續地筆直前進」，兩人一開始就都得到正確的結論。

伽利略

笛卡兒

如果斜面的角度變成零，球應該會永遠持續滾動（根據實驗事實推測）。

施力將加快物體的運動速度

根據慣性定律，即使不施力，物體也會持續地以同樣的速度※運動。那麼如果施力的話，物體又會如何運動呢？

舉例來說，在汽車靜止的情況下踩油門，輪胎轉動就會將地面往後「推」，對汽車施加朝著前方行進的力。這麼一來，汽車就會逐漸加速。

速度在一定時間間隔的變化量稱為「加速度」。油門踩得愈深，速度增加得愈快（例如在1秒內使秒速從0公尺變成2公尺），加速度就愈大，至於以一定速度行駛的車輛（例如秒速在1秒之後也沒有改變，仍是2

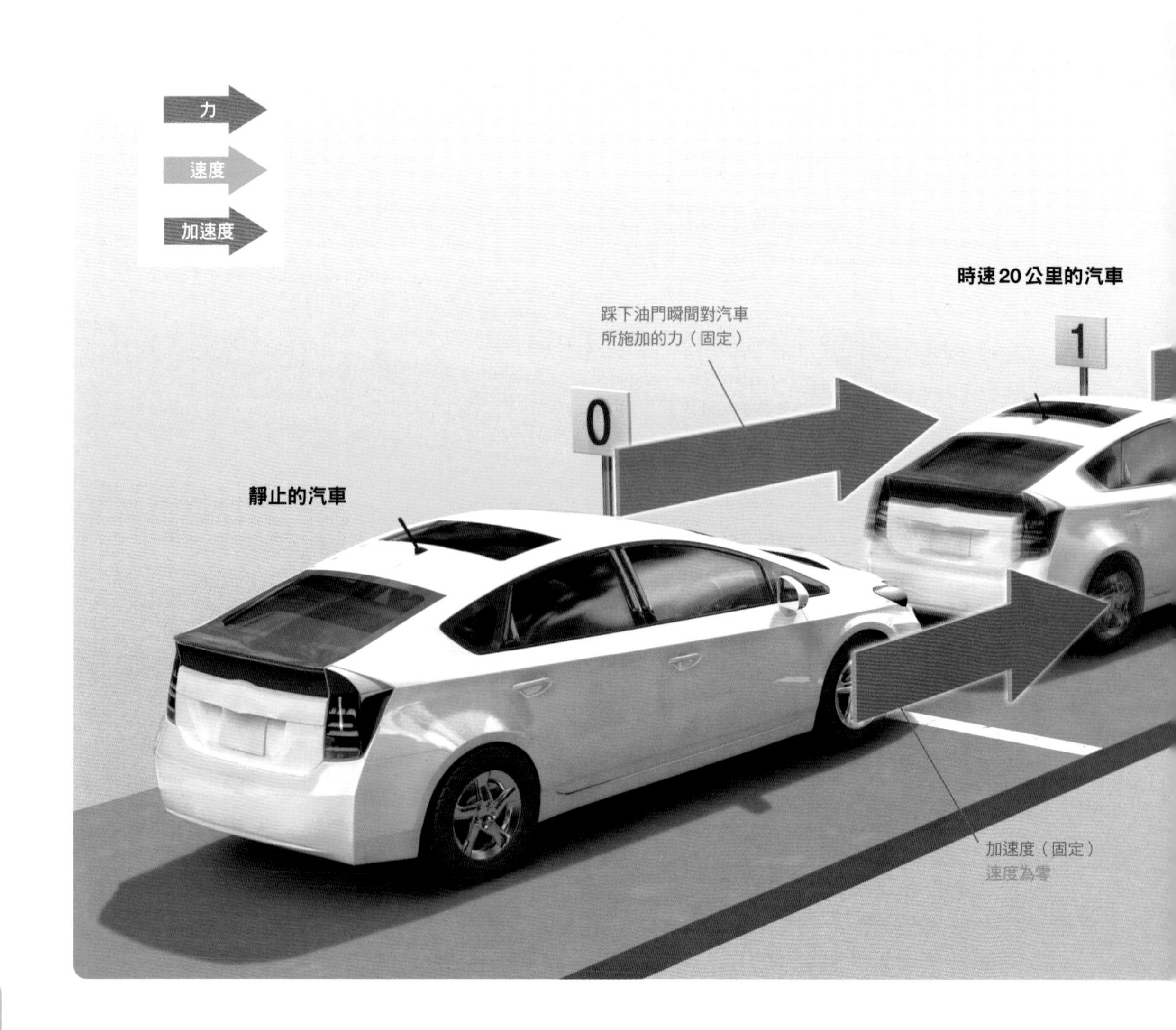

公尺），加速度則是「0」。附帶一提，就算是減速的情況也仍稱為加速度。

施力將使物體的速度產生變化，而這種變換速度的物體運動就稱為「加速度運動」。換句話說，加速度運動可說是由「力」引起的運動。

※：速率為「數值的大小」，速度則「包含速率與運動方向」。

等加速度運動（↓）

物體以一定的加速度運動稱為「等加速度運動」。圖示為進行等加速度運動的汽車。加速度可由「速度變化÷經過時間」求得，舉例來說，若從時刻0秒到時刻1秒之間，速率自秒速0公尺增加到2公尺，這段時間的加速度就是「（秒速2m－秒速0m）÷（1秒－0秒）」，等於2〔m/s^2〕，意思是每1秒的秒速增加2公尺。

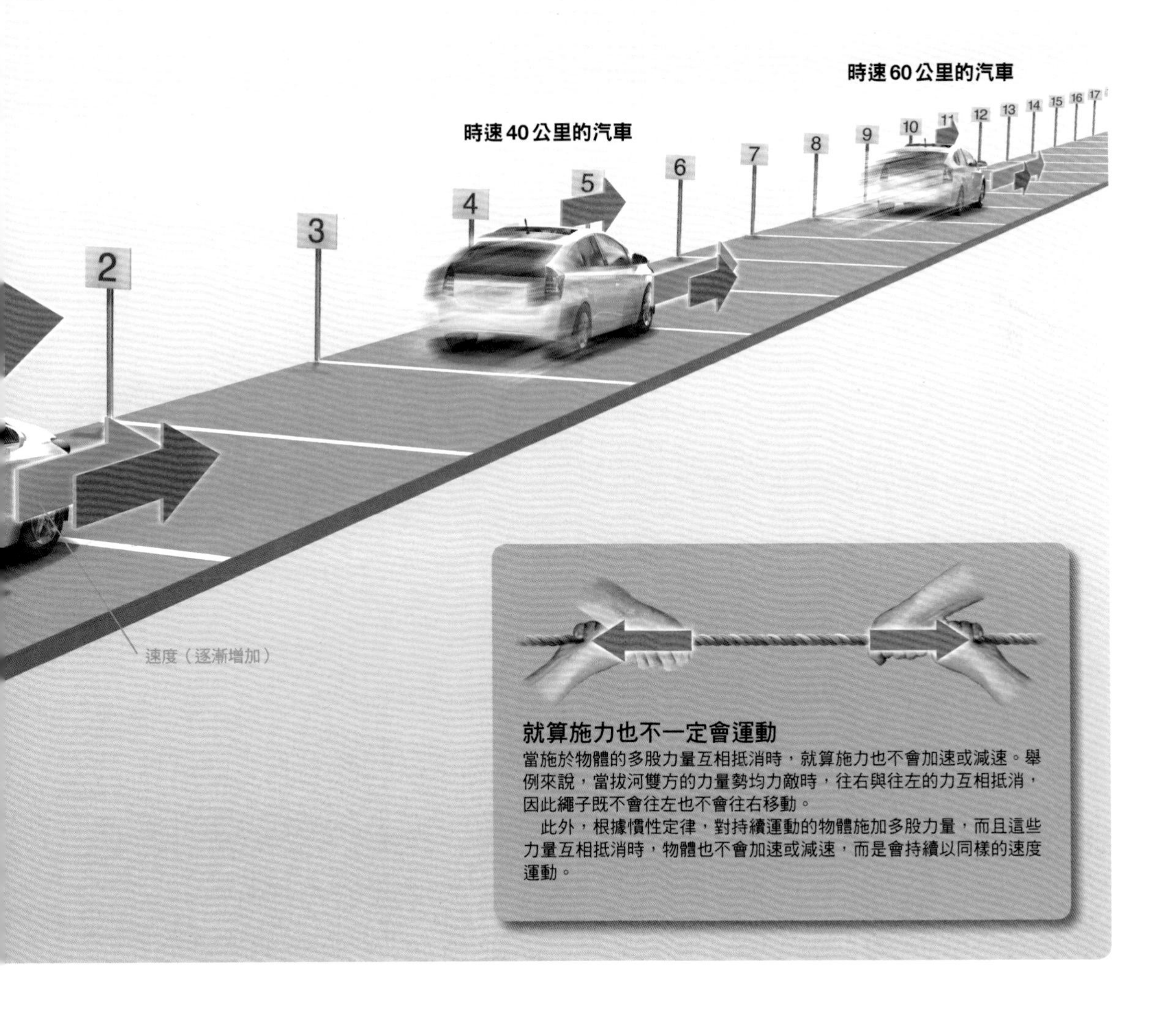

就算施力也不一定會運動

當施於物體的多股力量互相抵消時，就算施力也不會加速或減速。舉例來說，當拔河雙方的力量勢均力敵時，往右與往左的力互相抵消，因此繩子既不會往左也不會往右移動。

此外，根據慣性定律，對持續運動的物體施加多股力量，而且這些力量互相抵消時，物體也不會加速或減速，而是會持續以同樣的速度運動。

預測運動趨勢的定律 ——「運動方程式」

各位是否也有過這樣的經驗呢？載著許多行李騎自行車時，如果踩踏板的力道和平常相同，就很難騎得快。這個現象表示重的物體（質量愈大的物體）較難加速，說得更精確一點就是「質量與加速度成反比」。亦即在施力相同的情況下，當物體變為2倍重，加速度即成2分之1，為3倍重時則加速度就成了3分之1。

反之，施加於物體的力量愈大，加速度就愈快。加速度與力量的大小成正比，施力增為2倍，加速度即加快2倍，施力大3倍則加速度就快3倍。

「運動方程式」（第2運動定律）就是統整上述關係的公式，以「力（F）＝質量（m）×加速度（a）」表示。換句話說，我們日常生活中所說的「力」，就是物體的「質量」與「運動趨勢」的乘積。

只要知道物體的質量與施加的力，就能知道物體的加速度，而透過加速度也能預測物體接下來的運動（速度與位置的時間變化）。

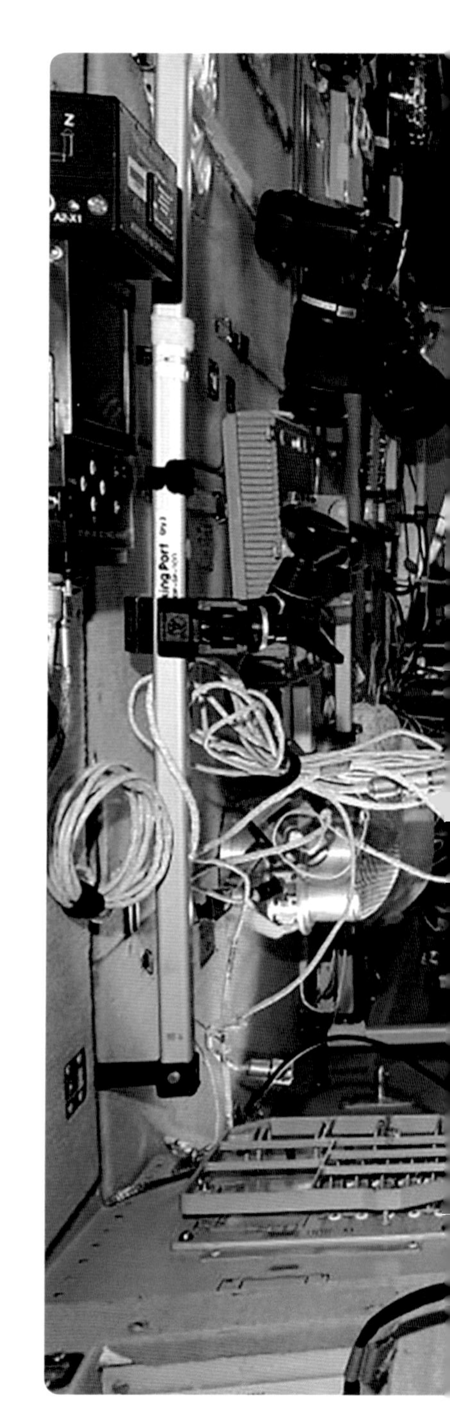

專欄 COLUMN　重量與質量

「重量」會隨著場所而改變。地球上6公斤重的物體，到了重力只有6分之1的月球時，重量就變成1公斤。至於在無重力狀態的國際太空站（ISS）中，任何物體的重量都是零。所謂的重量，就是作用於物體上的重力大小。

至於「質量」，則是表示物體移動難易程度的量（加速的難易度）。在ISS中沒有重量，因此無論是乒乓球還是鐵球，放在手掌上都不須出力。但即使在無重力的狀態下，要讓質量大的物體運動（加速）依然較難，需要更大的力量才能辦到，這點和在地球上沒有兩樣。換句話說，質量不管到哪裡，都不會有變化。

＊雖然我們在日常生活中使用「公斤」（kg）來表示重量，但嚴格來說，這是質量單位。重量一般採用力的單位「牛頓」（N）或是「公斤重」（kgw）來表示。

在國際太空站（ISS）測量體重的太空飛行員

2018年5月，JAXA（宇宙航空開發機構）的太空飛行員金井宣茂，於俄羅斯服務艙「Zvezda」使用體重測量儀（Body Mass Measurement Device，BMMD）測量體重時的情形。解放彈簧的力量後，金井飛行員胸口趴著的部分就會上下震動。

只要將身體趴在彈簧上，測得彈簧產生的「力」與身體移動時的「加速度」，就能計算出「質量」（雖然需要三角函數等知識，但原理相同）。

在跳傘的同時 地球也被跳傘者吸引

當游泳選手抵達泳池邊欲轉身時，會用力踢蹬游泳池壁，藉此改變身體的方向。那麼，此時令游泳選手加速的是什麼樣的力呢？

施力的時候，施力者也一定會承受方向相反但強度完全相同的力，這稱為「作用與反作用定律」（第3運動定律）。因此游泳選手用多大的力去踢蹬池壁，池壁就會以同樣的力量回推給游泳選手。

這項定律對任何力都成立。舉例來說，用手推動衣櫃時，衣櫃也會回推我們的手。當用拳頭捶打牆壁時，牆壁也會回施以同樣強度的力，所以我們的手才會痛。

就像重力能隔空作用在分離的物體上，作用與反作用定律也是成立的。舉例來說，從事「飛行傘運動」（sky diving）的跳傘者，享受從數千公尺高空下落的快感，此時使人加速的是地球的重力。換句話說，當跳傘者遭致地球重力吸引而下落時，地球也會受到跳傘者的「重力」吸引，反向朝著人微微往上「掉落」。

作用與反作用定律
當物體A對物體B施力時，物體B也總是對物體A施加同樣大小的力。這時兩股力道的指向完全相反。

地球吸引跳傘者的力

跳傘者吸引地球的力

所有物體都具備互相吸引的力

「萬有引力」（universal gravitation）指的是萬物（所有物體）都擁有且能彼此互相吸引的力。

樹上的蘋果之所以會掉落地面，就是因為地球在吸引著蘋果。據說在1666年的某一天，牛頓因為看到蘋果樹而推想出萬有引力※。已往（伽利略之前）一般認為，地表與日月星辰駐在的蒼穹是完全不同的世界，兩個世界的物理定律也截然不同。地表上的物體會因為受力而進行各種不同的運動，但遨遊天際的物體（天體）就只會進行圓周運動。

然而，牛頓發現月球也和蘋果一樣，會因為萬有引力而被地球吸引，並繞著地球旋轉。而他也證明了，無論是地表的世界還是天上的世界，都由同樣的物理定律所支配。

※：這個知名的故事並未確定真偽。

專欄 COLUMN

科學史上最重要的書《自然哲學之數學原理》

牛頓討厭與學術上的對手爭辯，因此並不想要發表自己包含萬有引力定律在內的研究成果，後來在英國科學家哈雷（Edmond Halley，1656～1742，也以預言哈雷彗星會週期性出現而聞名）的強烈鼓吹之下，才勉為其難地於1687年出版力學統整鉅著《自然哲學之數學原理》（*Principia*）。本書被譽為科學史上最重要的書籍之一，說是近代科學的出發點也不為過。

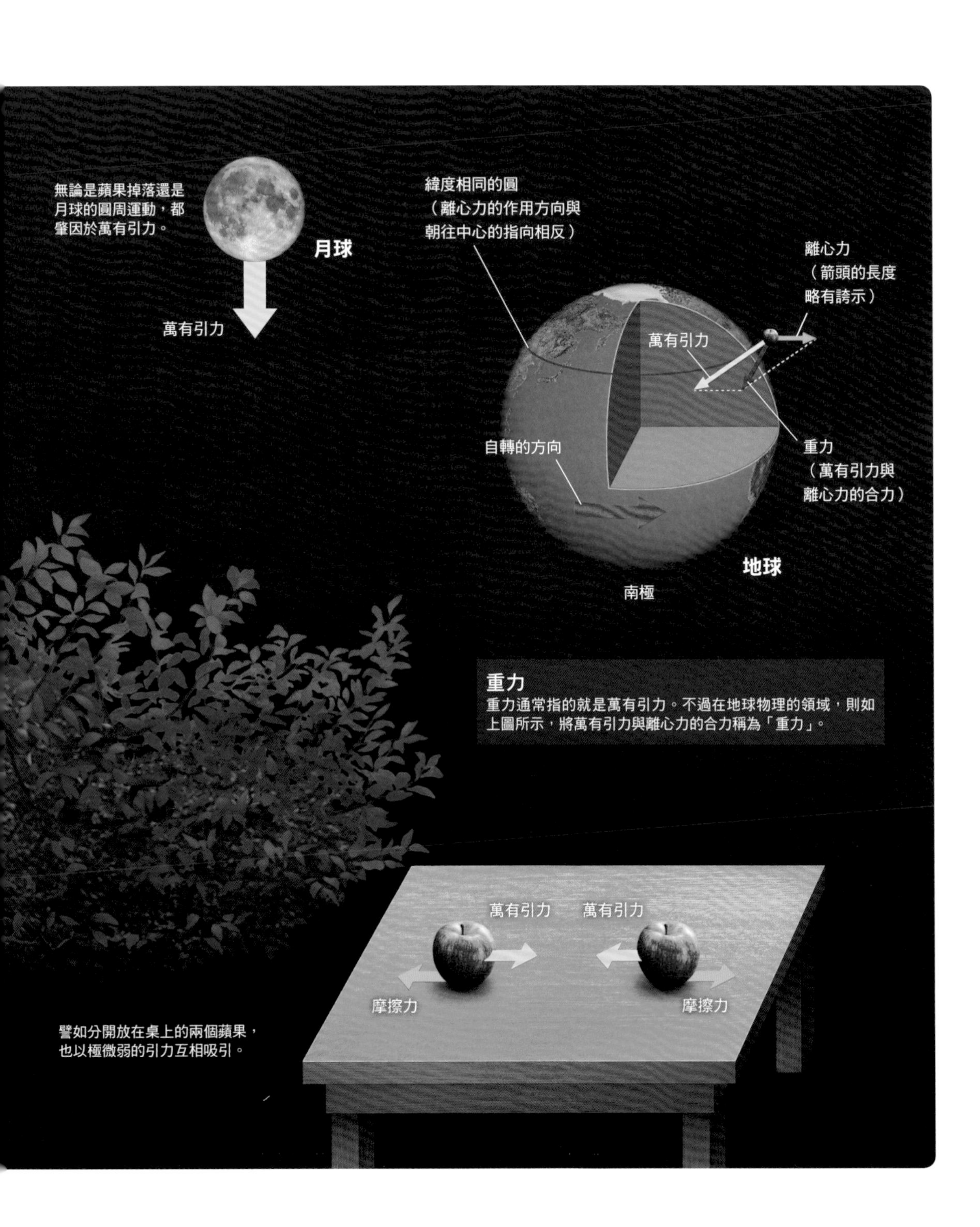

重力

重力通常指的就是萬有引力。不過在地球物理的領域，則如上圖所示，將萬有引力與離心力的合力稱為「重力」。

月球為什麼不會掉落到地表呢？

月球周而復始地環繞著地球旋轉，儘管受到地球的引力吸引，卻不會掉落到地表，這是為什麼呢？

舉例來說，當我們朝著天空投球時，球受到地球的重力影響，會循著所謂「拋物線」的曲線軌跡朝向地面掉落。如果沒有重力作用，球想必將遵守慣性定律（參考第38頁），筆直地朝著天空前進。

當我們仔細觀察球的軌跡，就會發現球在到達曲線頂點之前，位置一直都比設想的直線軌跡還要低，如果把這個現象稱為「落下」，那麼球在投出的那一瞬間就開始往下掉了。

接著試著推思月球的圓周運動。如果沒有萬有引力（地球的引力），月球想必將遵循慣性定律，維持著當下運動的速度與方向，持續地直線前進。但實際上，月球卻受到萬有引力的影響而改變了前進方向。換句話說，月球持續地在「落下」，而且也可以說，正因為如此才不會掉落到地表。

變成人造衛星的球

球在進行拋物線運動時，其軌跡與地面交會，所以會掉落到地面上。那麼，當球的速度愈來愈快時，會發生什麼事呢？

地球是個球體，地表並非完全平坦，是有弧度的。當球的速度愈來愈快，飛得愈來愈遠時，就無法忽視地表的這個弧度了。因為從球的角度來看，此時的地面

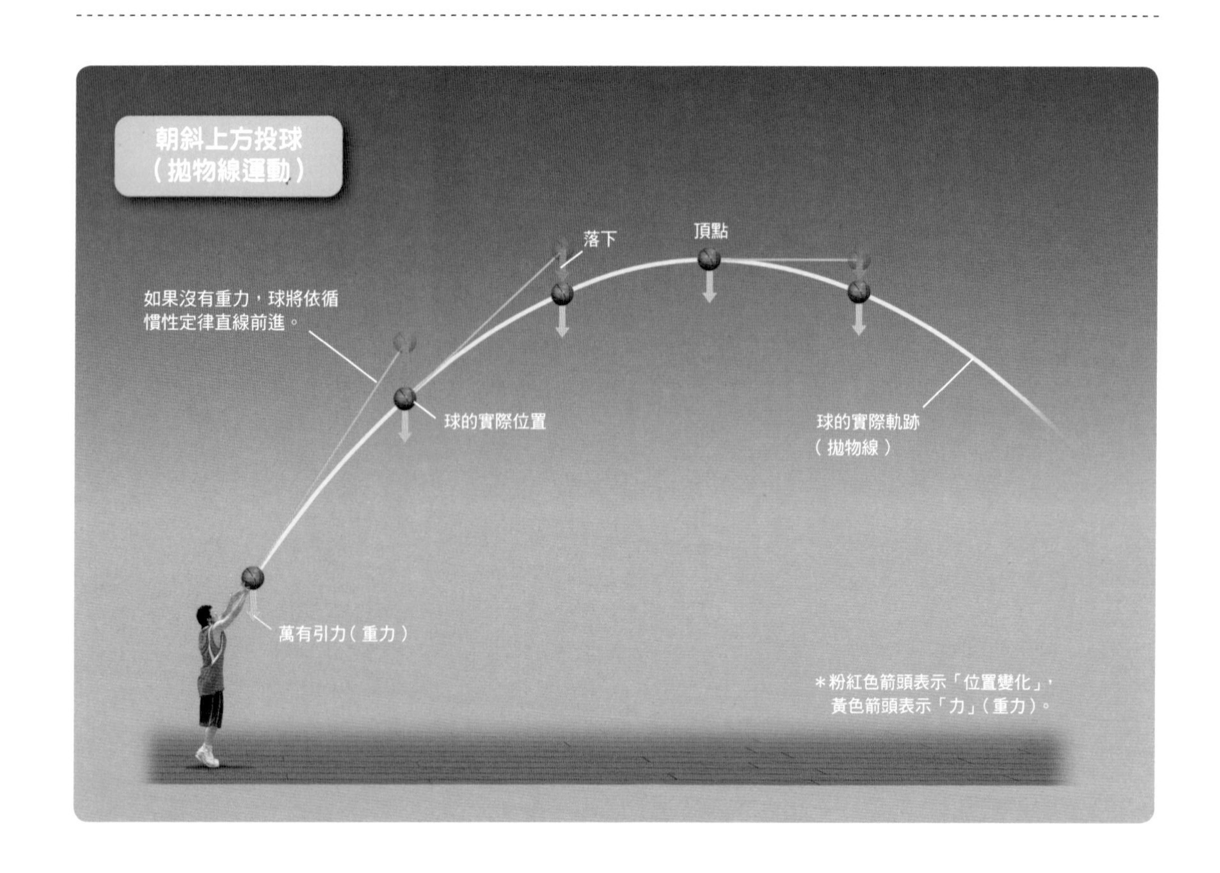

正在逐漸地「下降」。

如果球的速度再繼續加快，最後球「下落」的幅度與地面「下降」的幅度將達到一致，兩者之間的距離不再縮短，這時球將保持著固定的距離，持續不斷地繞著地球旋轉，換句話說就變成了「人造衛星」※。

球開始環繞地球的速度稱為「第一宇宙速度」，約為秒速7.9公里。如果速度再持續加快，秒速達約11.2公里（第二宇宙速度，或稱脫離速度，eascape velocity），就能擺脫地球的重力，拋下地球遠颺而去。

球即使遠離地球，依然置身於受到太陽重力支配的世界。附帶一提，如果想拋開太陽重力飛出太陽系，需要的速度為秒速16.7公里（第三宇宙速度）。

※：乃為忽略空氣阻力與地球凹凸的情況。此外月球也因為同樣的原理而不會掉落於地表。

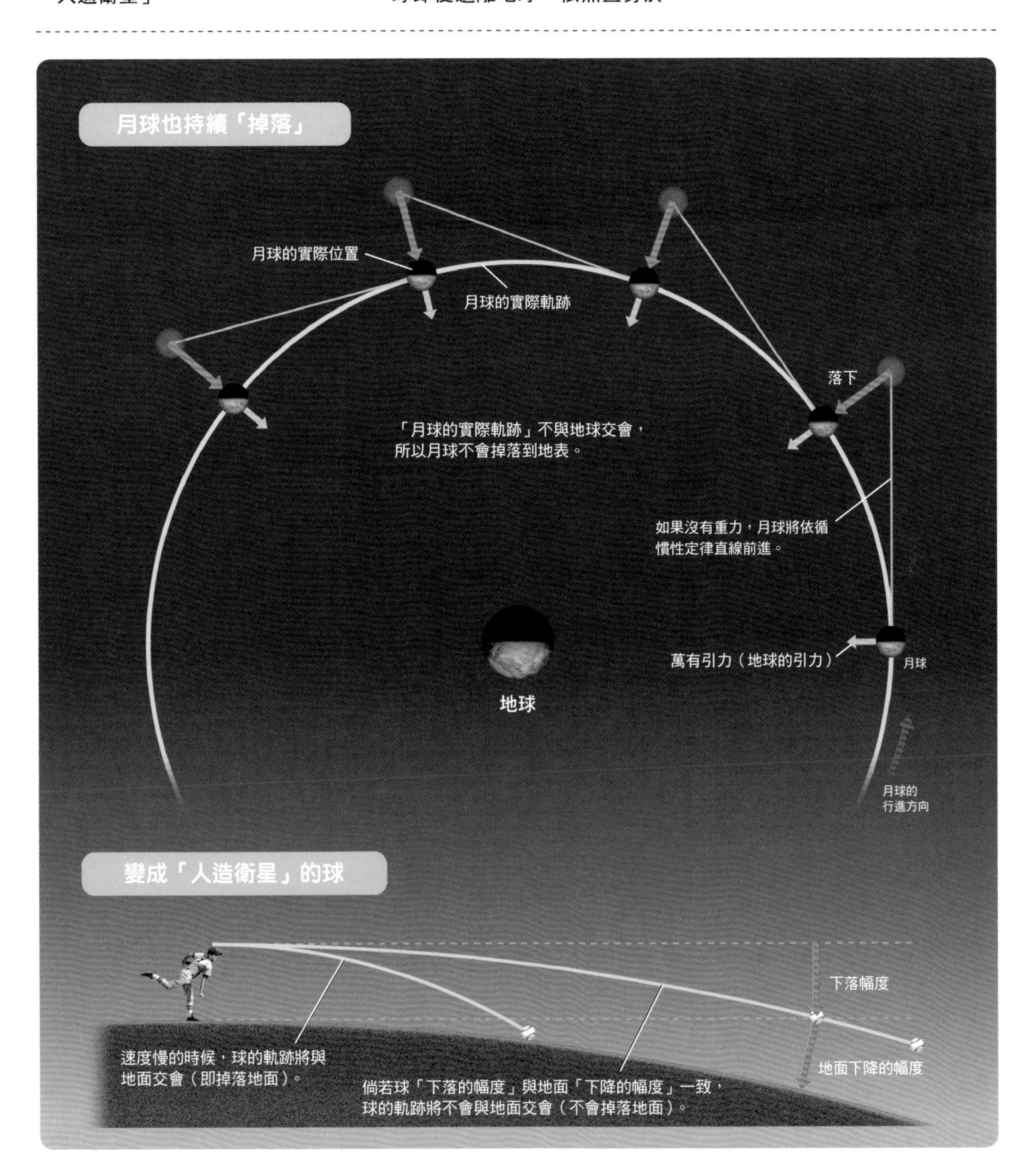

COLUMN

存在於我們身邊周遭的各種「力」

我們身邊周遭存在著各式各樣的力，本單元將介紹其中幾種最具代表性的。

舉例來說，當我們推動書櫃時，施加於書櫃上的力包括人推書櫃的力、正向力、重力以及地板的摩擦力。「正向力」(normal force）指當兩個物體接觸時，與施力方向相反並與接觸面垂直的作用力（這裡是地板頂向書櫃的力）。因為如果垂直方向只有重力，物體應該會開始朝下方移動（加速度運動），但書櫃卻靜止不動，換句話說，有一股向上將重力抵消掉的力正在作用（右圖A）。

地板為什麼會對書櫃施力呢？或許聽起來很不可思議，這時請想想看「彈力」(當砝碼放在彈簧上時，彈簧施加於砝碼的力)。彈力的大小與彈簧縮短（或是伸長）的量成正比。彈簧縮得愈短，或是伸得愈長，恢復原狀的力量也愈強。

書櫃下的地板也和彈簧一樣，地板應該會因為書櫃的重量而微微變形。事實上，這股「意圖從變形恢復原狀的力」，就是正向力的來源。

接著思考水平方向的力。如果人的推力太弱，書櫃就紋風不動。因為這時推力與地板的摩擦力互相抵消（B）。當書櫃還靜止的時候，亦即在此狀態下受到的摩擦力（靜摩擦力，static force of friction）將隨著推力增加而變大。但靜摩擦力的大小有其極限，當超過這個極限時，書櫃就

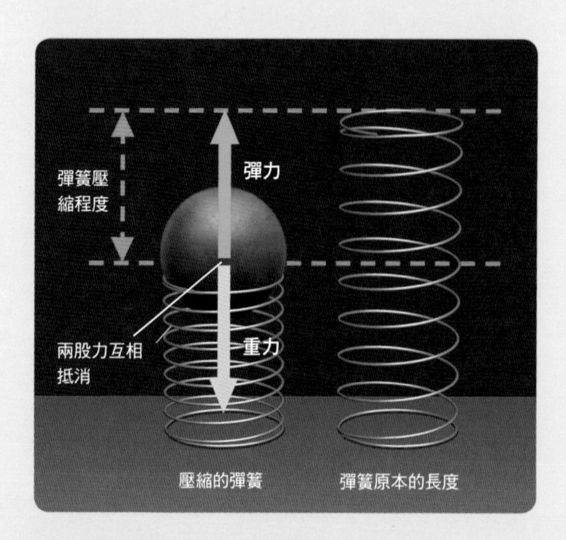

彈力與彈簧壓縮或伸展的程度呈正比（虎克定律）。

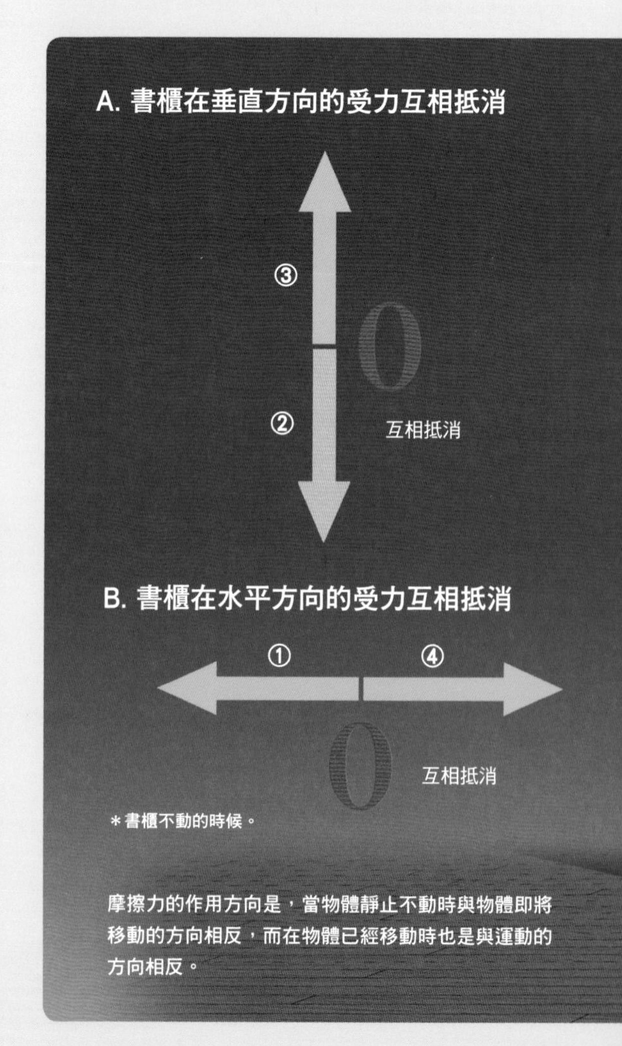

摩擦力的作用方向是，當物體靜止不動時與物體即將移動的方向相反，而在物體已經移動時也是與運動的方向相反。

會開始移動。

至於作用在移動物體上的摩擦力則稱為「動摩擦力」(kinetic force of friction)。一般而言,動摩擦力將隨著靜摩擦力的極限而變小。所以當書櫃開始移動之前,需要用很大的力氣去推,然而一旦開始移動,推起來的手感就會立刻變輕。

如果這個世界沒有摩擦力

如果世上不存在摩擦力,我們的日常生活會變成什麼模樣呢?首先,用餐應該會變得很不方便吧?因為就算用筷子夾,食物也會立刻就滑落。再者,也沒辦法用腳蹬地面步行走路,一旦開始移動就停不下來了。

於2002年獲頒諾貝爾物理學獎的小柴昌俊博士,曾在讀研究所時擔任一所完全中學的講師,當時他對學生提出這樣的問題:「如果沒有摩擦力,會發生什麼事呢?」他對這題設想的答案是「交白卷」。因為如果沒有摩擦力,鉛筆就會在紙上滑動,連字都寫不出來。

話說回來,缺少摩擦力就連拿筆都有困難,甚至無法靜止不動地坐在椅子上。摩擦力在暗地裡默默地支撐著我們這個世界。

*關於小柴博士的情節,參考其著作《做了,就辦得到》(新潮社)。

「聲音」的真實樣貌是空氣中傳遞的振動

「聲音」是空氣的振動。舉例來說，我們敲擊鼓面，鼓皮就會振動。每當鼓皮凹下再彈回，就會在周圍的空氣分別形成「稀疏」與「濃密」的部分（疏密波），這種空氣的振動就會像波動一樣朝著周圍傳遞（聲波）。

當聲波傳到耳朵時，就會使「鼓膜」振動，並透過耳朵深處的「耳蝸」轉換成電訊號，傳

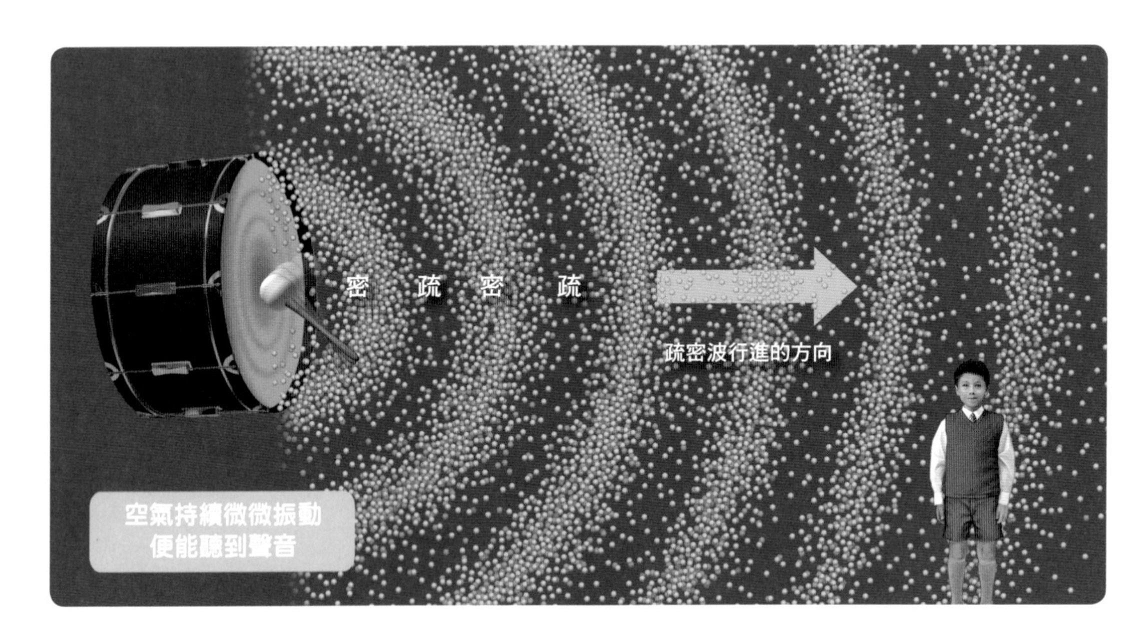

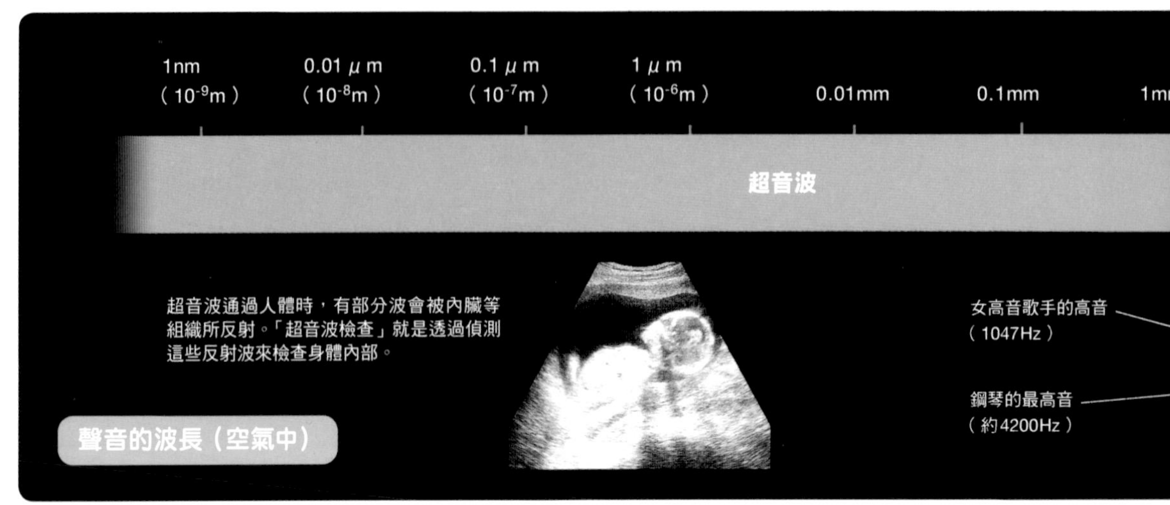

遞到大腦，使我們聽到「咚」的聲音。

那麼，如果沒有空氣也能傳遞聲音嗎？事實上，在液體與固體當中也同樣能夠傳遞聲波。舉例來說，海豚靠著下顎捕捉水中傳遞來的聲波（超音波），並利用傳達到骨骼的聲波與夥伴溝通（骨傳導，bone conduction）。換句話說，就廣義而言，聲音就是在物體當中傳遞的振動。

每秒振動的次數（出現幾次「波」）稱為「頻率」，以「赫茲」（Hz）這個單位表示。人類能夠聽到的只有20赫茲～20千赫之間的聲音。頻率高於這個範圍（波長短）的聲波稱為「超音波」（ultrasound），低於這個範圍（波長長）的聲波則稱為「次聲波」（infrasound）。

＊此外還有「低頻音」，主要是指頻率在100～80赫茲以下的聲音。

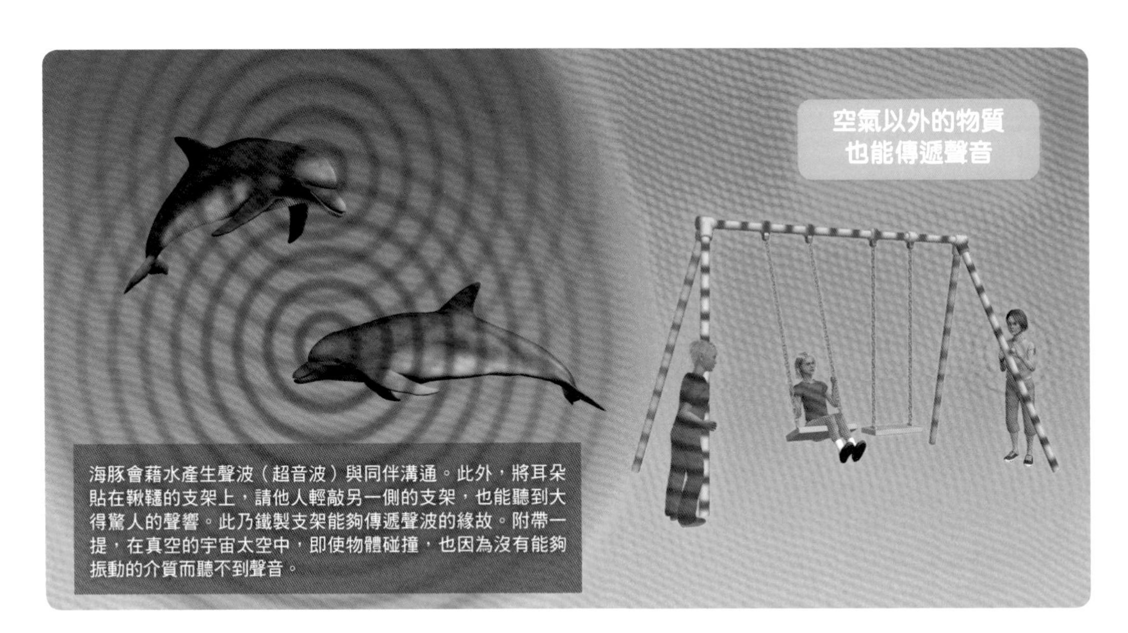

海豚會藉水產生聲波（超音波）與同伴溝通。此外，將耳朵貼在鞦韆的支架上，請他人輕敲另一側的支架，也能聽到大得驚人的聲響。此乃鐵製支架能夠傳遞聲波的緣故。附帶一提，在真空的宇宙太空中，即使物體碰撞，也因為沒有能夠振動的介質而聽不到聲音。

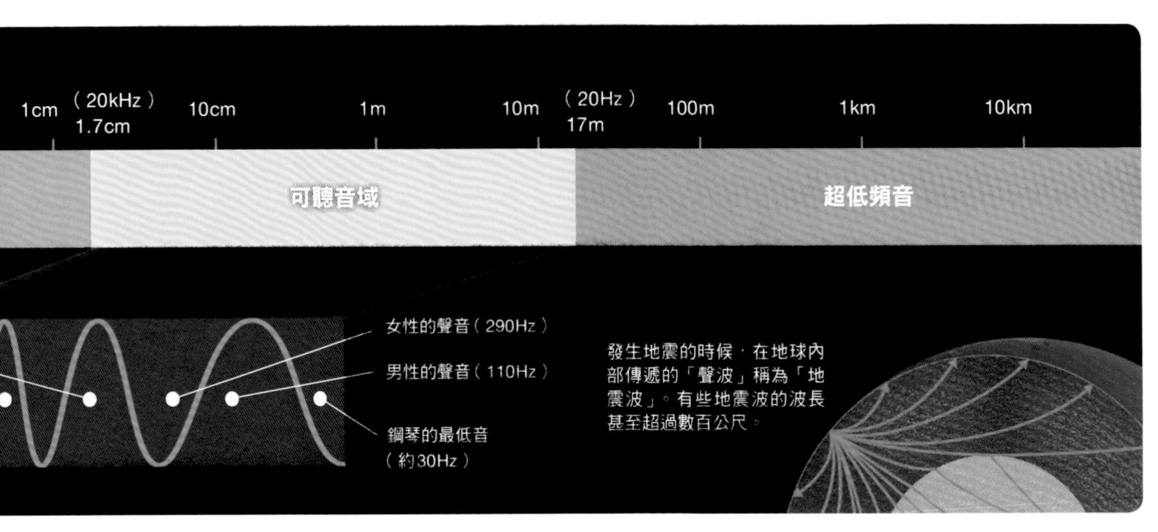

發生地震的時候，在地球內部傳遞的「聲波」稱為「地震波」。有些地震波的波長甚至超過數百公尺。

物體的顏色來自光的反射

紅色的蘋果為什麼看起來是「紅色」的呢？太陽與照明燈光之所以呈現白色，是因為這些光其實是各種色光的集合體。當白光照射蘋果時，只有紅色的光被反射，進入到我們的眼睛裡，除此之外的色光則被蘋果的表面吸收。換言之，紅色乃經由「白色－紅色以外的顏色」的「減法」而來。

那麼，沒有形體，理應不會發生反射的天空，為什麼看起來是藍色的呢？舉例來說，從樹木間隙或是從雲層縫隙灑落下來的光束，其實是光在沿線路徑上由灰塵與水滴等等被光照射而顯現出來的。當光線照到這些不規則分布的微小粒子時，就會朝著四面八方散逸，而這個現象就稱為「散射」(scattering)。或者說，雖然大氣本身是透明的，但太陽光卻會因為空氣分子而微微散射。

現在已經知道波長愈短的光，譬如愈接近紫光與藍光，愈容易因為空氣分子而產生散射。此外，人的眼睛對藍光比紫光更加敏感，所以天空看起來才會是藍色的。

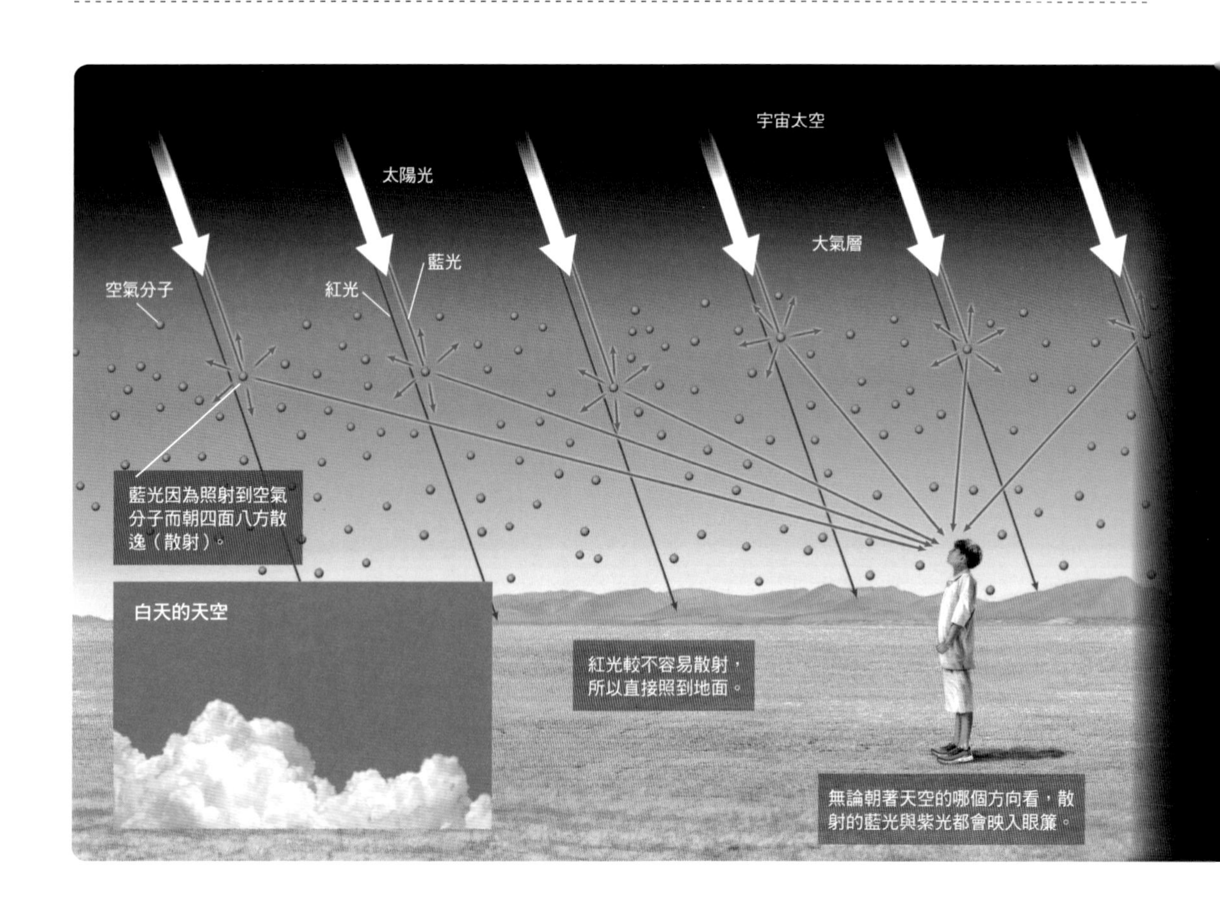

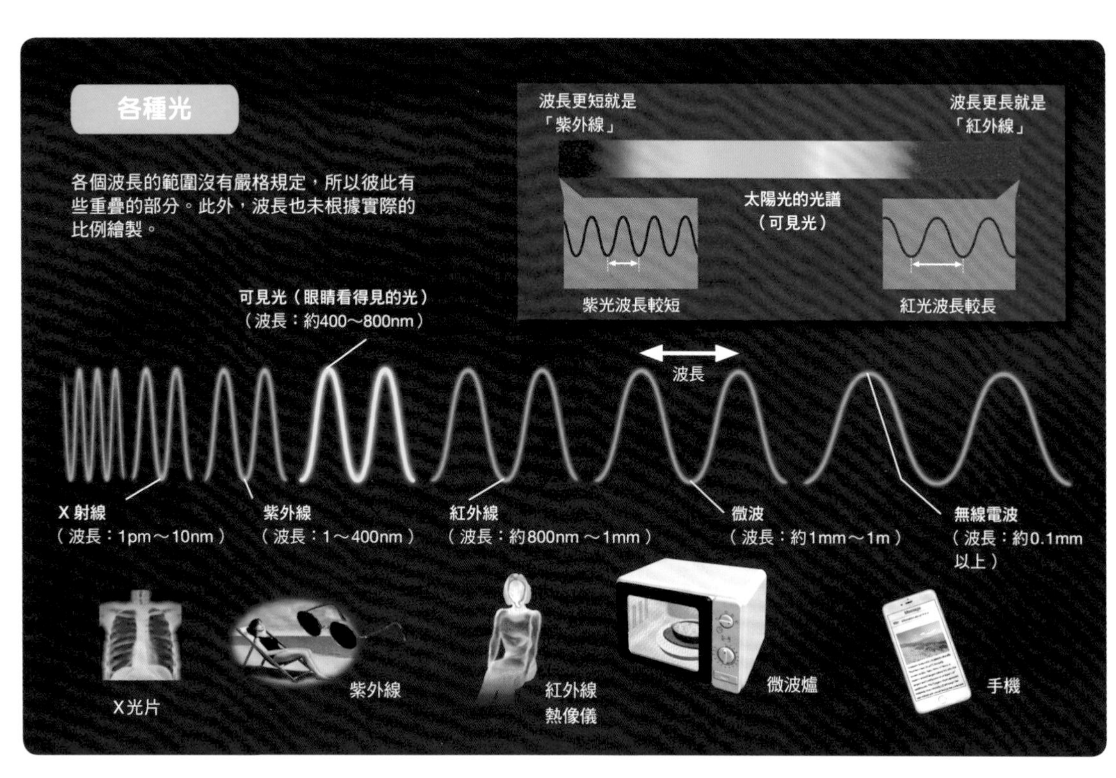
各種光
各個波長的範圍沒有嚴格規定，所以彼此有些重疊的部分。此外，波長也未根據實際的比例繪製。
波長更短就是「紫外線」
波長更長就是「紅外線」
太陽光的光譜（可見光）
紫光波長較短
紅光波長較長
可見光（眼睛看得見的光）（波長：約400～800nm）
波長
X射線（波長：1pm～10nm）
紫外線（波長：1～400nm）
紅外線（波長：約800nm～1mm）
微波（波長：約1mm～1m）
無線電波（波長：約0.1mm以上）
X光片
紫外線
紅外線熱像儀
微波爐
手機

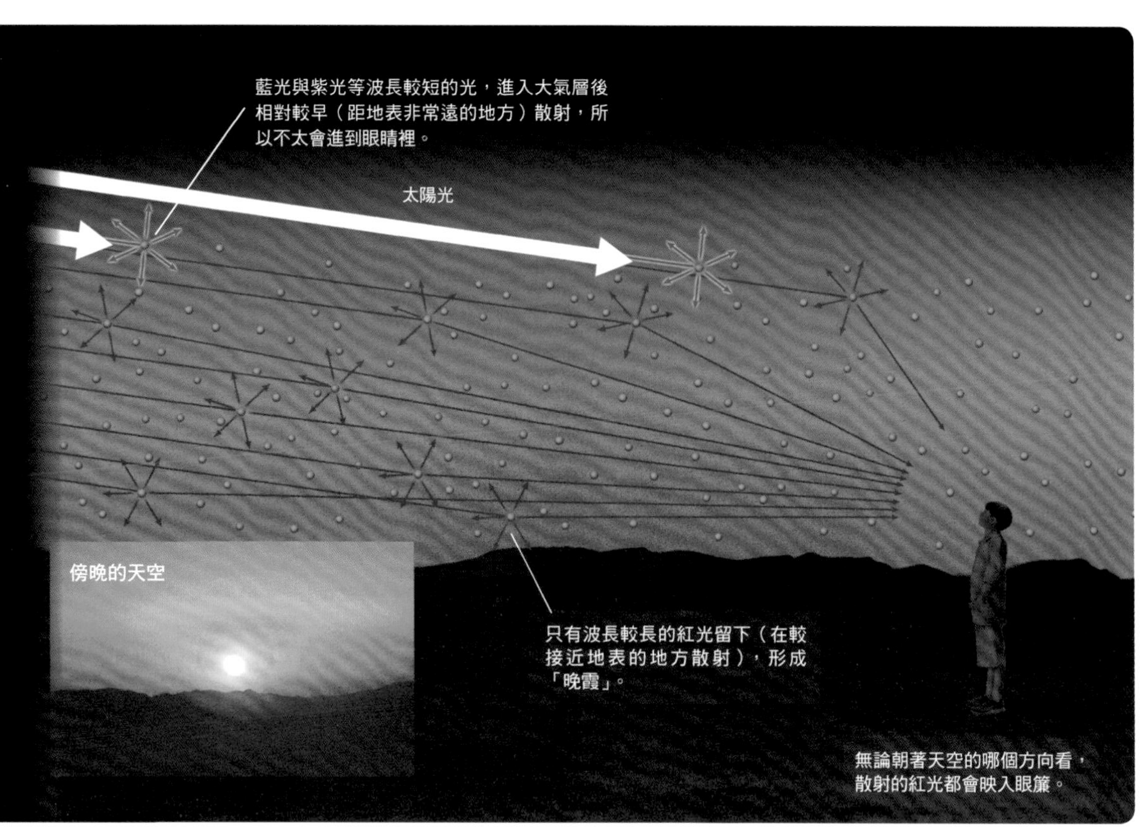
藍光與紫光等波長較短的光，進入大氣層後相對較早（距地表非常遠的地方）散射，所以不太會進到眼睛裡。
太陽光
傍晚的天空
只有波長較長的紅光留下（在較接近地表的地方散射），形成「晚霞」。
無論朝著天空的哪個方向看，散射的紅光都會映入眼簾。

光同時具備「波」與「粒子」的性質

荷蘭物理學家惠更斯（Christiaan Huygens，1629～1695）提出「光的波動說」，認為光是一種波動。因為光能夠繞到障礙物後方，具有繞射等波動的性質。這個學說在後來的1807年，由英國物理學家楊格（Thomas Young，1773～1829）透過

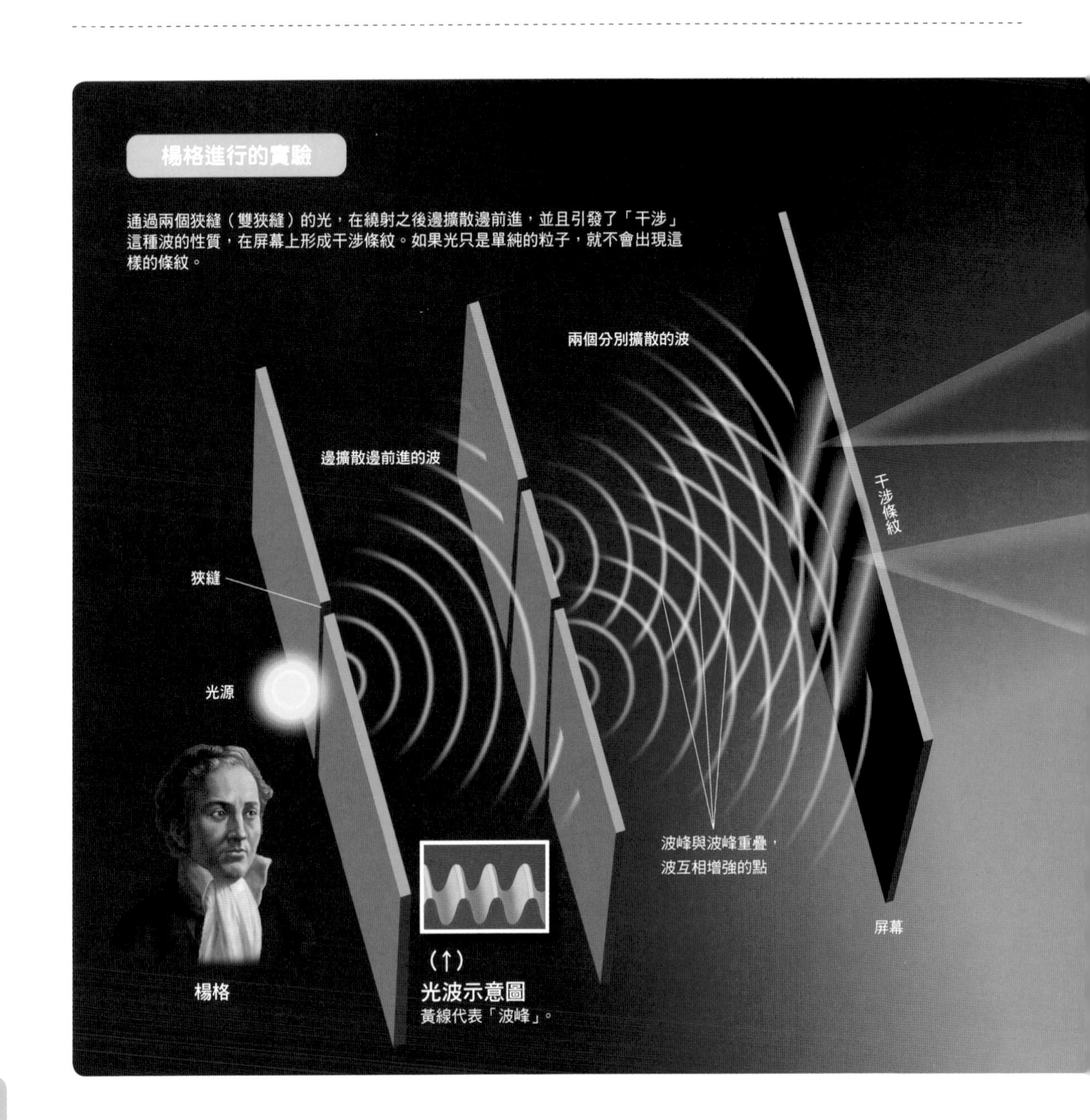

「光的干涉實驗」得以證實。

但另一方面，如果光是一種在空間中連續擴散的波，最後將會變得無限稀薄，這麼一來，遙遠星體的光應該就會稀薄到我們眼睛無法感知的程度。如果光具備「粒子」不連續的性質，那麼不管離得多遠，能量都不會減少，如此我們就能感知遙遠星體的光了。

實際上，光的行為不只像波，在某些狀況下也會像粒子。光的這種性質稱為「波粒二象性」（wave-particle duality）。而證明光也具備粒子性質的是愛因斯坦。將光視為粒子時，這一個個的粒子就稱為「光子」（photon）。

光波的波峰高度相當於「亮度」。波峰與波峰重疊之處的波互相增強，因此光就顯得更亮，波峰與波谷重疊之處的波則互相減弱，光也因此變暗，於是就在屏幕上形成干涉條紋。

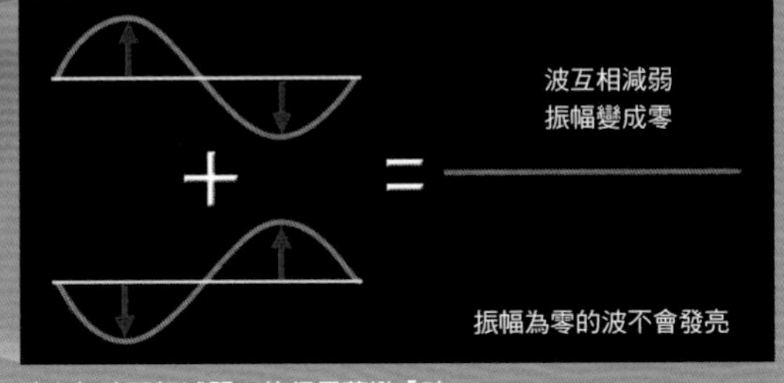

（↑）波互相增強，使得屏幕變「亮」。

（↑）波互相減弱，使得屏幕變「暗」。

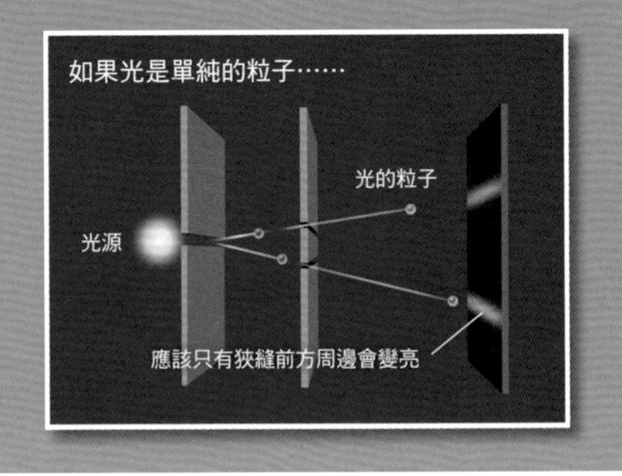

光也是粒子的集合

我們能夠看見星體或燭光，代表視網膜中感測光的分子因為進入眼中的光而產生了變化。如果光是一種波，那麼在距離蠟燭數十公尺處，感測光的分子就無法獲得足以變化的能量。

但實際上，我們卻能夠在黑暗中看見擺在前方數十公尺處的燭光。這是因為進入眼睛的粒子（光子）數雖然隨著距離減少，卻仍具備充分的能量，足以使視網膜中感測光的分子產生變化。

電子也具有波粒二象性

法國物理學家德布羅意（Louis de Broglie，1892～1987）在1923年發現，電子或許也具有波的性質。

這項發現，從「電子的雙狹縫實驗」（參考下圖）得到這個結論。在這個實驗中出現的條紋，就和在楊格實驗中出現的雷同。由於電子是一個個進入偵測器的，因此就這點而言，其行為就像粒子一樣。然而觀察發射大量電子的實驗結果後，卻出現了波的干涉條紋。換句話說，電子也具有波的性質。

微觀世界的物理學「量子力學」，如此解釋（詮釋）這個不可思議的現象：電子在被發

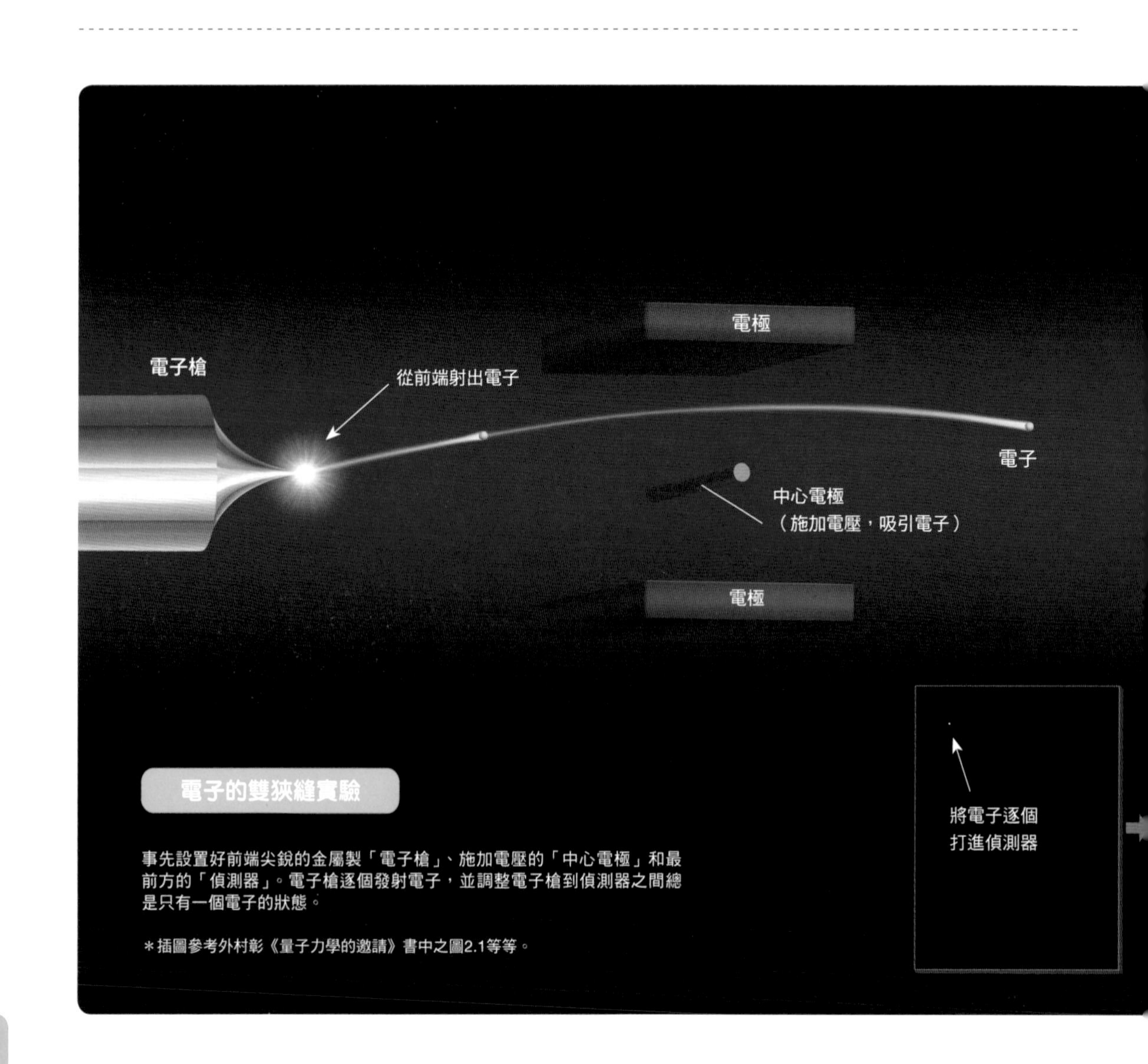

電子的雙狹縫實驗

事先設置好前端尖銳的金屬製「電子槍」、施加電壓的「中心電極」和最前方的「偵測器」。電子槍逐個發射電子，並調整電子槍到偵測器之間總是只有一個電子的狀態。

＊插圖參考外村彰《量子力學的邀請》書中之圖2.1等等。

現（觀測）之前，作為分布於空間中的波來描述。然而一旦進行觀測，電子波就會在這一瞬間「塌縮」成1個點，呈現粒子的樣貌。至於會在哪裡發現電子，則根據電子波所顯示的發現機率隨機決定。

接下來重新整理一下前述的實驗脈絡。電子槍發射的電子作為一種波擴散，在偵測器前方引發干涉。各個場所發現電子的機率，因為這個干涉而產生差異，最後形成由亮處（發現機率高）與暗處（發現機率低）構成的干涉條紋。

這種兼具波粒二象性的微觀「粒子」稱為量子。除了電子與光子之外，原子、分子、原子核、質子、中子等，全都是量子。

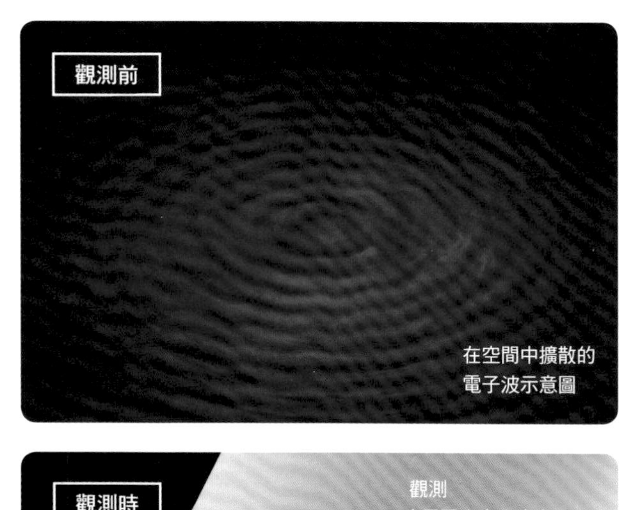

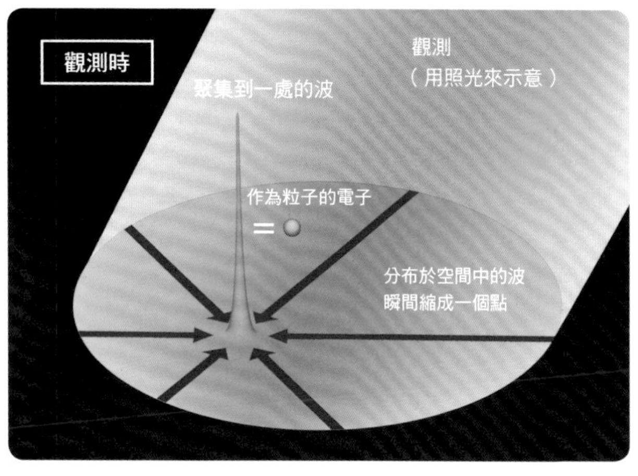

偵測器

（↓）逐漸出現干涉條紋
一個個白點是電子到達之處。隨著電子數量增加，白色條紋逐漸變得明顯。

波粒二象性（↑）
電子在「沒有被看到」（沒有被觀測）時，保持波的性質分布於空間當中。然而當光線照射到電子波，其位置被「看見」（觀測）後，電子波就瞬間縮回1個點，形成「突出」的波形。這樣的波，在我們看來就像粒子一樣。換句話說，電子「沒有被看到時」的行為像波，然而一旦被「看到」，就呈現粒子的樣貌。

此外，如果觀測電子，則作為粒子的電子，將出現在觀測前呈波形態時所分布範圍內的任何一處，然而我們只能知道電子在各處出現的機率。

上述的解釋雖然能夠毫無矛盾地說明電子所具備的「波粒二象性」，但對研究者而言卻非定論，他們之間的討論幾十年來依然持續沒有中斷。

伸縮的時間與空間

「相對論」※（theory of relativity）與量子力學（quantum mechanics）並駕齊驅，共同支撐著近代物理學。是由愛因斯坦所建立，與時間、空間（時空）及重力相關的理論。

相對論的基礎概念之一是「光速不變原理」。認為不管觀測光的人，或是光源以多快的速度運動，真空中的光速永遠都固定為秒速30萬公里。

這點不符合我們在日常生活中所理解的速度認知。舉例來說，如果在時速50公里的電車中，朝著前進方向以時速100公里投球，在電車外面觀察到的球速，就會變成時速150公里（50公里＋100公里）。但這種速度的加法，對於光而言卻不成立。

光速不變原理已經由實驗獲得證實，任何人在宇宙中觀察到的光速都是固定的。愛因斯坦為了合理地說明這點，戮力思索而得出這樣的概念：亦即時間流淌與物體長度等等，將隨觀測者所處的位置而改變。於是，「特殊相對論」（special relativity，也稱狹義相對論）就在1905年誕生。

發現重力真實樣貌的一般相對論

牛頓力學就如同前文提到的投球例子，建立在單純以速度加法能夠成立的前提上。然而當物體的速度逐漸接近光速時，這種單純的速度加法就慢慢失效，逐漸無法成立。換句話說，相對論證明了「既有認知」不一定正確。

後來，愛因斯坦更進一步建構出從特殊相對論發展出來的「一般相對論」（general relativity，於1916年發表，也稱廣義相對論），藉此說明重力的真實樣貌。根據一般相對論，具有質量的物體將導致周圍時空扭曲，因而產生了重力。

一般相對論用來描述天體般大尺度（巨觀）的世界，現今對於解開宇宙成立之謎的「宇宙論」而言，已經是不可或缺的理論。

※：特殊相對論與一般相對論的總稱。

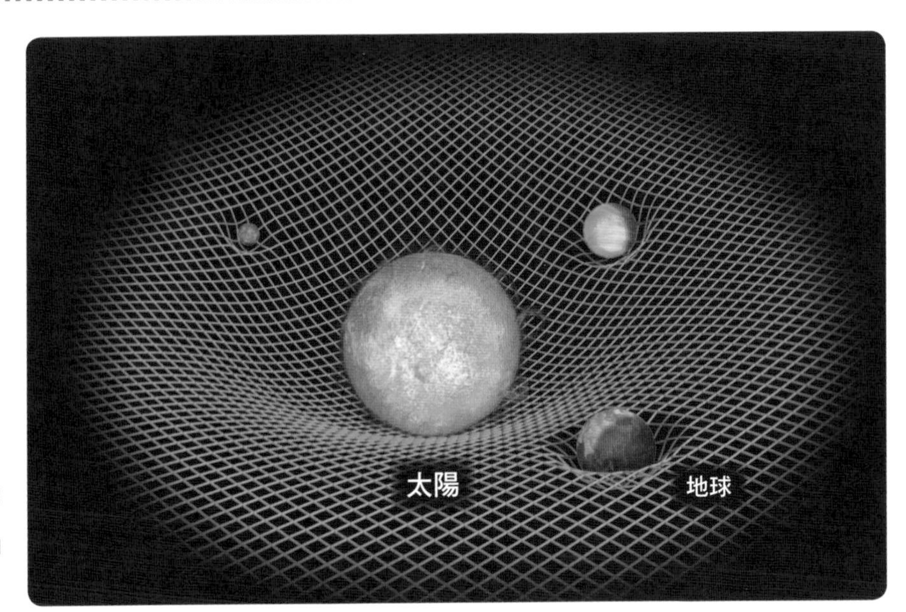

重力的真實樣貌是時空的扭曲

太陽與地球等行星周圍的時空將因其質量而扭曲。物體的運動軌跡受到這個扭曲的影響而自然彎曲，這就是重力的真實樣貌。

愛因斯坦

構成原子並傳遞諸力的「基本粒子」

無法再繼續分割的最小粒子稱為「基本粒子」(elementary particle)。20世紀中葉發現了世界上存在著比質子和中子更小的基本粒子，那就是「夸克」(quark)。換句話說，原子是由「電子」，以及構成質子與中子的「上夸克」(up quark)及「下夸克」(down quark)等基本粒子所組成。

後來，物理學家發現這些基本粒子還有許

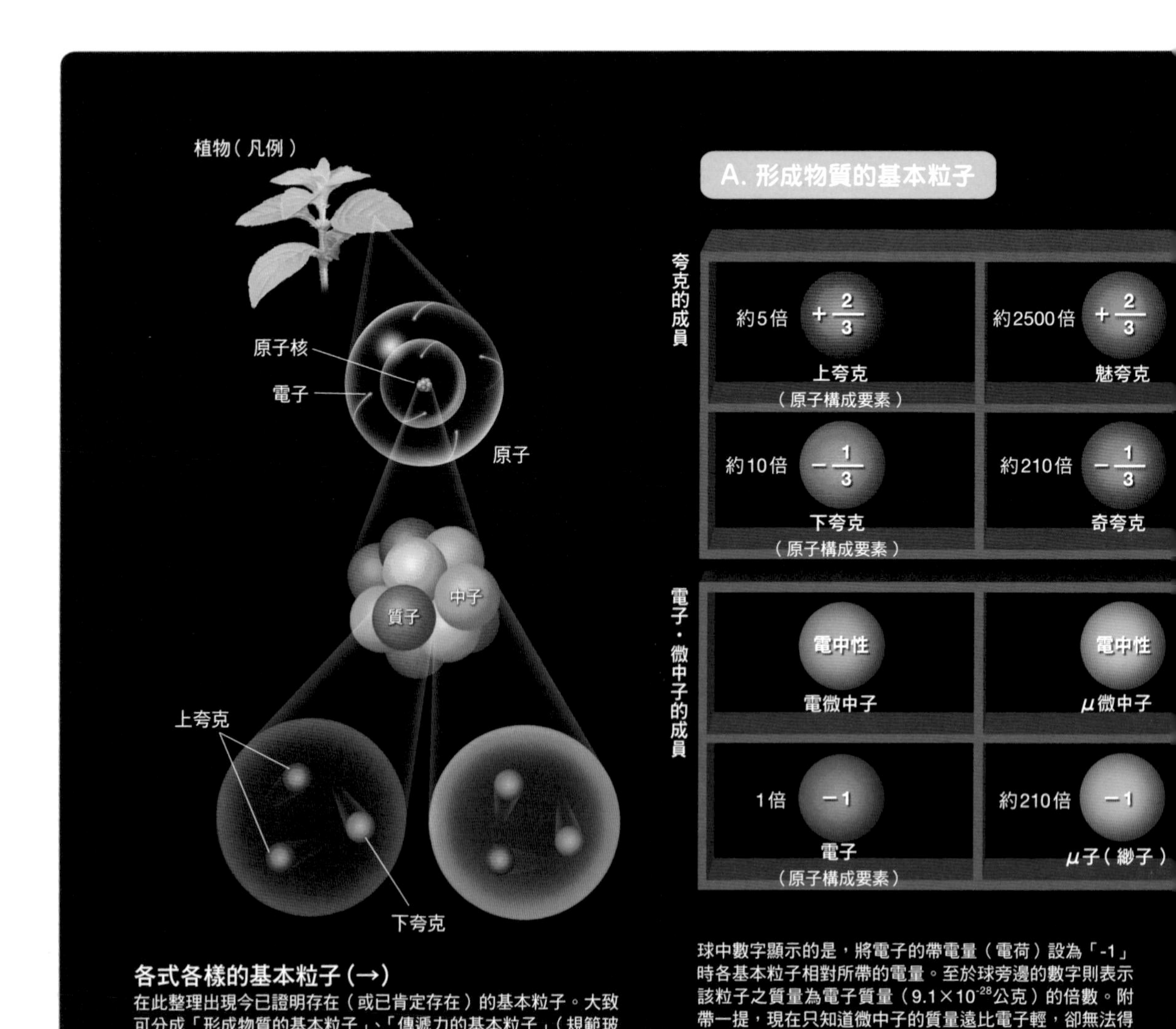

各式各樣的基本粒子(→)
在此整理出現今已證明存在(或已肯定存在)的基本粒子。大致可分成「形成物質的基本粒子」、「傳遞力的基本粒子」(規範玻色子，gauge boson)與「希格斯玻色子」(Higgs boson)。

球中數字顯示的是，將電子的帶電量(電荷)設為「-1」時各基本粒子相對所帶的電量。至於球旁邊的數字則表示該粒子之質量為電子質量(9.1×10^{-28}公克)的倍數。附帶一提，現在只知道微中子的質量遠比電子輕，卻無法得知確切數值。

多成員（參考下圖）。現代基本粒子物理學（以基本粒子為研究對象的物理學）的基礎理論稱為「標準模型」（standard model）。據此模型，自然界原本就存在著四種力，分別是「重力」「電磁力」，以及在基本粒子尺度之微觀世界才會出現的「強核力」（strong force）與「弱核力」（weak force）※。

「形成物質的基本粒子」（下圖**A**）就像是「演員」，至於「傳遞力的基本粒子」（**B**），也就是上述的四種力，就像是指揮演員的「導演指示或劇本」。演員根據指示與劇本，彼此互相影響（交互作用），演出自然界這齣「戲劇」。

※：弱核力是會引起「β衰變」的力。在太陽發生的「氫核融合反應」部分，就是由弱核力擔綱。而將原子核「綁」在一起的「核力」（nuclear force），就基本粒子的尺度來看，也是由強核力在彼此複雜的交互影響下所產生的力。

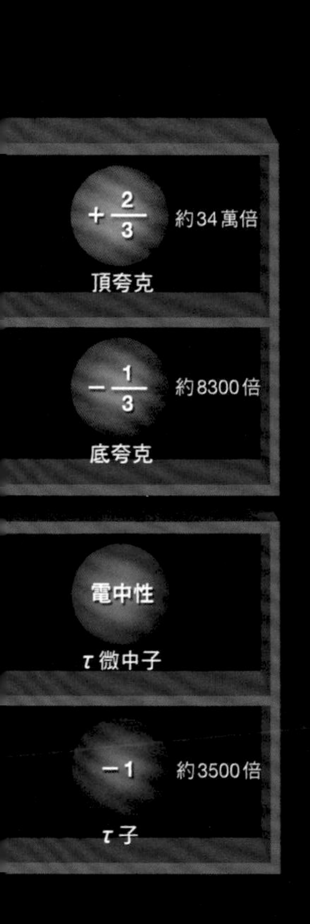

＊除了電子、上夸克、下夸克之外，其他基本粒子雖然不是構成身邊物質的粒子，卻存在於宇宙射線等當中（也可透過加速器進行人工合成）。

B. 傳遞力的基本粒子

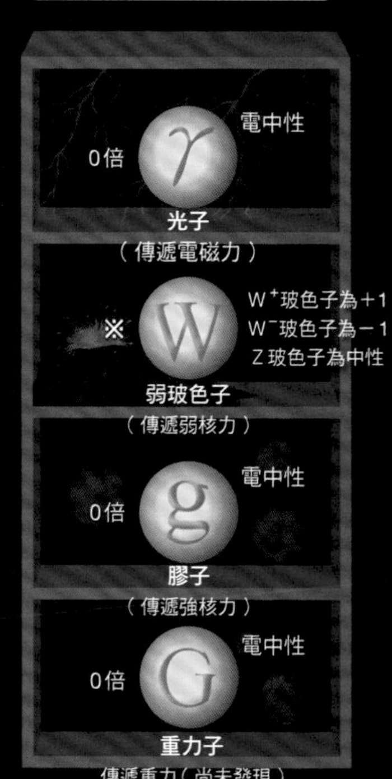

自然界存在著四種力，而這四種力靠上述基本粒子傳遞給形成物質的基本粒子。這麼一來，構成物質的基本粒子就會彼此吸引或排斥。

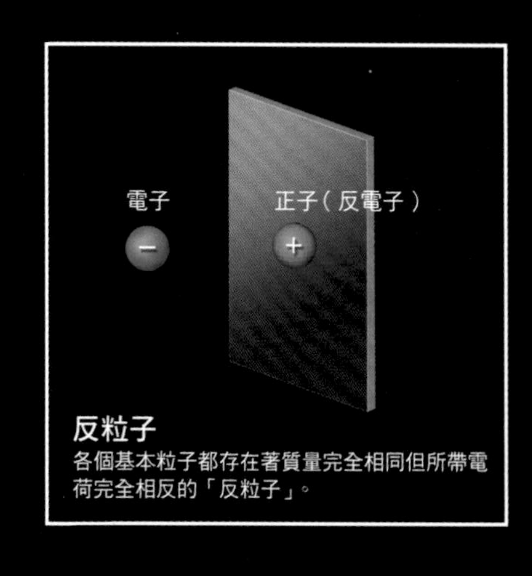

反粒子
各個基本粒子都存在著質量完全相同但所帶電荷完全相反的「反粒子」。

C. 希格斯玻色子

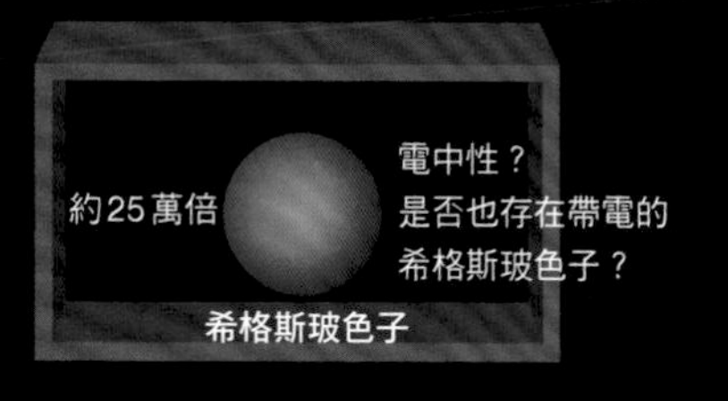

賦予萬物質量的基本粒子。推測質量約為電子的25萬倍，而且不帶電。但根據理論預言，希格斯玻色子的種類有2種以上，若真是如此，或許也存在著帶電的希格斯玻色子。

※：約15萬7000倍（W^+玻色子與W^-玻色子），約17萬8000倍（Z玻色子）。

物理學的歷史 就是一部「力」的統一史

物理學是探究世界運作原理的一門學問。舉例來說，17世紀時牛頓發現在地表上使物體掉落的力，與在宇宙掌管天體運行的力，都屬於同一種力（萬有引力）。而馬克士威（James Clerk Maxwell，1831～1879）在19世紀確立了電磁學，證明電力與磁力可統一視為「電磁力」。

而現在發現，電磁力是形成各種原子與分子的力※。除了我們身邊常見的萬有引力（重力）之外，其他各式各樣的力可說都是電磁

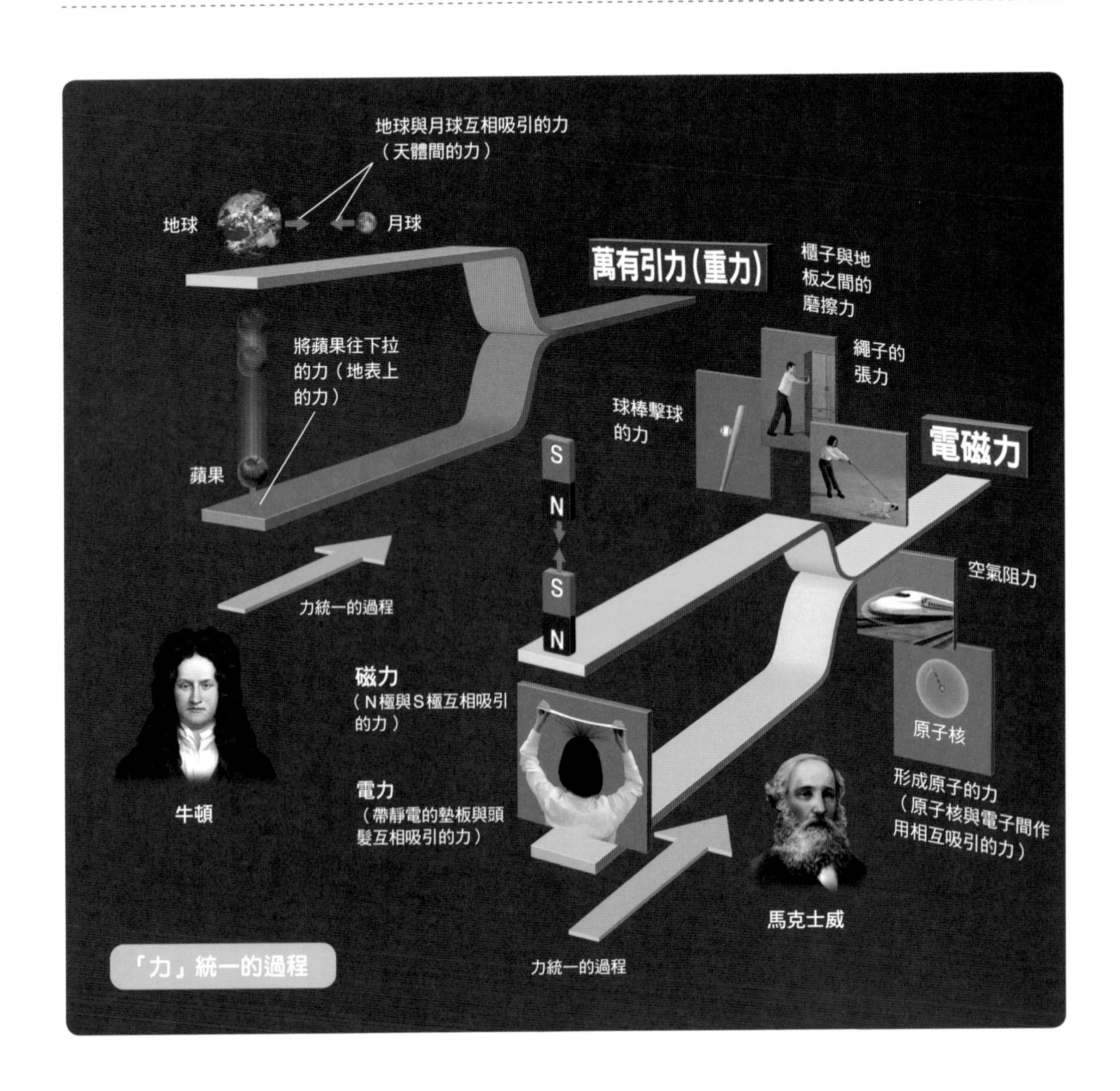

力的複雜展現，譬如球棒擊球的力（物體相接觸時彼此互推的力）、摩擦力、空氣阻力、張力（如遛狗時靠繩子拉與被拉的力）。

將電磁力與弱核力合起來理解的「電弱統一理論」（Weinberg-Salam theory），於1967年完成。而這個理論也成為建構基本粒子物理學標準模型的其中一項重要理論。

靠著標準模型實現力的統一，目前就發展到這裡，如果想進一步讓力的統一更完整，也就是將所有的力都以相同架構處理，就必須建構新的理論。

※：譬如離子鍵、氫鍵、凡得瓦力等。

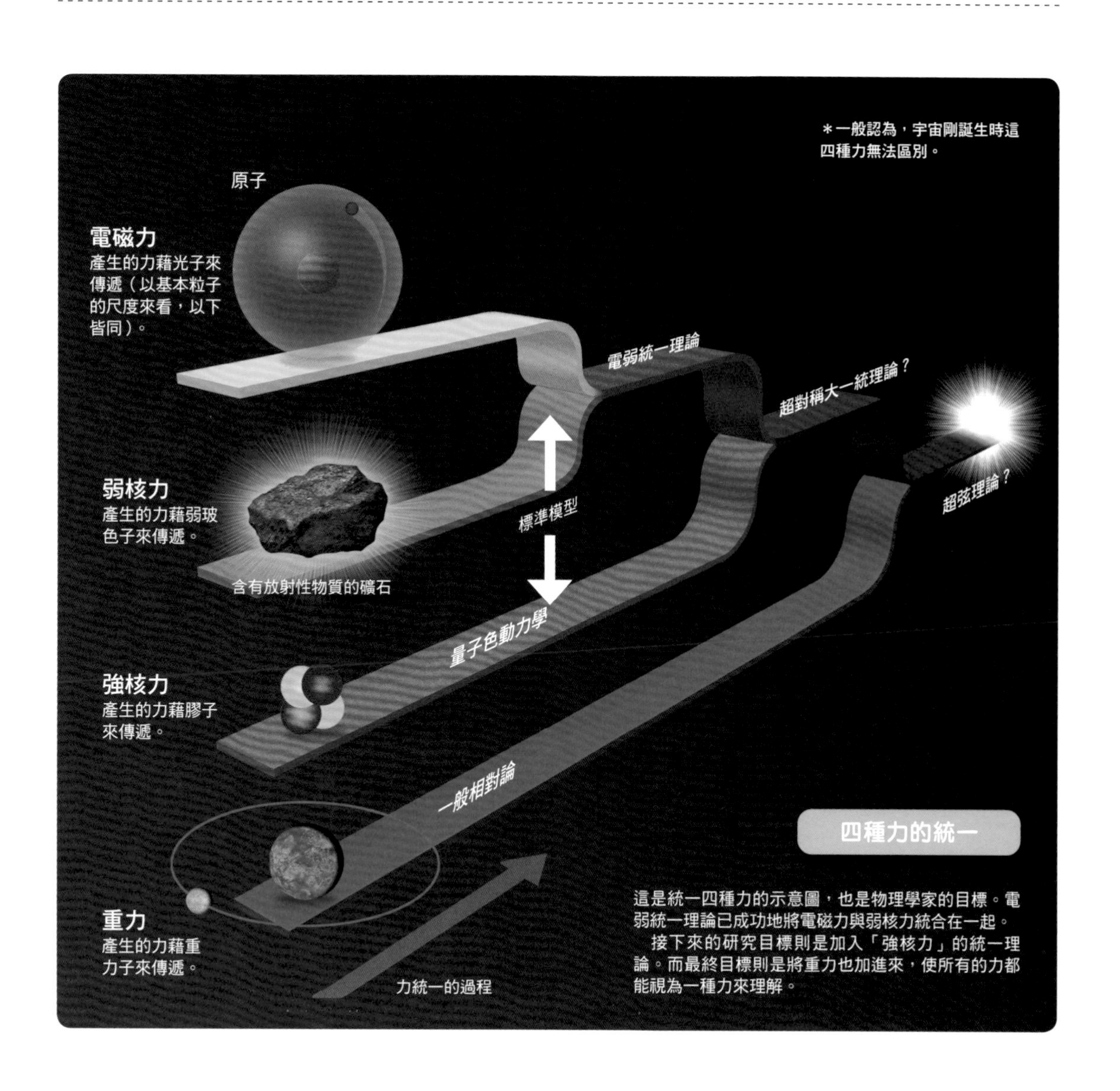

四種力的統一

這是統一四種力的示意圖，也是物理學家的目標。電弱統一理論已成功地將電磁力與弱核力統合在一起。

接下來的研究目標則是加入「強核力」的統一理論。而最終目標則是將重力也加進來，使所有的力都能視為一種力來理解。

所有物體都是弦形成的？

「超弦理論」（superstring theory）是一種假設，認為基本粒子由擁有長度的「弦」形成，而不是一顆顆的「粒子」。

但這些弦只能在量子力學的世界成立，而且長度僅僅10^{-35}公尺（只有長度沒有寬度的奇妙物質）。原子的大小約10^{-10}公尺，原子核

約10^{-15}公尺，由此可知弦有多麼微小。不管性能多高的顯微鏡，都不可能看得見弦。

以小提琴之類的弦樂器為例，只要知道弦所產生的波形式（駐波），就可知道我們能夠聽見什麼樣的聲音。超弦理論也一樣，只要知道弦如何振動，也就是在弦上產生什麼樣的「波」，即可知道會看見哪一種粒子。換句話說，自然界的萬物皆是由弦與弦的波創造出來的。

超弦理論被視為是一種「終極理論」，可望將以下兩個理論融合在一起，一個是微觀世界理論的量子力學，另一個則是巨觀世界的重力理論一般相對論。

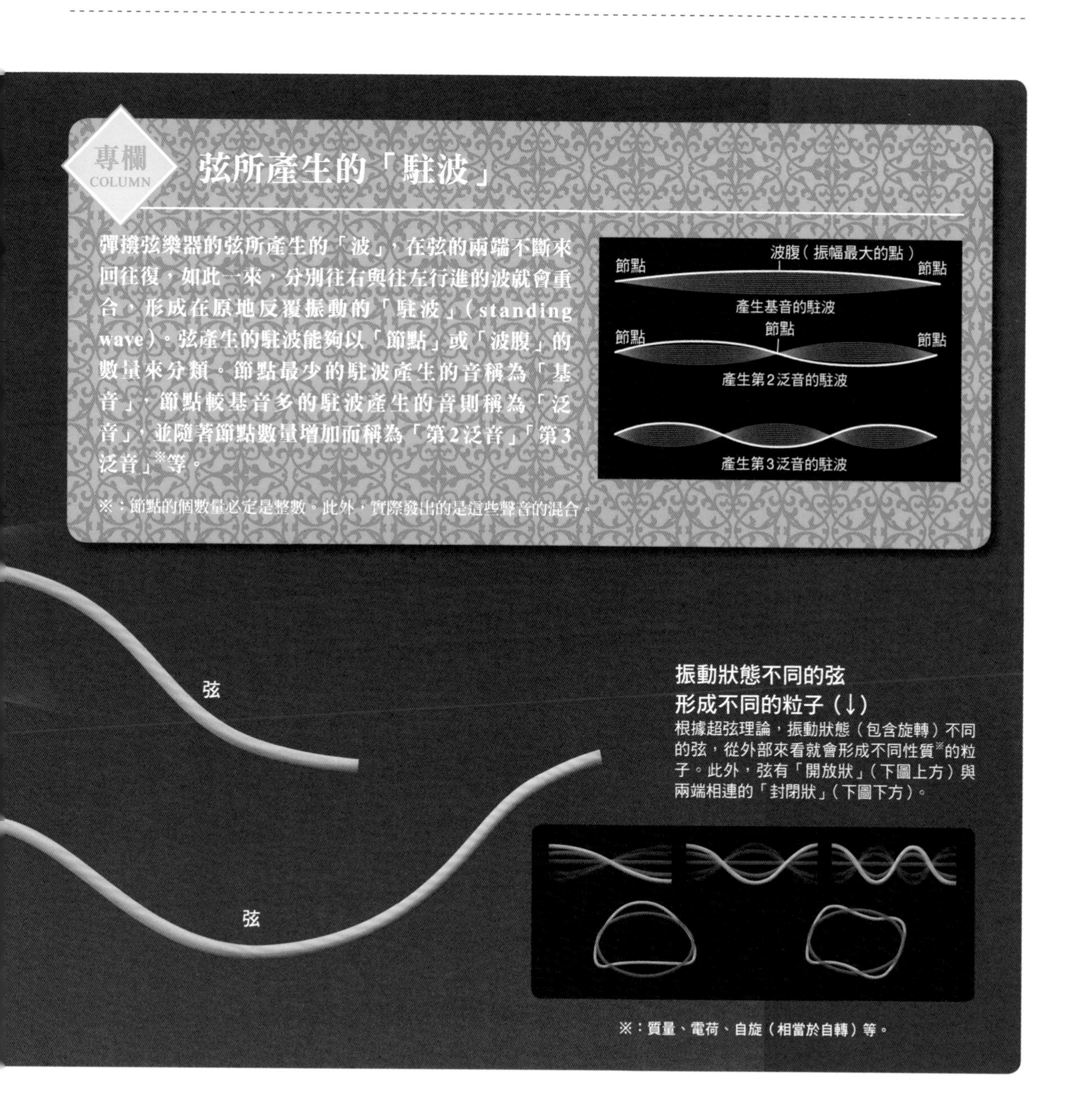

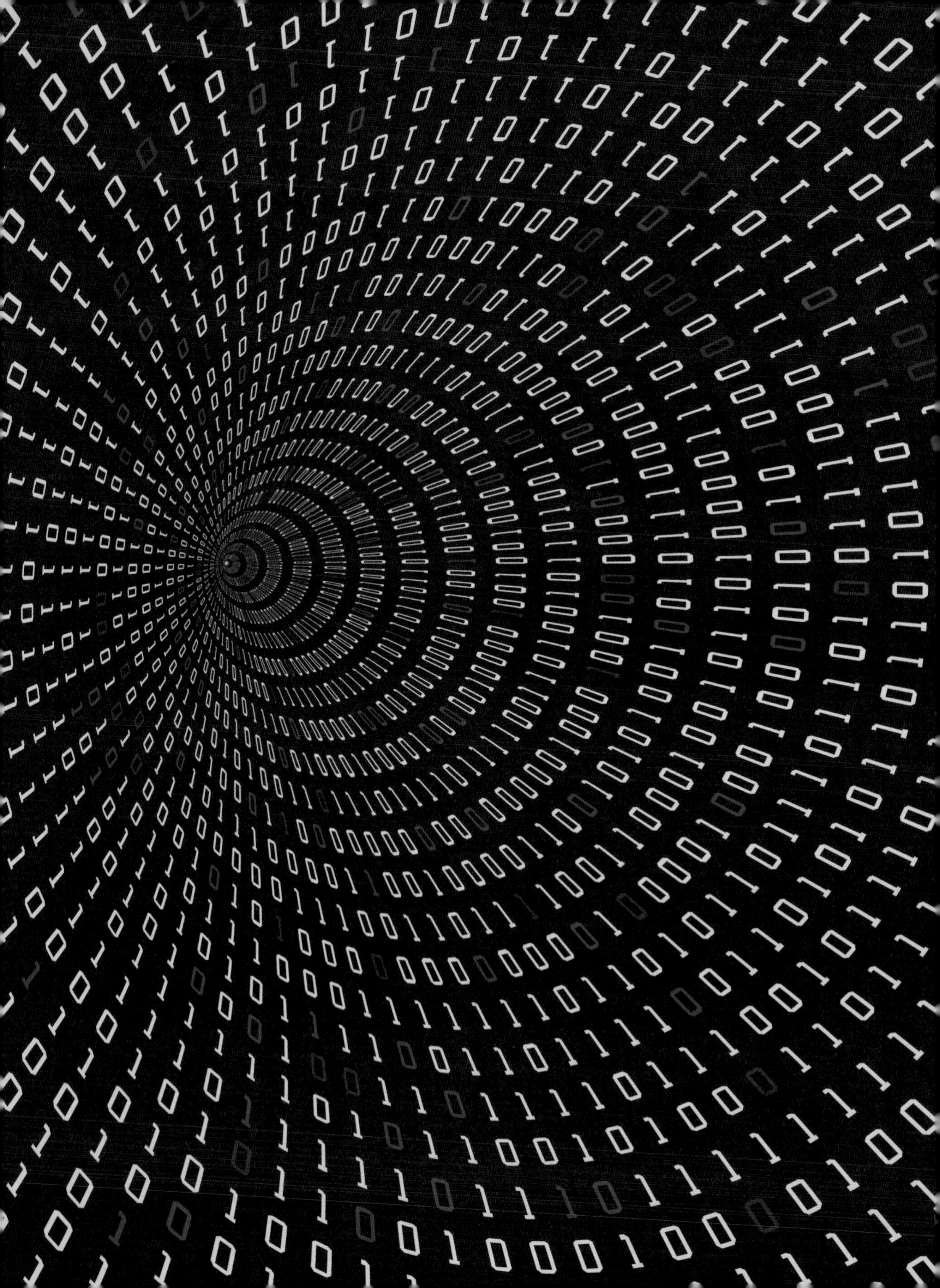

3
技術科學
Logical explanation of Technology

電的本體就是「電子的流動」

無論是我們慣用卻習而不察的手機與電視，或是其他如電車、照明還是電梯，沒有「電」全都無法運作。

所謂電，正確來說就是「電流」。電流本身是帶負電的粒子，也就是「電子」的流動。容易通電的物質（導體）中，存在著許多能夠自由移動的電子（自由電子，參考第30頁）。將電池連接金屬與導線，自由電子就會一起從電池的負極往正極移動※。

操作手機時，螢幕偶爾會發熱，這是因為構成電路的導線具有「使電流難以通過」的性質（電阻）。在導線內流動的電子與形成導線的金屬原子碰撞，導致移動困難。此時，原子則因為碰撞而振動，遂產生了熱。

※：麻煩的是，提到「電流方向」時，指的是與電子移動方向相反的方向。這是因為過去在發現電流實際的本體之前，就已經規定電流是「正電荷移動的方向」了。

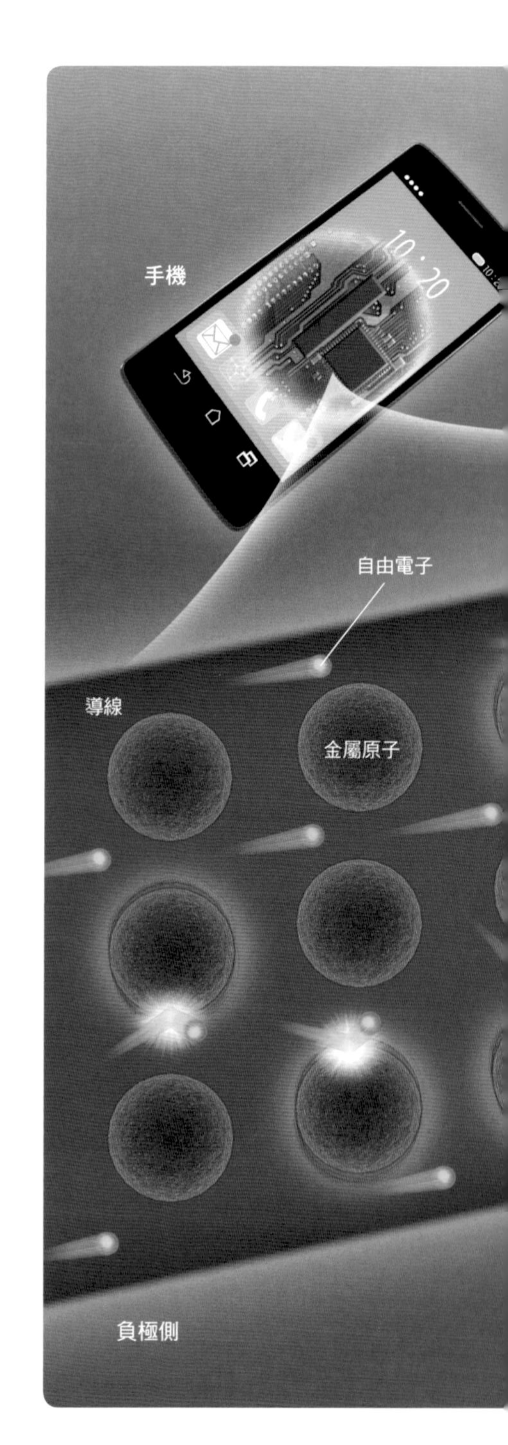

專欄 COLUMN 令電流流動所做的功就是「電壓」

電流流動所需的功稱為「電壓」。就如同水從高處往低處流，電流也是從電壓高的地方往電壓低處流動。舉例來說，電池的正極電壓較高，因此如果將兩極以導線連接，電流就會從正極流向負極。附帶一提，現在已經知道電流（A：安培）與電壓（V：伏特）成正比，與電阻（Ω：歐姆）成反比，稱為歐姆定律。

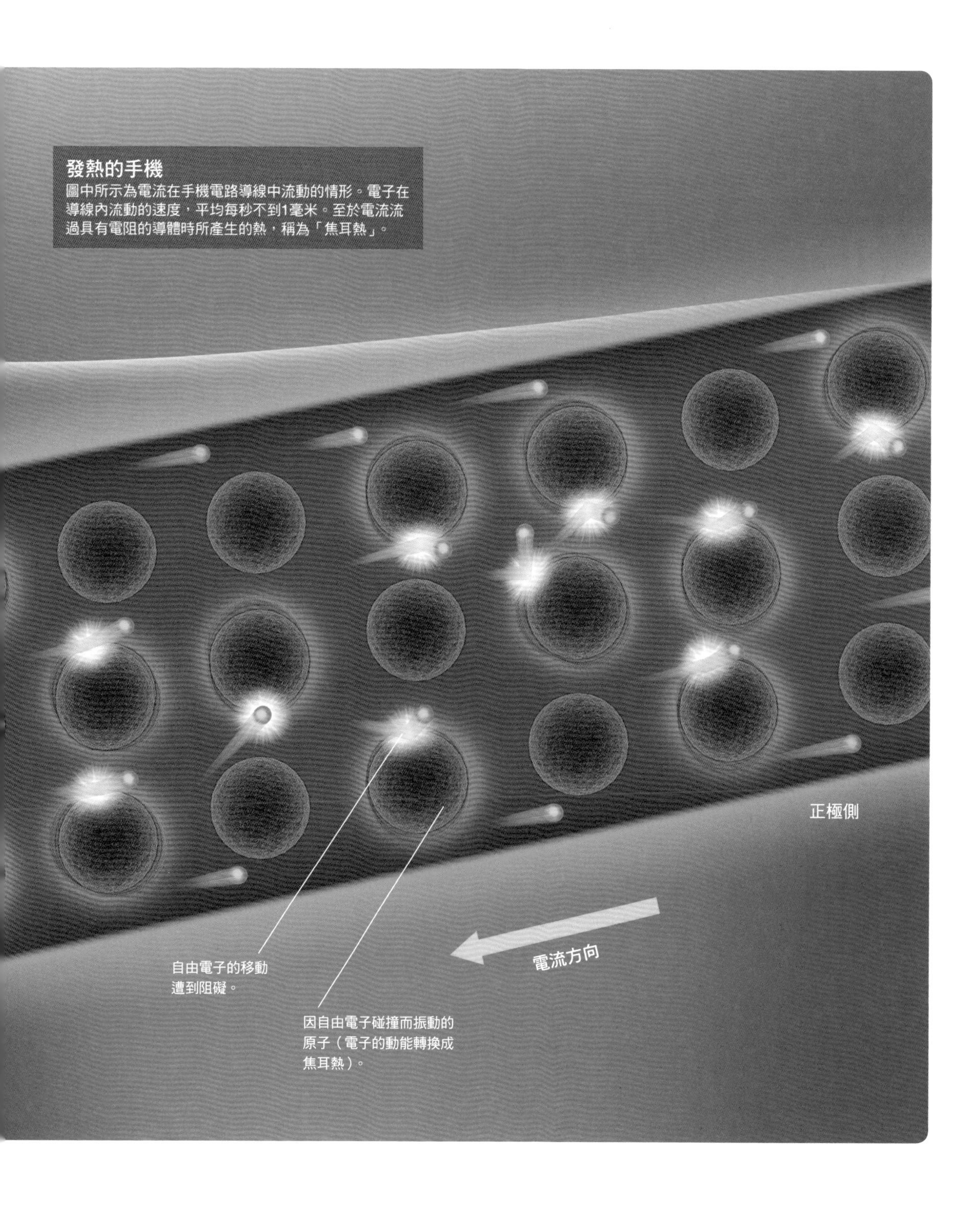
發熱的手機
圖中所示為電流在手機電路導線中流動的情形。電子在導線內流動的速度，平均每秒不到1毫米。至於電流流過具有電阻的導體時所產生的熱，稱為「焦耳熱」。
正極側
電流方向
自由電子的移動遭到阻礙。
因自由電子碰撞而振動的原子（電子的動能轉換成焦耳熱）。

使用磁鐵所產生的電

我們從插座取得的是發電廠所發的電，那麼發電廠又是如何發電的呢？

發電的機制出乎意料地單純，只要將磁鐵靠近或遠離線圈，就會使線圈產生電流，這個現象稱為「電磁感應」(electromagnetic induction)。

火力發電廠透過燃燒石油、天然氣或煤炭使水沸騰，形成高壓蒸氣。將這些蒸氣導向稱為「渦輪」的風扇，就能使渦輪轉動，這麼一來設置於同一個軸心上的磁鐵也會跟著旋轉，就能進行發電。附帶一提，火力發電的機制也可以說是將燃料具備的「化學能」轉換成「熱能」，接著轉換成蒸氣與磁鐵的「動能」，最後再轉換成電能的過程。

透過這種方式得到的是電流大小與方向會週期性變換的「交流電」(alternating current)，而從電池等獲得的則是電流方向固定的「直流電」(direct current)。

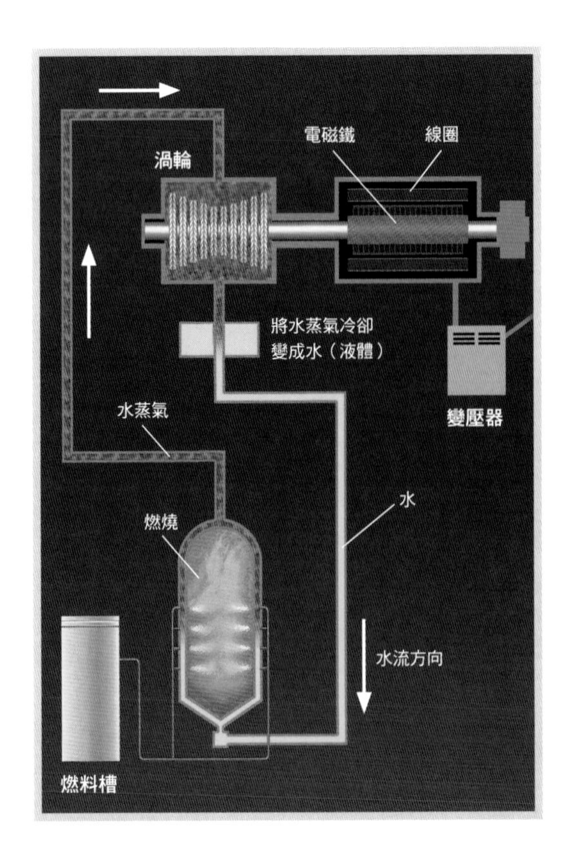

(↑)電磁鐵(小型馬達)

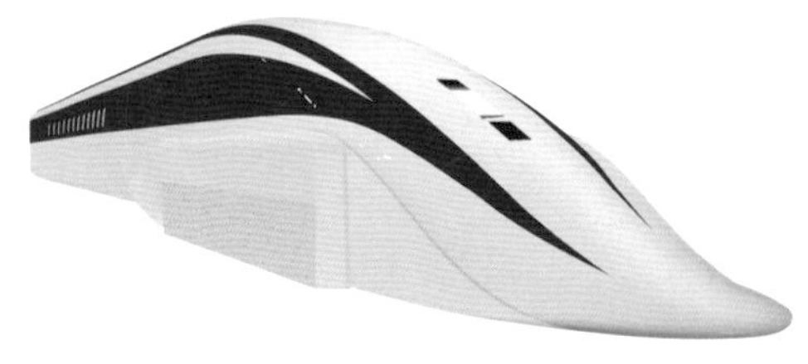

(↑)超導體

日本目前正在建設的磁浮中央新幹線使用的是「超導電磁鐵」，能夠產生非常強大的磁力。超導（超電導）指的是，將某種物體的溫度降到極低時，電阻會變成零的現象。只要使用超導物質製作線圈，充分冷卻之後再通電，那麼即使沒有電源也能保持磁力。

(←)火力發電廠的機制

磁場變化產生電流

能將便條紙吸附在冰箱上的磁鐵，屬於「永久磁鐵」，至於馬達等使用的「電磁鐵」，則是將導線捲成線圈狀包覆在鐵芯外面所製成，通電就能產生磁力。

英國物理學家法拉第（Michael Faraday，1791～1867）心想，既然電流能夠像電磁鐵這樣產生磁力，那麼磁力是否也能產生電流呢？於是他反覆實驗，在1831年發現了電磁感應現象。

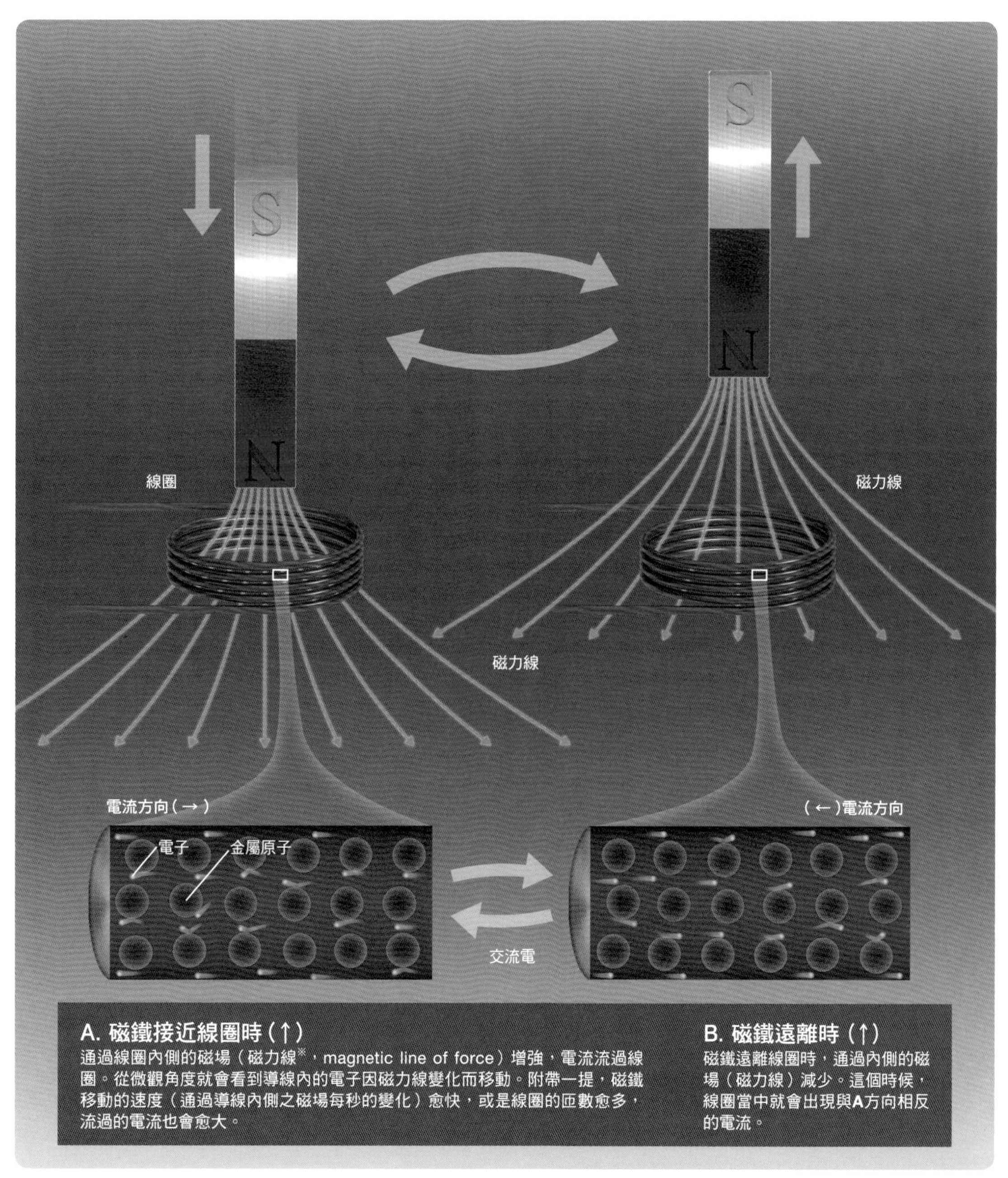

A. 磁鐵接近線圈時（↑）
通過線圈內側的磁場（磁力線※，magnetic line of force）增強，電流流過線圈。從微觀角度就會看到導線內的電子因磁力線變化而移動。附帶一提，磁鐵移動的速度（通過導線內側之磁場每秒的變化）愈快，或是線圈的匝數愈多，流過的電流也會愈大。

B. 磁鐵遠離時（↑）
磁鐵遠離線圈時，通過內側的磁場（磁力線）減少。這個時候，線圈當中就會出現與**A**方向相反的電流。

※：顯示磁場的方向。將鐵砂撒在磁鐵周圍時浮現出有如水波一般的紋路就是磁力線。

原子核分裂就會產生龐大的能量

核能發電是使用核燃料來取代化石燃料的發電方法，燃料以鈾為主要成分。

壓水反應爐（pressurized water reactor，PWR，壓水式輕水反應爐）首先利用核燃料產生的能量，將裝在「反應爐壓力容器」（下圖A）的水加熱到攝氏約320度。容器中的水因為使用加壓器加壓，並不會沸騰。接著將加熱的水送到「蒸氣產生器」（B），使流過其他管線的水沸騰而產生水蒸氣。這些水蒸氣在「主蒸氣管」（C）中移動，進而轉動與發電機相連的渦輪，藉此產生電力。最後再從其他管線送入海水，在「冷凝器」（D）中使這些轉動渦輪的水蒸氣冷卻回水。

核燃料中所含的鈾主要是「鈾238※」，以及約3～5%的「鈾235」，只要將鈾235用到剩下約1%左右，就算是「已用完的核燃料」。這些用罄的核燃料經過化學處理後成為「高階核廢料」，其中除了無法完全透過化學處理回收的鈾與鈽之外，還包含核分裂反應產生的各種原子。

※：鈾的同位素之一。所謂同位素就是原子序相同（質子數相同）但中子數不同的原子。

核能發電廠的機制（壓水式輕水反應爐）

輕水就是普通的水。目前全世界的主流，是使用輕水作為冷卻劑與減速劑（降低因核分裂產生的中子能量，使其降到最適當的狀態）的輕水反應爐。這類反應爐分成「壓水式」（PWR）與「沸水式」（BWR），右圖所示為前者。

PWR將反應爐加熱過的水送到蒸氣產生器，使經由其他管線送入的水沸騰，再讓連接到發電機的渦輪轉動。至於BWR則不用蒸氣產生器，而是在更大型的反應爐壓力容器中直接產生蒸氣，再透過配管（主蒸氣管）送到渦輪，進而轉動發電機（渦輪）。

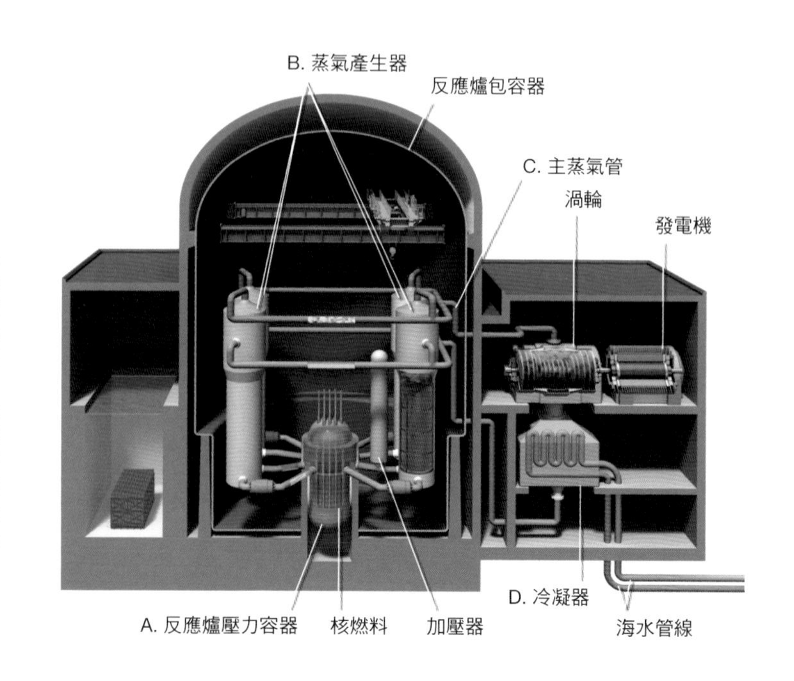

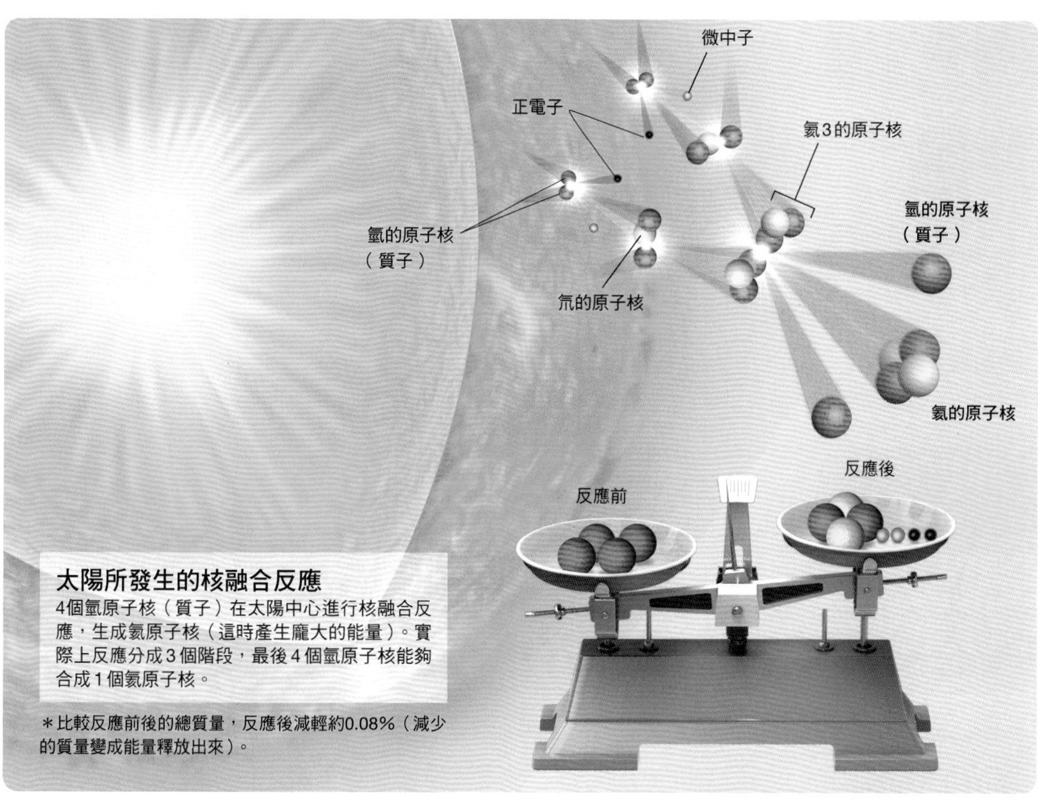

太陽所發生的核融合反應

4個氫原子核（質子）在太陽中心進行核融合反應，生成氦原子核（這時產生龐大的能量）。實際上反應分成3個階段，最後4個氫原子核能夠合成1個氦原子核。

＊比較反應前後的總質量，反應後減輕約0.08%（減少的質量變成能量釋放出來）。

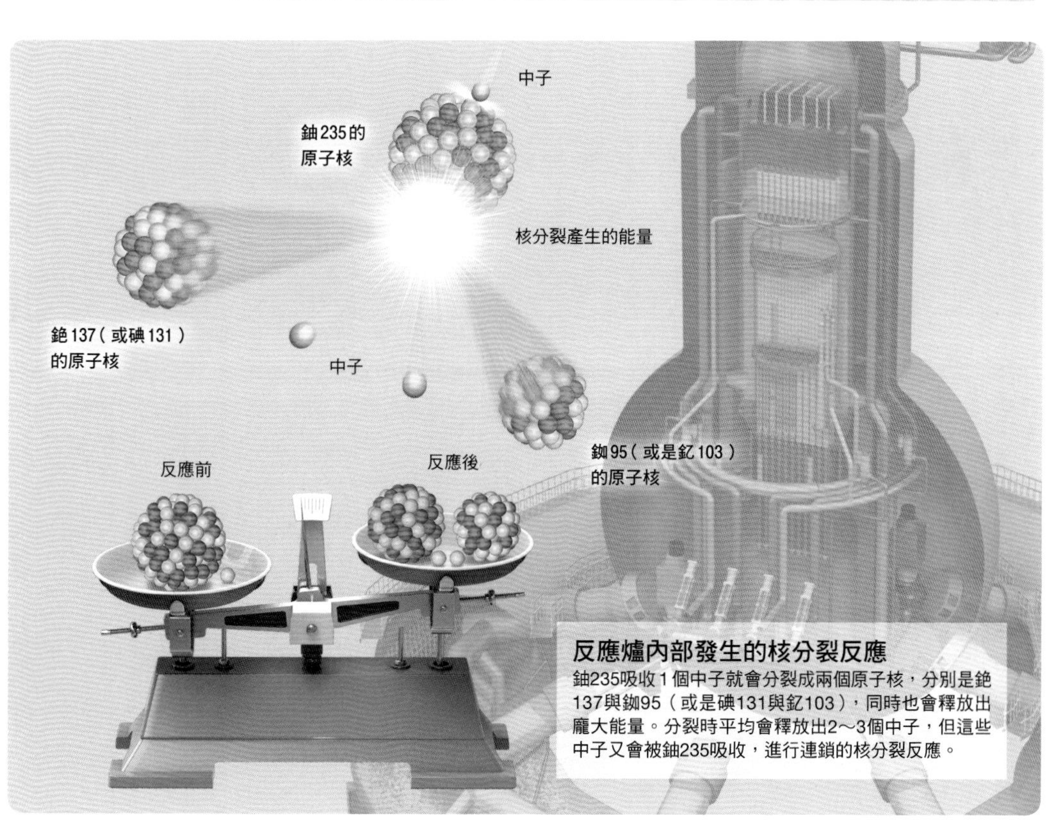

反應爐內部發生的核分裂反應

鈾235吸收1個中子就會分裂成兩個原子核，分別是銫137與鉬95（或是碘131與釔103），同時也會釋放出龐大能量。分裂時平均會釋放出2～3個中子，但這些中子又會被鈾235吸收，進行連鎖的核分裂反應。

藉由氫與氧的反應來產生電的「燃料電池」

「燃料電池車」（FCV）是近年來備受矚目的新世代電動車，使用來自燃料電池的電能轉動馬達作為「動力源」，然後再靠馬達動力來行駛。而排出的廢棄物卻只有「水」。

據說證明氫氣與氧氣能夠產生電的第一人，是英國物理學家葛洛夫（William Grove，1811～1896）。葛洛夫於某天進行一項實驗

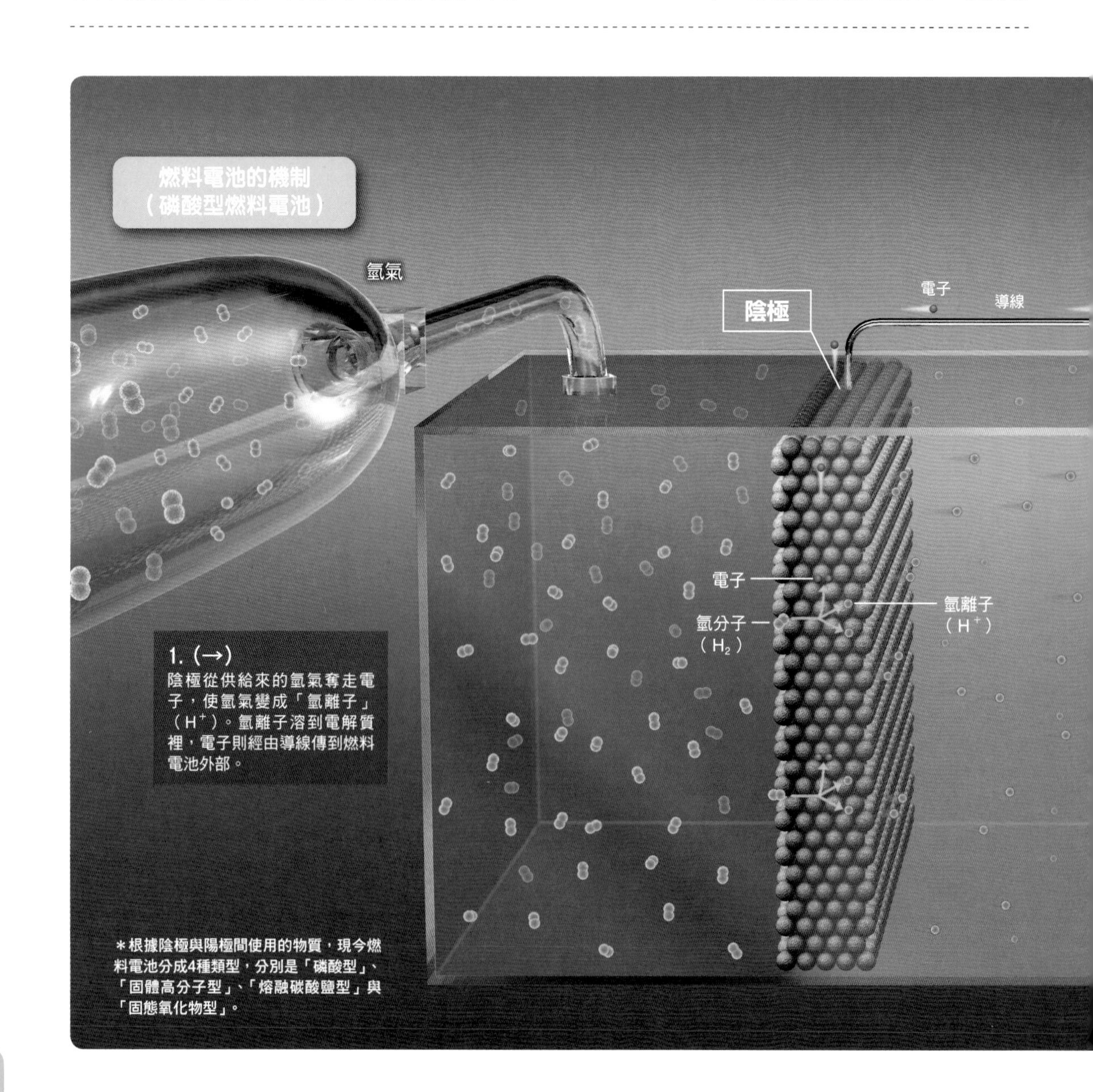

（電解水），在溶解稀硫酸的水中通電，並將陽極產生的氫與陰極產生的氧予以收集，分別置於蓋住兩個電極的試管之中。之後他將電池取下，並且重新連接電路，結果出現與原本方向相反的電流。

葛洛夫後來反覆實驗，發現將電解反應反向操作就能發電，遂於1839年在英國學術期刊《自然科學會報》發表了這項事實。

日本豐田的市區公車「SORA」，就是使用燃料電池產生的電力驅動馬達行駛。

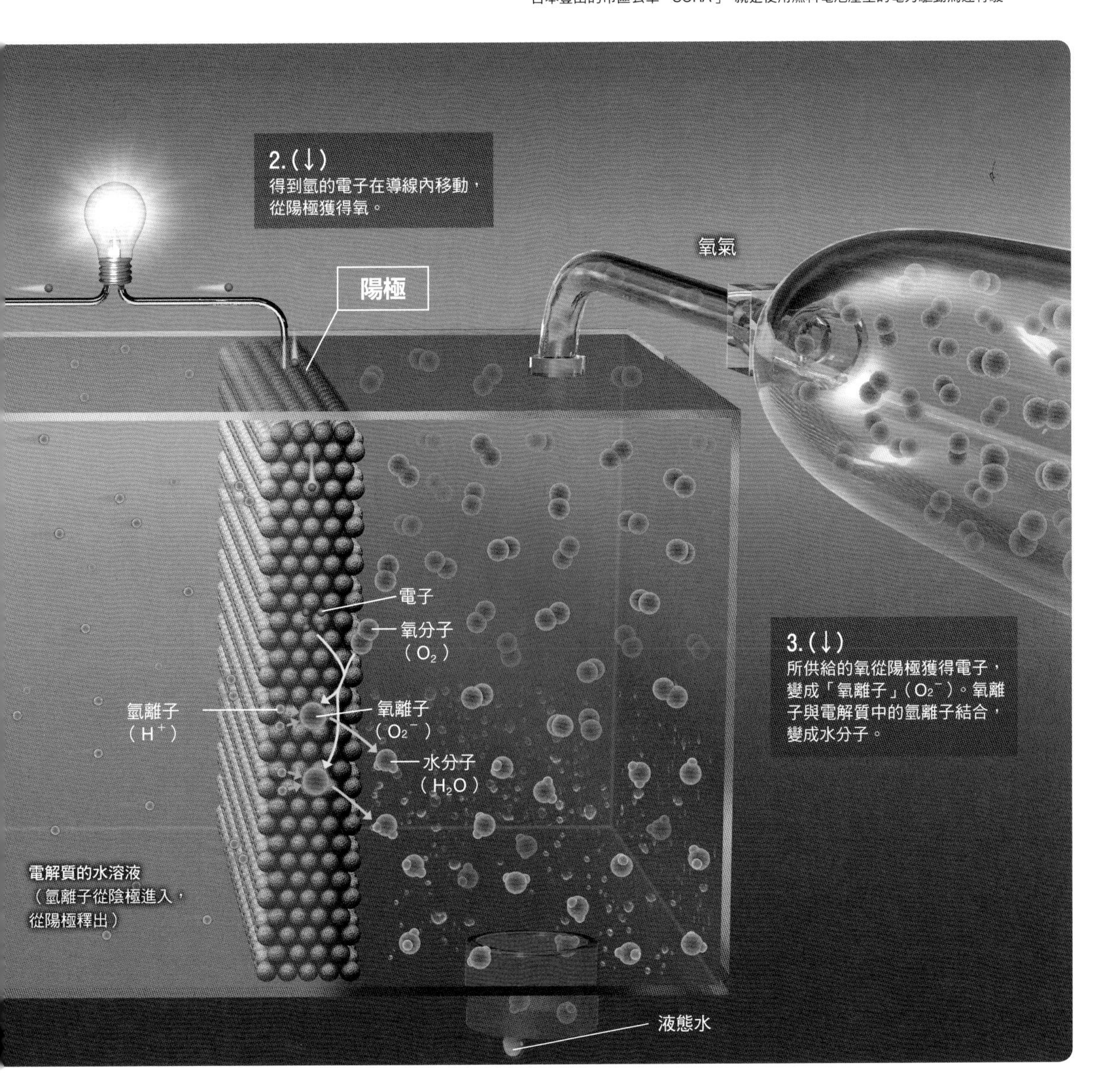

COLUMN

不使用燃料就能持續運作的夢幻裝置 ──「永動機」

自古以來，人們就懂得於河川等地點設置水車，並利用其旋轉的力量將水汲取到高處，或是運用此力轉動石臼將穀物磨成粉末。因此就有人想到，如果能將汲取上來的水再次用於轉動水車，不就可以形成永遠運作不止的夢幻裝置了嗎？

像這種不需外部施力，或者不需要補充燃料就能自己持續運作的裝置就稱為「永動機」。16世紀之後，以歐洲為中心發想出許多永動機的點子，然而沒有一個能夠成功（下圖A）。

進入19世紀之後，才確立了持續至今的「能量概念」。德國物理學家梅耶（Julius von Mayer，1814～1878）以及亥姆霍茲（Hermann von Helmholtz，1821～1894）推導出「熱力學第1定律」（能量守恆定律）※，認為在考慮完全獨立於周圍的空間與物體時，其內部的能量即使改變形式，總量也永遠維持一定。根據這個定律來看之前所設想的永動機，就可知道這些都是無視於定律的裝置，妄想「能夠獨自產生能量，並持續對外供給」。

熱從高溫物體移動到低溫物體

接下來設想的是如右圖B所示的汽車。雖然這輛車會因引擎（蒸汽機）運作而耗掉能量，但卻可以藉空氣來持續補給能量。換句話說，並非只靠引擎產生能量，因此不違反熱力學第1定律。

遺憾的是，不可能造出這樣的汽車。因為所謂蒸汽機，指的是藉著燃燒燃料之類的方式，使水沸騰，再利用沸騰的蒸氣推動活塞，形成旋轉運動的裝置。蒸汽機為了反覆進行這樣的運動，必

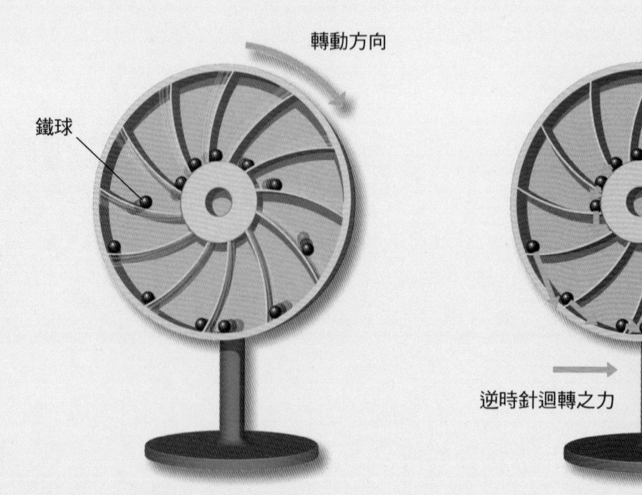

A. 永動機的例子

圓盤裡鐵球所產生的力，使得圓盤能以順時針旋轉，因此會讓人以為圓盤將永遠轉下去（左）。但實際上，整體來看「順時針迴轉之力」與「逆時針迴轉之力」將會互相抵消，因此當最初施加於圓盤的「勢」消失時，圓盤就會停止轉動（右）。而在圓盤轉動時，施加於圓盤的勢（功）將緣於摩擦等因素而轉變成熱。

＊插圖參考亞瑟．歐德修姆的《永動之夢》（筑摩書房）繪製。

須使蒸氣恢復液體的狀態，讓推上去的活塞降回原來位置。但這樣的汽車卻無法使液體的溫度下降（因為熱量無處可去）。

德國物理學家克勞修斯（Rudolf J. E. Clausius，1822～1888）等人，將這種現象稱為「熱力學第2定律」，亦即「熱從溫度高的物體往溫度低的物體移動，但反方向的移動無法不靠外力進行」。

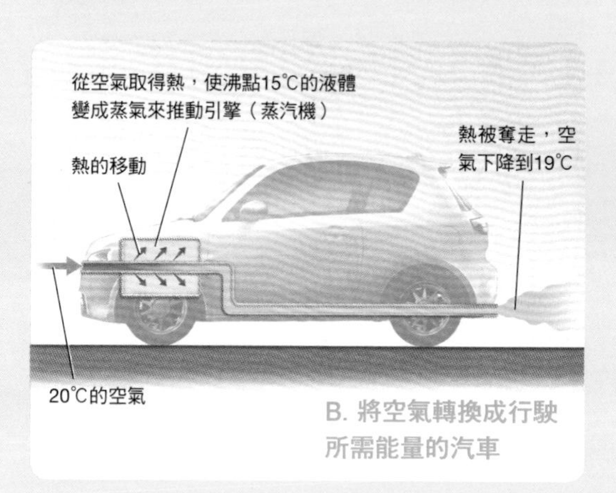

B. 將空氣轉換成行駛所需能量的汽車

挑戰熱力學第2定律的「精靈」

事實上，只要使用電力等能量，就能把熱從低溫移到高溫。但英國物理學家馬克士威，卻想出不使用能量也能辦到的點子，稱為「馬克士威精靈」（Maxwell's demon）。

假設有個溫度固定的房間（C），中間用隔板隔開。氣體分子在房間內自由移動，而「精靈」則在中間觀察房間裡的狀態。當移動速度快的分子從左邊的房間來到中間時，精靈就打開隔板，使其進入右邊房間。反之，當移動速度慢的分子從右邊房間來到中間時，他就打開隔板使其進入左邊房間。

這麼一來，速度慢的分子與速度快的分子就分別累積在左右兩個房間，使兩個房間出現溫差。精靈沒有直接移動氣體分子，只有開關隔板。換句話說，只要靈活運用氣體分子的移動，就能在不使用能量的情況下形成溫差。

如果能製造出實現這種精靈行為的裝置，就能開發出全新的永動機。然而進入21世紀後發現，終究還是需要能量才能使這種狀況得以實現。

從失敗中獲得新的物理理論

製造永動機的嘗試，很遺憾地都以失敗告終。但就結果而言，這些經驗卻創造出熱力學這項非常強大的物理學理論。

熱力學的法則目前仍沒有會被打破的跡象，不過卻可以巧妙迴避。舉例來說，雖然火力發電無法將從燃料獲得的熱能全部轉換成電能（這也是熱力學第2定律），但燃料電池不需透過熱能來發電，就能不受熱力學第2定律的限制，可以更有效率地獲得電力。

何況將化學能轉換成電能也並未超出熱力學的範疇，換言之，將來也許能找到更有效率的發電方法。

※：熱力學是研究熱與能量性質的科學（屬物理學範疇）。

C. 馬克士威的精靈

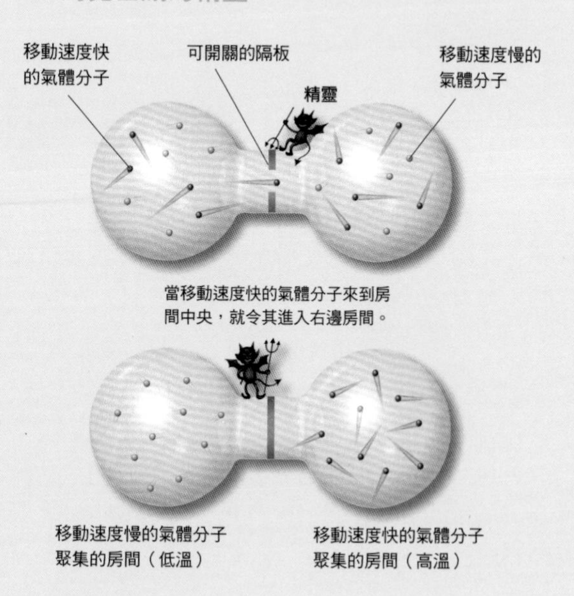

把複雜的「波」分解轉換成單純且容易理解的形式

聲音、光線、發電廠輸送的交流電、手機訊號等等，這些充斥自然界的各式各樣的「波」（波形），基本上能夠以三角函數的正弦圖形與餘弦圖形來表示※。因此三角函數在以數學方式處理自然界的波形時，就成了不可或缺的函數。

分析所測聲音呈現什麼樣的波形時，會使用「傅立葉轉換」（Fourier transform）這個解析手法。將雜訊等複雜的波形視為函數，並以「傅立葉展開」的形式表現，就能分解成波形單純的正弦波與餘弦波。這種具體求出複雜波形裡含有多少單純波形的操作，就稱為傅立葉轉換。

過去音響器材常見的「圖形等化器」（graphic equalizer，等化器）裝置，可對聲音中的特定頻率進行調整，所採用的就是傅立葉轉換的原理。

此外，現在市面上常見的「降噪耳機」，也利用傅立葉轉換辨識出周圍的噪音（雜訊），瞬間產生與噪音波形相反的訊號，把擾人聽覺的噪音消除（減輕）。

※：複雜的波形也能由多個正弦波與餘弦波的組合（疊加）來表示。

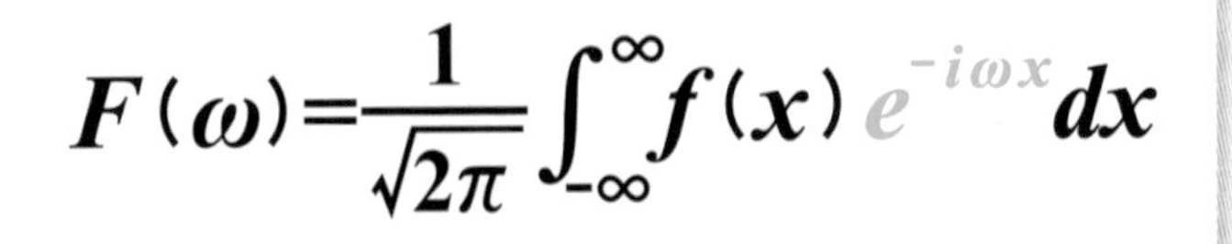

$$F(\omega)=\frac{1}{\sqrt{2\pi}}\int_{-\infty}^{\infty}f(x)\,e^{-i\omega x}dx$$

表現傅立葉轉換的數學式

式子中的 $F(\omega)$ 是將函數 $f(x)$ 進行傅立葉轉換形成的函數。換句話說，就是將函數 $f(x)$ 的複雜波形置換成 $F(\omega)$ 這個以頻率為橫軸的連續圖形數學式。

$$e^{ix} = \cos x + i \sin x$$

三角函數與歐拉公式

三角函數是加入虛數的指數函數，至於歐拉公式則是進行物理計算時的重要工具。這個公式一言以蔽之，就是「讓計算更簡單」的數學工具。看到歐拉公式就能知道裡面含有sin x與cos x（正弦波與餘弦波）。由此可知，其背後存在著「自然界的『波』可用三角函數表示」這項事實。

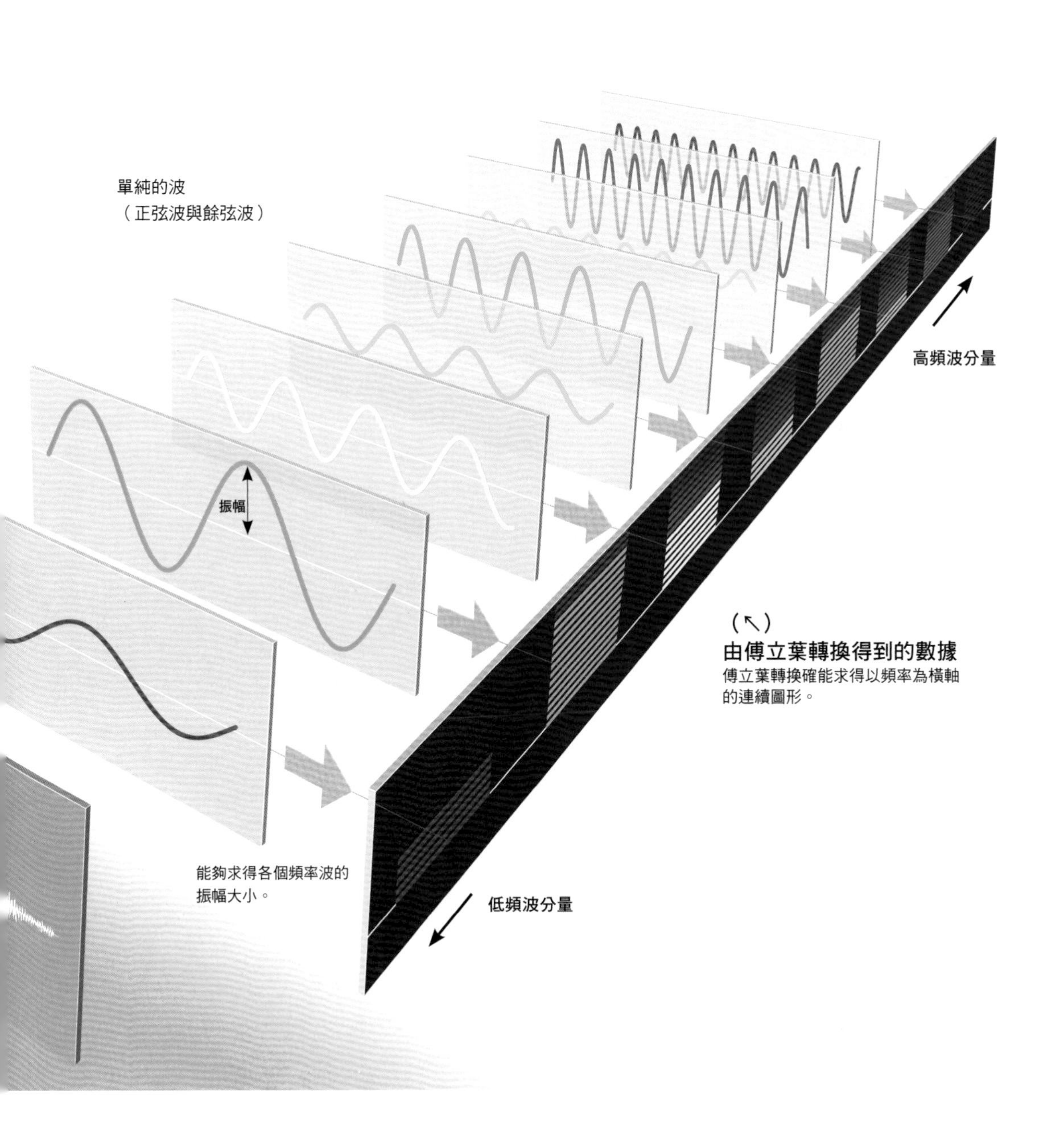

（↖）
由傅立葉轉換得到的數據
傅立葉轉換確能求得以頻率為橫軸的連續圖形。

利用質因數分解保護資訊的「RSA密碼」

質因數分解指的是將某個正整數以質數（只能被1與「該數本身」整除的數）的積來表現。舉例來說，「35」可以分解成「5×7」。

更大的數字分解之後會變成什麼樣子呢？至今尚未發現能夠有效率進行質因數分解的演算法。換句話說，就只能「老老實實」地將能夠整除的數一個個找出來。

「RSA密碼」利用的就是質因數分解（質數）這項性質。我們透過網路訂購商品時，有時會需要輸入信用卡號碼，這時為了防止資訊外流給第三者，卡片號碼會透過店家事先製作的「公開金鑰」轉換成密碼。

還原轉換成密碼的資訊則需要「祕密金鑰」，而祕密金鑰就是店家在製作公開金鑰時使用的兩個質數。如果想要破解祕密金鑰，必須將公開金鑰（約600位的正整數）進行質因數分解。即便用電腦也必須耗費相當離譜的時間，因此實際上幾乎不可能破解。

將信用卡密碼加密後傳送

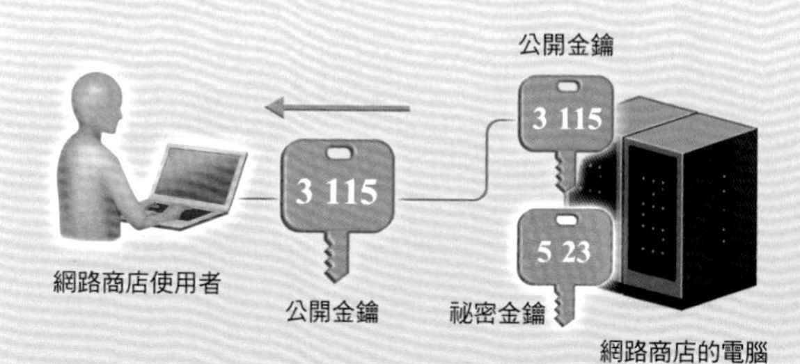

1.
網路商店使用者從店家的電腦獲得兩個質數相乘的「公開金鑰」。雖然示意圖中的範例是3與115，但現在主要使用的是300位（金鑰長度2048 bit的情況）左右的正整數，所以公開金鑰約600位數。

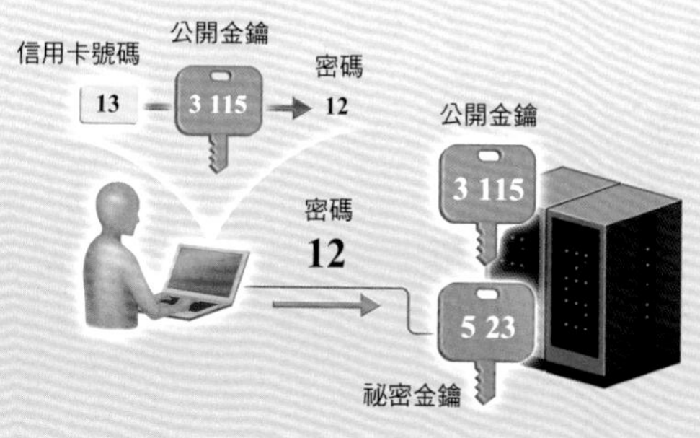

2.
使用者在自己的電腦用所取得的公開金鑰，將信用卡號碼加密。範例中將卡片號碼（13）的m次方（3次方）除以n（115）的餘數就是「密碼」。密碼會發送給店家的電腦。

＊祕密金鑰指的是事先算好的數（D），範例中為了簡單呈現兩個龐大質數p與q的作用，所以將祕密金鑰設為p（5）與q（23）。

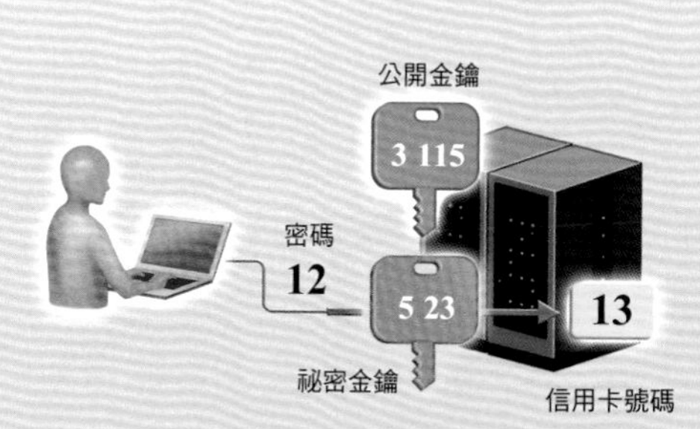

3.
密碼傳送到店家的電腦，店家就能使用「祕密金鑰」還原成卡片號碼。祕密金鑰由p與q（5與23）兩個質數組成。只要使用p與q，就能經過計算求得卡片號碼G（13）。以下就為大家介紹這個有點複雜的計算方法。

求出「p-1」與「q-1」的積S。將乘上公開金鑰的m除以S，得到餘數是1的數「D」，進行「輾轉相除法」計算。這麼一來，密碼的D次方除以n所得到的餘數，就是卡片的號碼G。

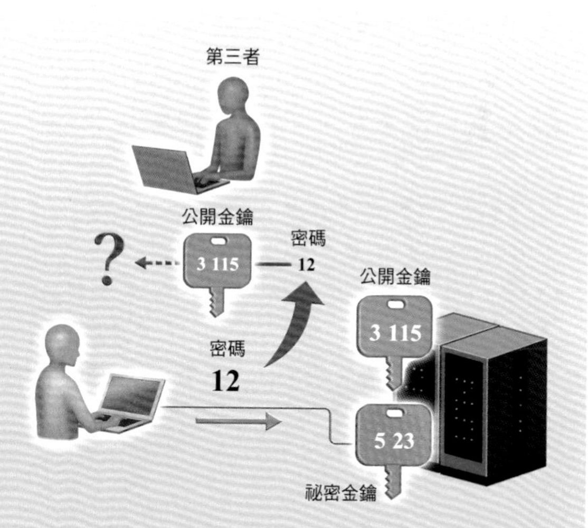

4.
密碼可能會在傳送時被帶有惡意的第三者竊取，但使用公開金鑰將密碼還原成卡片號碼，需要耗費驚人的時間，因此幾乎不可能辦到。

600位數的整數平方根約有300位數，其中所含的質數大約有1.45×10^{297}個。以600位數的整數去除1.45×10^{297}個質數，一個個確認有沒有餘數，即便使用超級電腦，也需要大約10^{273}年才能全部算完。

能夠一次進行大量計算的「量子電腦」

電子之類的微小物質，能夠同時呈現複數種狀態，舉例來說就像是能夠「在右轉的同時左轉」。而「量子電腦」就是這種「疊加」現象的應用。

一般電腦使用「0」與「1」來表示數字、文字、圖像與聲音等所有的資訊。「0」與「1」是電腦內部資訊的最小單位，稱為「位元」。舉例來說，「N」這個字母在電腦內部以「1001110」表示，裡面包含了7個0或1，因此就是7位元。

位元的資訊（0或1）記錄在「記憶體」這個裝置裡。電腦以每秒幾億次的速度覆寫記憶體上的位元資訊，進行處理的指令。

至於量子電腦則以「量子位元」取代位元。一般的位元，舉例來說如果是10位元，能夠顯示「0000000000」到「1111111111」共1024種（2^{10}）0與1的組合模式，但一次能夠顯示的模式（資訊）終究只有其中一種。而量子電腦能夠同時表現0與1，所以如果是10量子位元，就能透過疊加同時顯示1024種模式。換句話

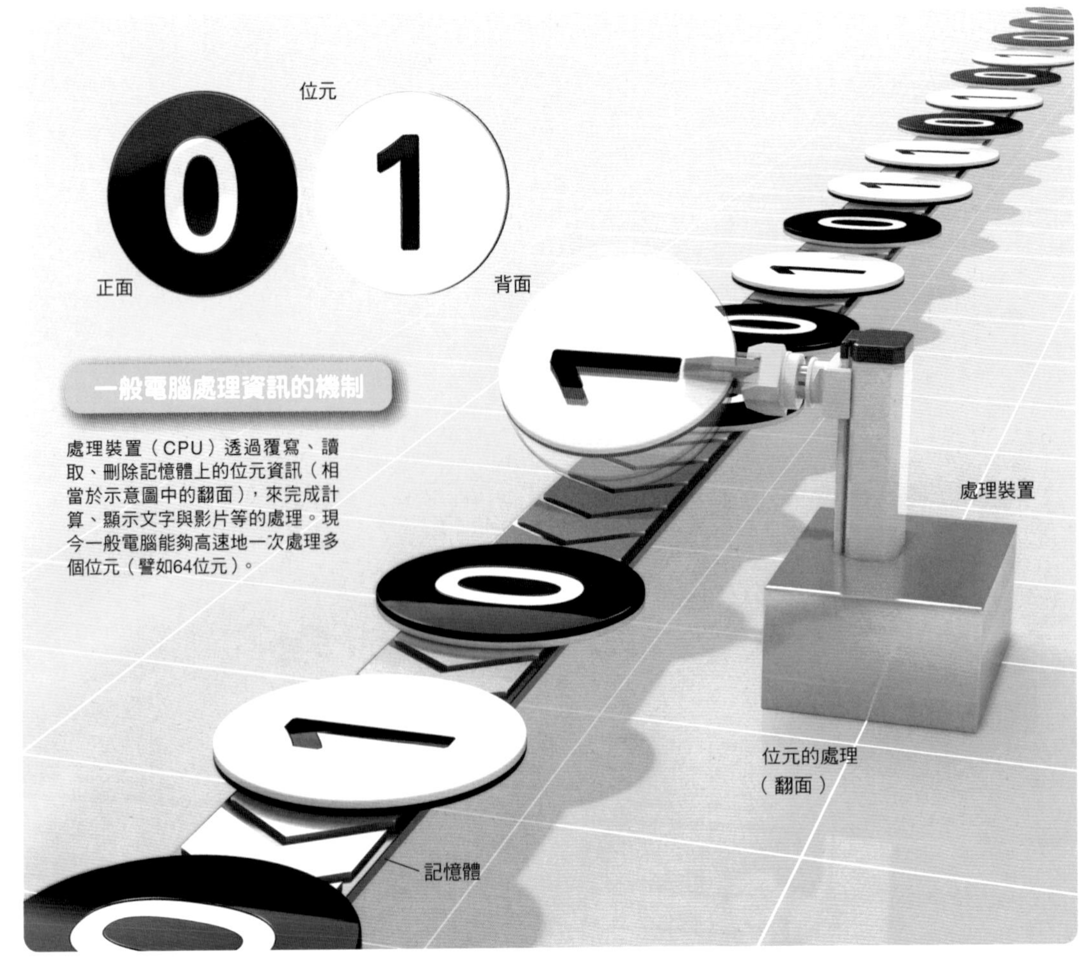

＊電腦的0與1對應到電訊號的有無（電訊號無＝0，有＝1）

說，如果想要將量子位元顯示的1到1024與特定的數相乘，只要計算1次即可。這就是量子電腦處理速度更快的原因。

掌握未來關鍵的演算法

電腦計算時使用的計算方法稱為「演算法」(algorithm)。英國物理學家多伊奇（David Deutsch，1953～）在1985年提出量子電腦的基本原理時，尚未發現發揮其能力的演算法（量子演算法）。

1994年，美國數學家秀爾（Peter Shor，1959～）為了能更有效率地使用量子電腦進行因數分解，便想出了「秀爾演算法」。大家都知道，當因數分解的位數變多時，需要的時間也會爆炸性地增加。舉例來說，將多達好幾百位的數字進行因數分解時，即使是超級電腦也需要花上以年為單位的時間。不過只要使用量子電腦與秀爾演算法，理論上只要幾分鐘就能完成計算。

如果靠短時間就能完成因數分解，密碼通訊的安全性就岌岌可危，但量子電腦尚未實用化，因此不需要擔心。此外，如果今後能夠開發出劃時代的演算法，量子電腦的用途（能夠解決的問題種類）想必會更加廣闊。量子電腦的未來，說是取決於演算法的開發也不為過。

量子電腦處理資訊的機制

一旦觀測量子位元就會破壞0與1的疊加狀態，這時就會和一般位元一樣，決定是0還是1。處理裝置透過改變量子位元的狀態（相當於示意圖中將球轉至不同方向與角度）等，使其在維持疊加狀態的情況下處理資訊。此外，使多個量子位元形成「量子糾纏」這樣的特殊狀態，也能一次處理多個量子位元（進行計算）。

透過理論計算求出事件容易發生的程度

16世紀的賭徒埋頭苦思，設想擲3顆骰子時，加起來的點數是9的情況比較多，還是10的情況比較多呢？

加起來是9的組合，有（1, 2, 6）（1, 3, 5）（1, 4, 4）（2, 2, 5）（2, 3, 4）（3, 3, 3）這6種；加起來是10的組合，則有（1, 3, 6）（1, 4, 5）（2, 2, 6）（2, 3, 5）（2, 4, 4）（3, 3, 4），也是6種。這麼一來，加起來是9或是10的機率應該會相同才對。但根據賭徒們的經驗，加起來是10的機率似乎比較高。

正統的機率理論也由賭徒揭開序幕

某天，熱愛賭博的法國作家龔保德（Antoine Gombaud，1607～1684，人稱 Chevalier de Méré）對帕斯卡提出幾個與賭博相關的問題。據說帕斯卡與數學家費馬（Pierre de Fermat，1601～1665）曾透過通信交換意見，進而得到這些問題的解答。這兩個人的討論為正統的機率理論揭開了序幕。

伽利略回答了這個疑問，他發現這3顆骰子必須分開來看※。

為了讓問題單純一點，先考慮擲2顆骰子A與B相加是2與3的情況。前者是（1, 1），後者是（1, 2），兩者都只有1種組合。但如果將2顆骰子分開來看，則相加是2的情況有「A是1，B是1」1種，而相加是3的情況就有「A是1，B是2」與「A是2，B是1」這2種，因此相加是3的機率較高。

同理，考慮擲3顆骰子時（3顆骰子分開來看），點數合計是9的情況有25種，合計是10的情況有27種。換句話說，賭徒的感覺是正確的。

至於將這種計算方式理論化的則是法國的數學（科學）家帕斯卡（Blaise Pascal，1623～1662）。

※：現代稱這種概念為「排列」。

帕斯卡

龔保德的其中一個問題

A與B對賭，約定先贏3局者獲勝。如果在A贏2局、B贏1局的情況下中止賭局，該分別還給A與B多少賭金才公平呢？

帕斯卡與費馬的回答

在接下來理應進行的「第4場賭局」中，A獲勝的機率是$\frac{1}{2}$。B在第4局獲勝，A在第5局獲勝的機率則是$\frac{1}{2}\times\frac{1}{2}=\frac{1}{4}$。因此A先贏3局（分出勝負）的機率為兩者相加，也就是$\frac{1}{2}+\frac{1}{4}=\frac{3}{4}$。至於B則只有在第4局與第5局都贏的情況才能先贏3局（分出勝負），因此獲勝的機率是$\frac{1}{2}\times\frac{1}{2}=\frac{1}{4}$。故只要將兩人的賭金合計以3：1的比例分配即可。

幫助分析、解讀龐大的數據

「統計學」是分析、解讀數據的科學，以各式各樣的形式發揮作用，譬如為疾病與意外提供保障的「保險」，就可說是歷史性（初期）的代表案例。

最早的保險在統計學誕生之前就已經存在。幾個人定期拿錢出來積存，其中如果有人遭遇不幸，就能支付給當事人或其遺族一整筆錢。不過這個機制有個問題，那就是透過經驗得知，某個特定年齡層的人較容易生病或是過世，如果不分年齡，大家都拿一樣的錢出來，就會讓人感到不公平。

1662年，英國商人葛蘭特（John Graunt，1620～1674）整理倫敦的死亡人數，首度看出如果將人的一生分成幾個大型集團來看，就會出現各式各樣的規則性。之後，因哈雷彗星而留名的英國科學家哈雷（Edmond Halley，1656～1742），在1693年發表統計不同年齡層死亡率的「生命表」。這張表就奠定了「以統計數據為根基的保險」基礎，並一直延續至今日。

生活當中還有其他「統計學」！

天氣預報

根據氣球、雷達、人造衛星等觀測所收集到的數據，計算數分鐘後的大氣狀況，並依照其結果，再繼續計算其數分鐘後的狀況。這樣的步驟反覆進行，就能預測今天、明天、後天及1週後的天氣。

降雨機率

舉例來說，「降雨機率30%」指的是如果發出這樣的預報100次，其中有30次會出現1毫米以上的降雨。至於「降雨機率0%」，則代表100次當中，降雨的次數為5次以下（不到5%），因此不代表完全不會下雨。

A. 收成前一年10月～當年3月降雨量與紅酒價格的關係。

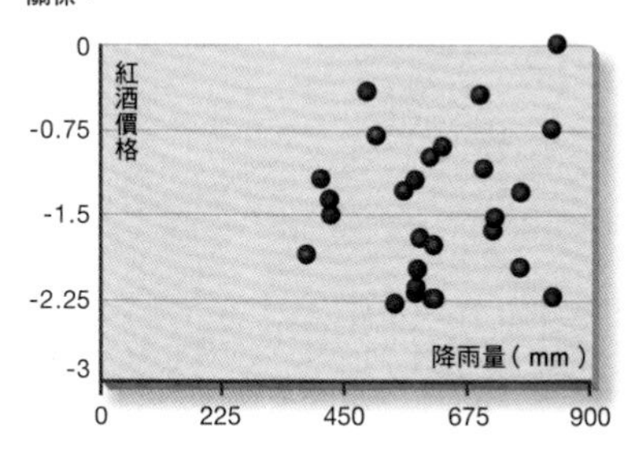

B. 葡萄栽種當年夏天降雨量愈多，紅酒價格有偏低的傾向（負相關）。

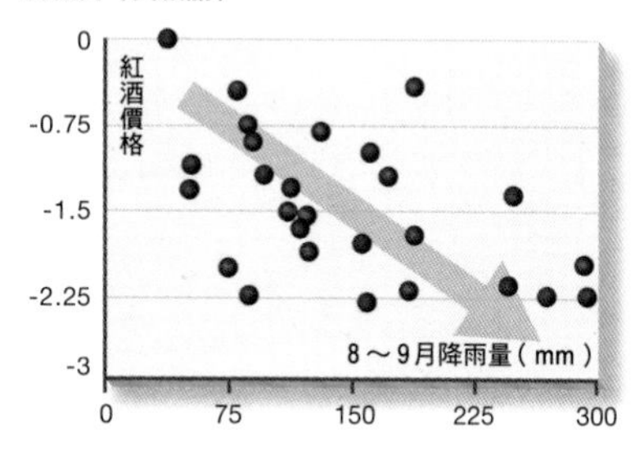

C. 葡萄栽種當年夏天氣溫愈高，紅酒價格有偏高的傾向（正相關）。

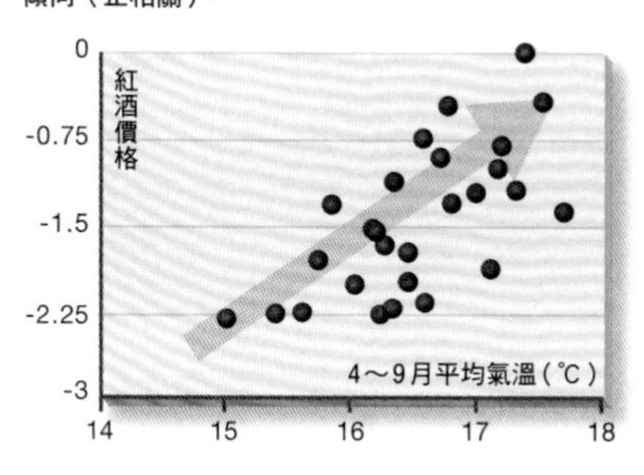

D. 紅酒釀造之後，保存期間增長，價格有上揚的傾向（正相關）。

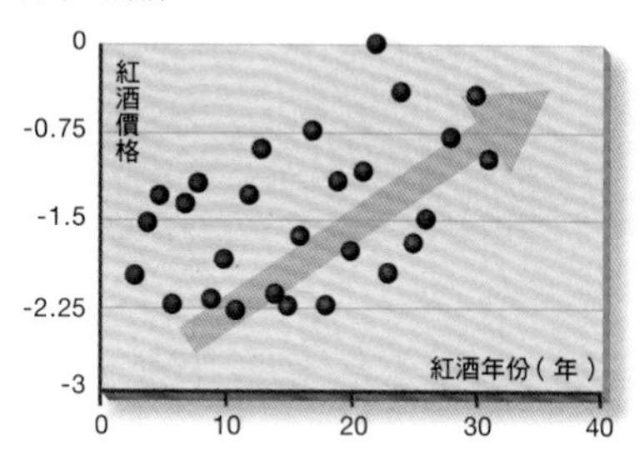

相關分析與迴歸分析

喜愛紅酒的經濟學家亞森費特（Orley Ashenfelter，1942～）教授發現大幅影響紅酒價格的四個要素※，並且根據數據製作出散布圖（①），推導出「紅酒價格方程式」（②）。

像①這樣，調查兩個要素之間有著何種關係的方法稱為「相關分析」。以**B**的散布圖為例，葡萄栽種當年夏天降雨量愈多，紅酒價格就愈低。此外像②這樣根據①所獲得的資訊預測未來的方法，則稱為「回歸分析」。

※：分別是收成前一年10月～當年3月的降雨量、8～9月的降雨量、4～9月的平均氣溫、紅酒年份。散布圖則根據http://www.liquidasset.com/orley.htm製作。但圖表所顯示的價格，則是用「釀造後第t年的紅酒競標價格」除以「1961年生產的紅酒競標價格」取對數所得到的數值。

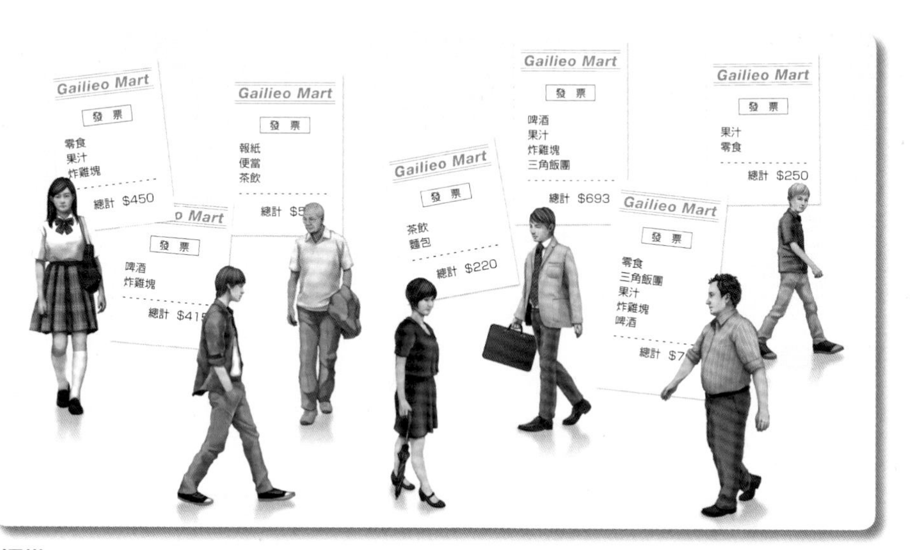

資料探勘

整理、分析購買的商品以及顧客年齡、天氣、時段、地區等各式各樣的數據，從中找出關聯性（取出有用的資料）的手法。舉例來說，如果發現容易一起購買的商品組合，就能依此設想陳列方式與促銷手法。資料探勘（data mining）對於決定訂購和製造的數量以及商品開發等都有幫助。

透過「貝氏定理」尋找結果背後的原因

「肚子痛是因為吃壞東西吧？」每個人想必都有過類似經驗，在得到某項結果時，就會想要知道造成這項結果的原因。這時發揮作用的就是貝斯（Thomas Bayes，1702～1761）所提出的「貝氏定理」。

假設現在有a、b兩個壺。a裡面裝著4顆紅球與16顆藍球，b裡面裝著12顆紅球與8顆藍球。你的眼睛被蒙起來，某c將其中一個壺擺在你面前。你將手伸進壺裡攪一攪之後抽出1顆球，發現抽到的是紅球。那麼放在你面前的是a、b哪個壺呢？

可以將此問題視為：從「抽出紅球」的結果反推原因「擺在面前的是哪個壺」。接下來就試著使用貝氏定理來算出其機率！

使用貝氏定理算出「事後機率」

假設兩個壺擺在面前的機率都是P，而P（a壺）＝P（b壺）＝$\frac{1}{2}$ ※1。接著算出a擺在面前時，附帶抽出紅球這個條件的機率，也就是求出P（紅｜a壺）。a壺裡有20顆球，其中4顆是紅球，因此P（紅｜a壺）＝$\frac{4}{20}$＝$\frac{1}{5}$。同樣地，b擺在面前時，附帶抽出紅球這個條件的機率則是P（紅｜b壺）＝$\frac{12}{20}$＝$\frac{3}{5}$。

將這些數值套用到貝氏定理的公式當中（參考右圖）。這麼一來，抽到紅球時，擺在面前是a壺的機率就是P（a壺｜紅）＝$\frac{1}{4}$，擺在面前是b壺的機率則是P（b壺｜紅）＝$\frac{3}{4}$。換言之，可以推測有75%的機率擺在你面前的是b壺※2。

※1：沒有可供判斷的資訊時，視為平等且可靠地設定的機率稱為「自然機率」。

※2：從抽到紅球這個結果所得到的機率則稱為「事後機率」（posterior probability）。事後機率在貝氏統計中，也稱為逆機率（inverse probability）。

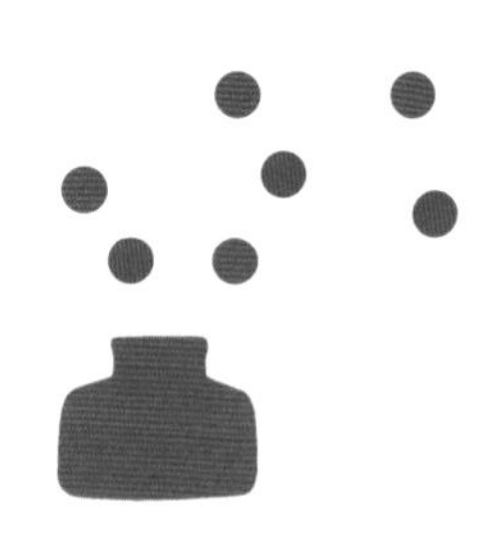

附帶條件的機率

A發生時B會發生的機率 ＝ A與B同時發生的機率 ／ A發生的機率

使用符號表示附帶條件之機率的算式

$$P(B|A)=\frac{P(A\cap B)}{P(A)}$$

＊A∩B是表示A與B同時發生的符號。

貝氏定理

得到結果為 D，原因是 C 的機率 ＝ （原因 C 的機率 × 原因 C 發生時，結果 D 發生的機率）÷ 結果 D 發生的機率合計

使用符號的貝氏定理算式（設原因為 C_1・C_2，結果為 D）

事後機率　自然機率

$$P(\text{原因}C_1\mid\text{結果}D)=\frac{P(\text{原因}C_1)\times P(\text{結果}D\mid\text{原因}C_1)}{P(\text{結果}D)}$$

$$=\frac{P(\text{原因}C_1)\times P(\text{結果}D\mid\text{原因}C_1)}{P(\text{原因}C_1)\times P(\text{結果}D\mid\text{原因}C_1)+P(\text{原因}C_2)\times P(\text{結果}D\mid\text{原因}C_2)}$$

$$P(\text{原因}C_2\mid\text{結果}D)=\frac{P(\text{原因}C_2)\times P(\text{結果}D\mid\text{原因}C_2)}{P(\text{結果}D)}$$

$$=\frac{P(\text{原因}C_2)\times P(\text{結果}D\mid\text{原因}C_2)}{P(\text{原因}C_1)\times P(\text{結果}D\mid\text{原因}C_1)+P(\text{原因}C_2)\times P(\text{結果}D\mid\text{原因}C_2)}$$

如何使用貝氏定理來解「壺的問題」呢？

a壺與b壺分別擺在你面前的機率（壺的自然機率）為：

$P(\text{a壺})=\frac{1}{2}$　$P(\text{b壺})=\frac{1}{2}$

a 壺擺在你面前時，分別抽中 2 種色球的機率為：

$P(\text{紅}\mid\text{a壺})=\frac{1}{5}$　$P(\text{藍}\mid\text{a壺})=\frac{4}{5}$

b 壺擺在你面前時，分別抽中 2 種色球的機率為：

$P(\text{紅}\mid\text{b壺})=\frac{3}{5}$　$P(\text{藍}\mid\text{b壺})=\frac{2}{5}$

根據以上條件，各壺的事後機率如下：

$P(\text{a壺}\mid\text{紅})=\frac{1}{4}$　$P(\text{b壺}\mid\text{紅})=\frac{3}{4}$

$P(\text{a壺}\mid\text{藍})=\frac{2}{3}$　$P(\text{b壺}\mid\text{藍})=\frac{1}{3}$

從抽中紅球的結果算出各壺之事後機率的方法如下：

$$P(\text{a壺}\mid\text{紅})=\frac{P(\text{a壺})\times P(\text{紅}\mid\text{a壺})}{P(\text{紅})}$$

$$=\frac{P(\text{a壺})\times P(\text{紅}\mid\text{a壺})}{P(\text{a壺})\times P(\text{紅}\mid\text{a壺})+P(\text{b壺})\times P(\text{紅}\mid\text{b壺})}$$

$$=\frac{\frac{1}{2}\times\frac{1}{5}}{\frac{1}{2}\times\frac{1}{5}+\frac{1}{2}\times\frac{3}{5}}=\frac{1}{4}$$

$$P(\text{b壺}\mid\text{紅})=1-P(\text{a壺}\mid\text{紅})$$

$$=1-\frac{1}{4}=\frac{3}{4}$$

同理也可求出 $P(\text{a壺}\mid\text{藍})$ 與 $P(\text{b壺}\mid\text{藍})$ 。

每次得到新的結果 事後機率就會更新

「有位放牧羊群的孩子反覆謊稱「狼來了」欺騙村民，並以此為樂。然而某天狼真的來了，放羊的孩子去找村民幫忙，卻沒有人願意幫他，最後他損失了所有的羊。」

這是知名的伊索寓言《放羊的孩子》。我們不妨使用貝氏定理來檢視這個故事。假設村民一開始相當信賴放羊的孩子，他說謊的機率是0.1，誠實的機率是0.9（自然機率）。

接著，假設放羊的孩子是個老實人，他大喊「狼來了！」之後，發現大野狼的機率是0.8（有0.2的機率因為大野狼逃跑而沒有發現）。至於放羊的孩子說謊時，發現大野狼的機率則假設是0.3※（有0.7的機率不會發現大野狼）。

放羊的孩子是老實人？還是愛說謊？

推測放羊的孩子大喊「狼來了！」卻沒有發現大野狼的原因有二。分別是他沒說謊，但大野狼逃跑了，又或者是他說謊，大野狼其實沒出現。

如果這次放羊的孩子「第二次」大喊，經過計算後，他說謊的機率（事後機率）就是0.28。換句話說，他說謊的自然機率從10%升高到28%。而他反覆發出假警報（沒有發現大野狼的事件）的次數愈多，愛說謊的機率

如何使用貝氏定理來計算？

放羊的孩子說謊或誠實的機率（放羊的孩子自然機率）分別為：

P(愛說謊) = 0.1　　P(誠實) = 0.9

放羊的孩子誠實的情況：

P(發現 | 誠實) = 0.8　　P(沒發現 | 誠實) = 0.2

放羊的孩子愛說謊的情況：

P(發現 | 愛說謊) = 0.3　　P(沒發現 | 愛說謊) = 0.7

根據以上計算，沒有發現大野狼時，放羊的孩子愛說謊的機率（放羊的孩子之事後機率）如下：

P(愛說謊 | 沒發現) =0.28

P(誠實 | 沒發現) =0.72

P(愛說謊 | 沒發現)

$$= \frac{P(\text{愛說謊}) \times P(\text{沒發現} \mid \text{愛說謊})}{P(\text{沒發現})}$$

$$= \frac{P(\text{愛說謊}) \times P(\text{沒發現} \mid \text{愛說謊})}{P(\text{愛說謊}) \times P(\text{沒發現} \mid \text{愛說謊}) + P(\text{誠實}) \times P(\text{沒發現} \mid \text{誠實})}$$

$$= \frac{0.1 \times 0.7}{0.1 \times 0.7 + 0.9 \times 0.2} = \mathbf{0.28}\ (28\%)$$

P(誠實 | 沒發現)

$= 1 - P(\text{愛說謊} \mid \text{沒發現})$

$= 1 - 0.28 = \mathbf{0.72}\ (72\%)$

也就愈高。

像這樣每當某個事件發生就修正事後機率的情況稱為「貝氏修正」（Bayesian updating）。即使最初的自然機率缺乏客觀性，但經過貝氏修正所得到的事後機率也會愈來愈值得信賴。

※：因為即便放羊的孩子愛說謊，大野狼真的出現時，他也會大喊「狼來了！」以尋求幫助。

判斷垃圾郵件的「貝氏修正」

「垃圾郵件夾」（貝氏過濾法）能夠從寄來的郵件中篩選出垃圾郵件，而這個功能就是運用了貝氏修正。

垃圾郵件包含宣傳高額獎金的詞彙、摸不著頭緒的要求、引導至成人或詐騙網站的連結等資訊。垃圾郵件夾能夠根據是否含有「疑似垃圾郵件的資訊」，計算出垃圾郵件的事後機率。而根據各種「疑似垃圾郵件的資訊」的有無反覆進行貝氏修正，即可判斷事後機率高者為垃圾郵件。

垃圾郵件夾也會犯錯，將一般郵件誤判為垃圾郵件。為了減少這類誤判，就必須具備「學習機能」。具體來說，這個機能就是以人工的方式將垃圾信件夾漏掉的郵件判斷為「垃圾郵件」。這麼一來，垃圾郵件夾的程式就能學習「如果想要提高垃圾郵件的事後機率，必須注意哪些資訊並進行貝氏修正」。如此一來，貝氏修正的效果就會愈好，判斷的準確度也會愈高。

透過圖像與機率將原因與結果以視覺方式呈現

「貝氏網路」是將某個事件（事象）的原因與結果，透過圖像與機率以視覺方式呈現。這是美國的計算機學者珀爾（Judea Pearl，1936～）在1980年代根據貝氏定理所開發出來的方法。

「貝氏網路」將事件（事象）以「節點」表現。有因果關係的節點則以箭頭連結，舉例來說，就如「灑水器運作→草皮變濕」。下圖顯示，草皮變濕的原因有「灑水器運作」與「下雨」兩種。此外，「雲變多」則降雨機率提高，「雲變少」則灑水器運作的機率提高。

率先運用貝氏網路的是醫療領域。這是為了在醫療的第一線，根據患者的症狀與檢查數值找出疾病。換言之就是從結果推導出原因（應用於肝病與癌症等多種疾病診斷）。

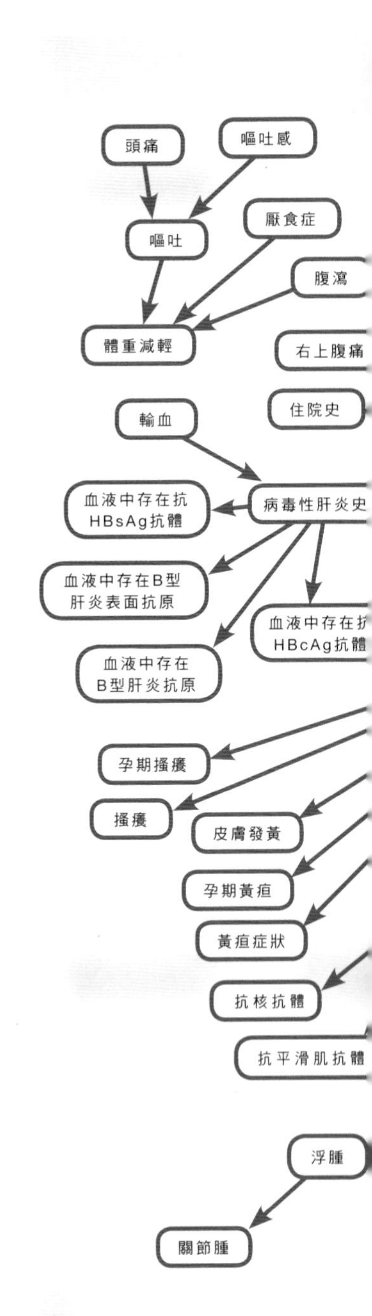

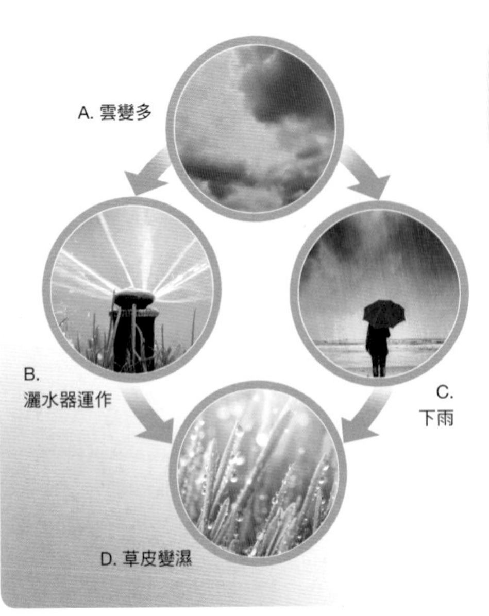

顯示雲、灑水器、下雨、草皮等因果關係的貝氏網路

回家的時候發現草皮變濕了，可能是因為下雨，也可能是因為灑水器運作所致。這個階段還不知道多雲的機率P（有雲）與晴朗的機率P（無雲），因此自然機率分別都設為0.5（不充足理由原則）。至於符合結果的節點，則設定附帶條件的機率。使用「草皮變濕」這個結果根據貝氏定理進行計算，就能知道草皮變濕時雲變多的事後機率。

美國匹茲堡大學所開發
用於診斷肝病的貝氏網路(↓)

將患者的住院史、飲酒史、各種檢查數值、症狀等套用到貝氏網路，就能精確診斷原因與症狀的因果關係，並確認到底是不是肝病，幫助醫師更容易選擇治療方針。此外，藉由輸入大量資料，就能將原本不明確的肝病自然機率修正成更可靠的事後機率。

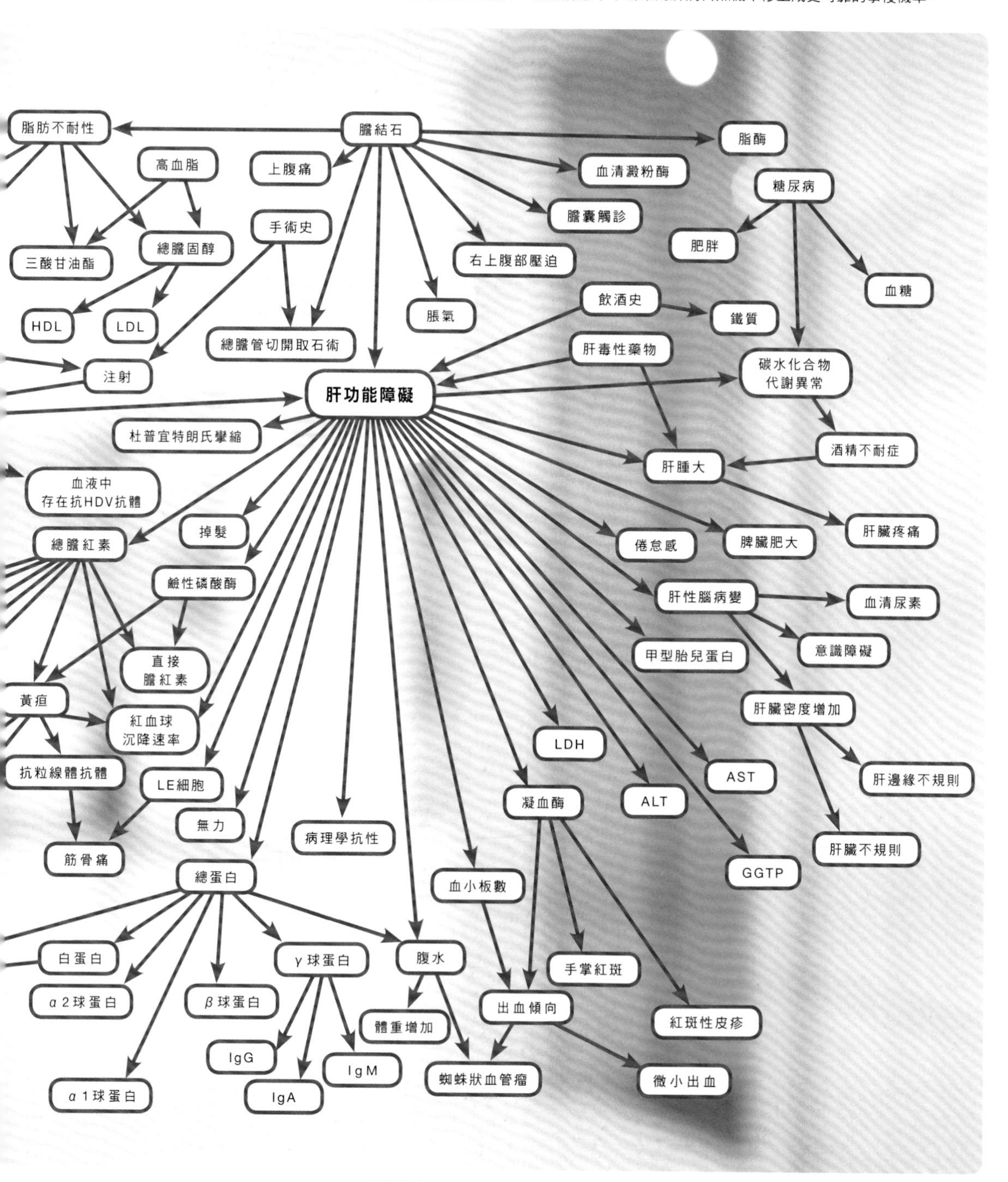

＊圖的出處：“A Bayesian Network Model for Diagnosis of Liver Disorders” A. Onisko et al, 1999

可對輸入資訊自動進行分類與判斷的「AI」

使用貝氏定理的統計方法稱為「貝氏統計」。這個統計法在21世紀初也開始在商業界大受矚目，帶來這個現象的其中一人，就是微軟的創辦者比爾蓋茲（Bill Gates，1955～）。

約在1996年，比爾蓋茲大肆宣傳自家公司在貝氏統計的專業技術上佔有優勢，並接著在2001年宣布，貝氏科技將是微軟在21世紀

以貝氏統計為基礎而開發推展的IT、AI應用範例

的基本戰略。他口中的「貝氏科技」，指的就是以貝氏統計為基礎的資訊技術※。

貝氏統計也與「人工智慧」(artificial intelligence，AI)密切相關。AI指會針對所輸入的資訊自動進行分類與判斷的軟體。AI可以藉由主動「學習」各式各樣的資料提升其精確度，而貝氏統計(貝氏定理)則能夠從獲得的結果計算出更可靠的事後機率，故成為AI學習的基本原理。

近年來，能夠由電腦自動診斷之「醫療AI」研發也正在進展，貝氏統計對我們而言，想必會變得愈來愈不可或缺。

※：全世界規模最大的搜尋網站Google，也採用貝氏定理作為搜尋引擎的基礎原理。

圖形辨識

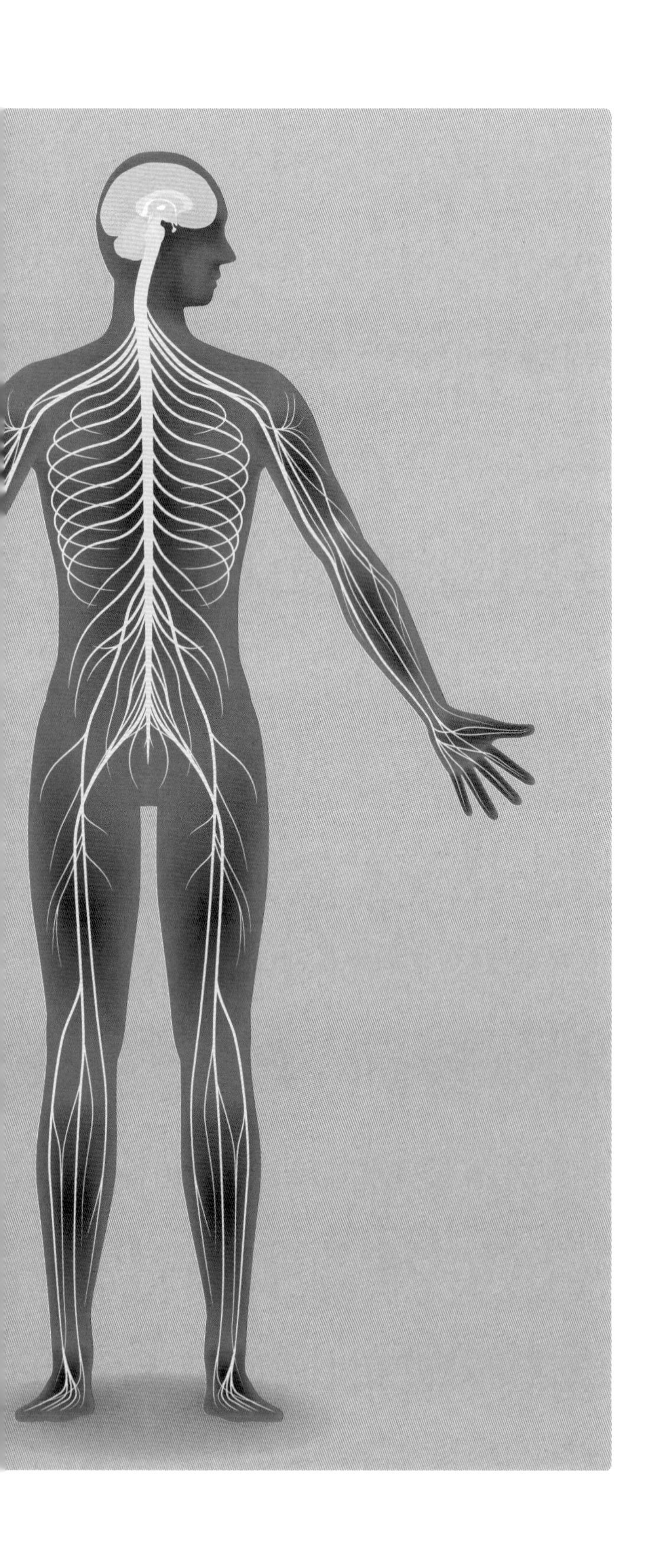

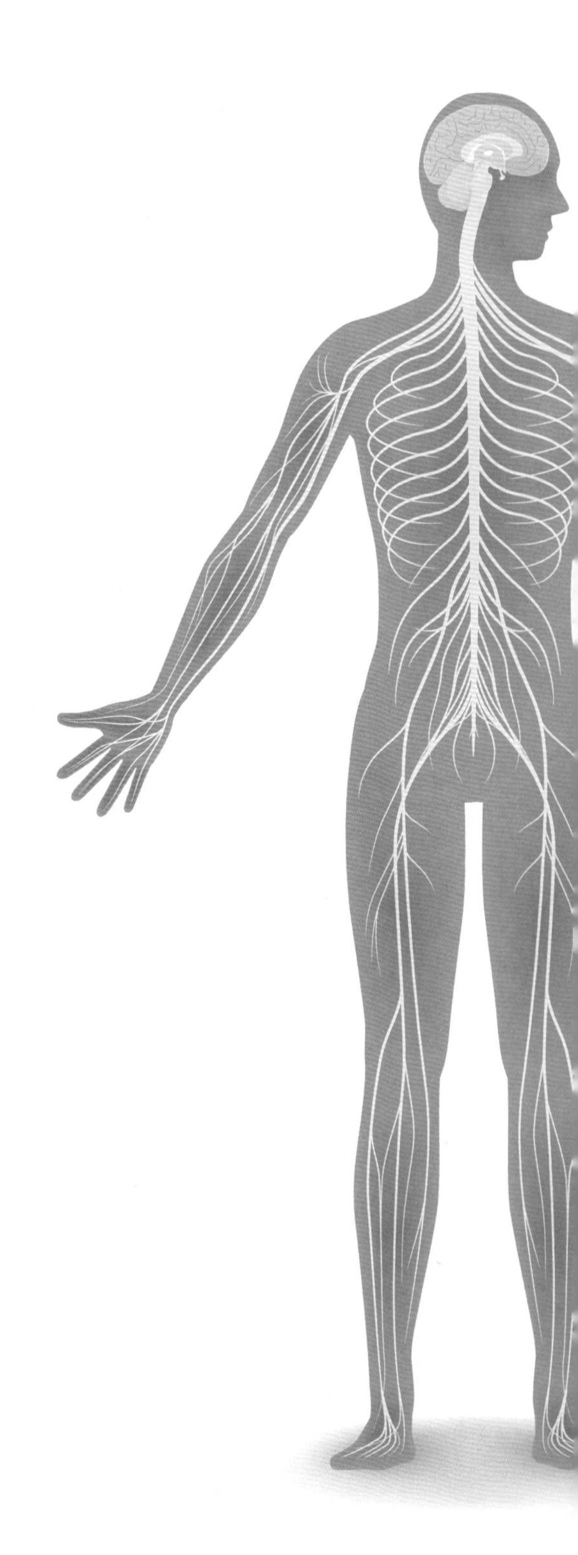

4
生命科學
Logical explanation of Life

我們的身體約由37兆個細胞組成

我們人類（成人）是大約37兆個細胞的集合體。如果將所有的細胞排成一列，長度幾乎等同於地球到月球的距離（約38萬公里）。

人類與細胞的相遇可以追溯到17世紀。英國科學家虎克（Robert Hooke，1635～1703）自己組裝倍率約30倍的複式顯微鏡，用來觀察各種生物與礦物，並且將軟木塞切面的無數孔洞命名為「cell」。這個字來自拉丁文的「cellua」，意思是「小房間」。虎克當時看見的其實是已經死亡且內部中空的細胞壁，但今天，cell已用來作為代表細胞的詞彙。

自虎克開了風氣之後，使用顯微鏡觀察生物就相當盛行。譬如荷蘭的雷文霍克（Antony van Leeuwenhoek，1632～1723），就製作出倍率約200倍的單式顯微鏡，觀察並發現細菌、紅血球、動物的精子等等。

虎克的細胞壁

虎克在1665年出版的《微物圖誌》（Micrographia）中，介紹自己透過顯微鏡所看見的跳蚤與螞蟻等動植物，並附上118張素描（右為軟木塞纖維的臨摹圖）。

虎克也以發現彈簧伸縮相關的「虎克定律」而聞名於世。此外，他也與惠更斯（參考第58頁）等人一起提出光是一種波動的學說，並與認為光是粒子的牛頓有過辯論。現在沒有留下可斷定是虎克本人的肖像畫，據說這是因為虎克過世後，時任皇家學會會長的牛頓就將他的肖像畫銷毀了。

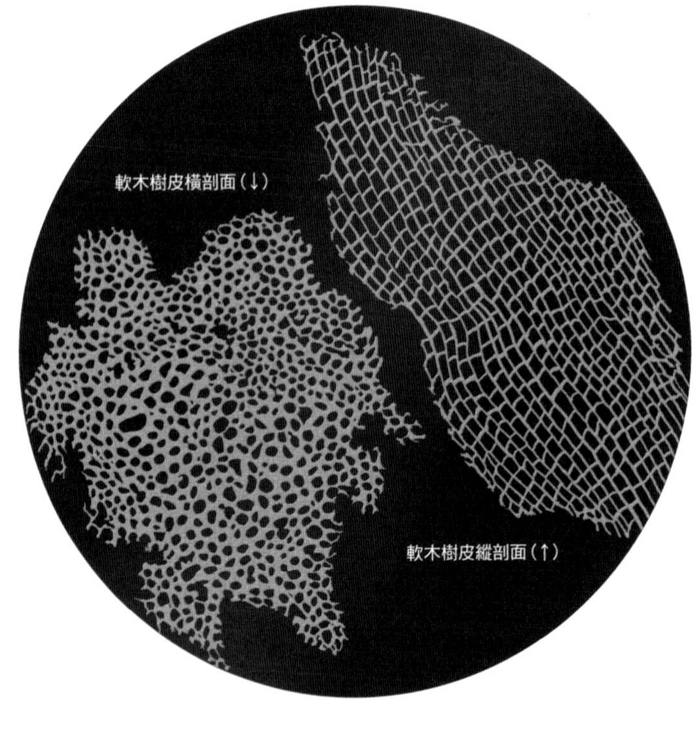

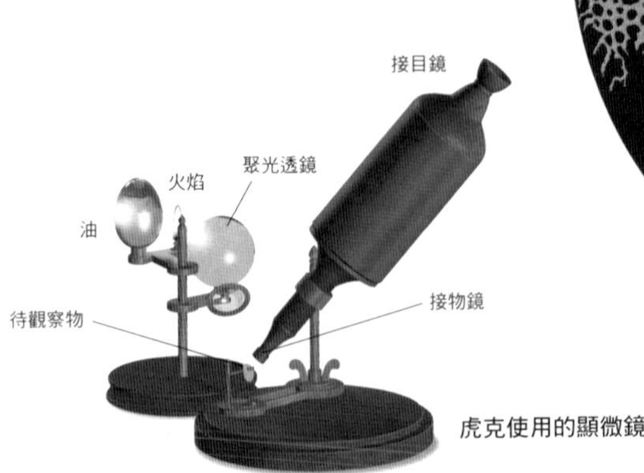

虎克使用的顯微鏡

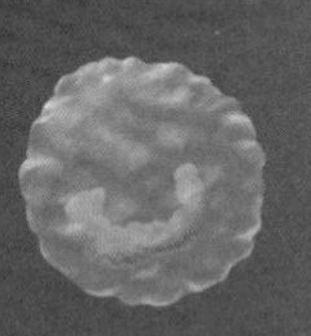

大腸菌
大量存在於哺乳類及鳥類大腸中的單細胞生物（原核生物），大小約0.001毫米。

肌肉纖維

嗜中性白血球（↑）
多細胞生物的一種血液細胞，功能是去除病原體等體內的有害物質。大小約0.01毫米。

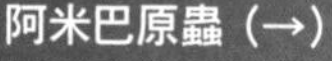

肌肉纖維（↑）
構成多細胞生物的肌肉（肌肉是集結成束的肌肉纖維），位於肌原纖維束內部，一個細胞有多個細胞核。

阿米巴原蟲（→）
生活在水與土壤中的單細胞生物。阿米巴是一種原生生物的總稱，其細胞內的物質能夠像液體般流動，並透過改變細胞形體來移動。大小約0.01～0.1毫米。

紅血球（→）
多細胞生物的一種血液細胞，功能為運送氧氣，大小約0.008毫米。

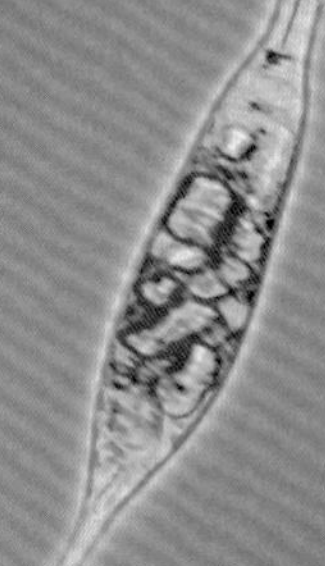

（↙）鴕鳥蛋
蛋黃的部分在沒有遇到精子的未受精卵階段是單一細胞。

眼蟲（→）
生活於水中的單細胞生物，可靠鞭毛運動並進行光合作用，動、植物性質同時兼具。大小約0.1毫米。

多樣的細胞

譬如古菌（嗜熱菌等）、細菌（大腸菌、藍綠藻等）等所謂的「原核生物」（prokaryote），是由具遺傳訊息卻無明確細胞核與胞器的細胞所構成。而動物、植物、菌類（酵母菌等）、原生生物（眼蟲等）等「真核生物」（eukaryote），則是由具明確細胞核，且核中充滿遺傳訊息的細胞所構成。

像細菌這類一個細胞就是生命個體的生物，稱為「單細胞生物」，至於如人類或植物一般，由許多細胞聚集在一起組成個體的生物，則稱為「多細胞生物」。

所有生物都以細胞為基本單位

顯微鏡的性能在19世紀之後大幅提升，能夠更仔細地觀察更多的生物。

舉例來說，英國植物學家布朗（Robert Brown，1773～1858）發表研究心得，指出植物細胞中含有「細胞核」。雖然在18世紀就有報告提到這樣的構造，但卻是由布朗重新發現並將其命名為「細胞核」，而他也發現，這種構造在細胞中普遍存在。

後來德國科學家施萊德（Matthias Jakob Schleiden，1804～1881）與許旺（Theodor Schwann，1810～1882）透過植物與動物的研究，分別在1838年與1839年提出細胞是生物基本單位的「細胞學說」。

至於將這個概念進一步推展的，則是德國

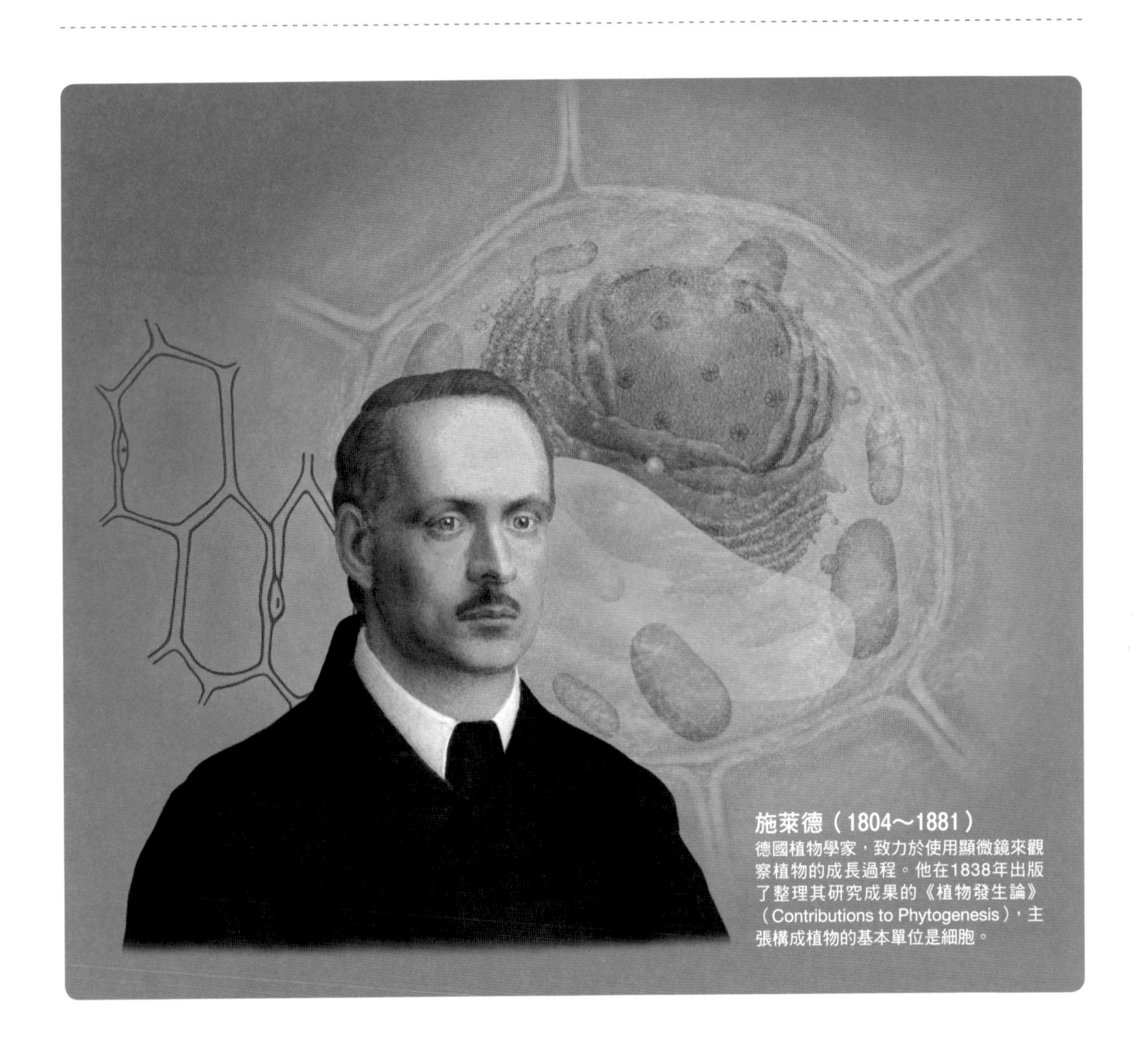

施萊德（1804～1881）
德國植物學家，致力於使用顯微鏡來觀察植物的成長過程。他在1838年出版了整理其研究成果的《植物發生論》（Contributions to Phytogenesis），主張構成植物的基本單位是細胞。

病理學家魏爾修（Rudolf Virchow，1821～1902）。他在1855年主張「所有的細胞都由細胞而生」（Omnis cellula e cellula），並提倡疾病也能以細胞異常說明，為日後的醫學進步帶來貢獻。而當時原本也不知道細胞是透過染色體的分配增殖，後來在1882年，才終於為德國細胞學家弗萊明（Walther Flemming，1843～1905）所發現。

專欄 COLUMN 花粉微粒是生物嗎？

布朗也是發現「布朗運動」的人，他在1827年發現，花粉破裂所形成的微粒，會在水面上不規則地四處移動，並認為這個現象是由微粒中所含的「生命之源」引起的。然而實際上，愛因斯坦與法國物理化學家佩蘭卻在20世紀初提出證明，確定這是花粉釋出的微粒與進行熱運動（參考第10頁）的水分子碰撞所造成的現象（佩蘭透過實驗證明愛因斯坦提出的理論）。這兩人的發現，成為證明原子與分子存在的決定性事件。

許旺（1810～1882）
德國生理學家，使用顯微鏡觀察蝌蚪的尾椎部分等，主張動物的構成單位也和植物一樣是細胞。

動物與植物的細胞構造在各個方面都不一樣

動物與植物的細胞當中，有著塞滿了去氧核糖核酸（DNA）的「細胞核」（nucleus）。基因是DNA中的核心，功能相當於「設計圖」，能幫助細胞合成各種不可或缺的蛋白質，並會以染色體（chromosome）的形式，由父母遺傳給子女。

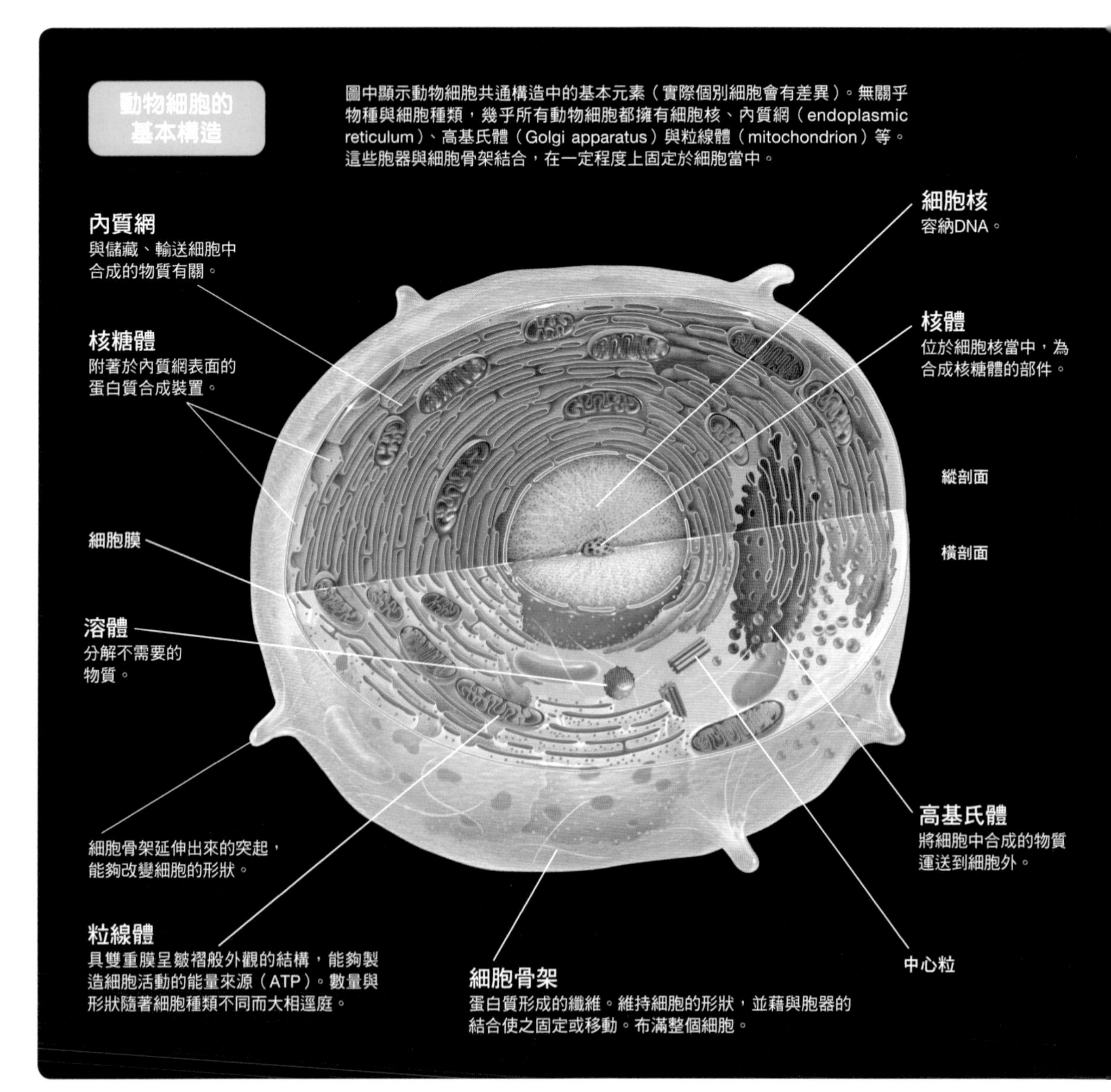

＊細胞原本呈半透明，圖中各種胞器顏色是繪製時加上的。

構成動物與植物的細胞兩者大不相同。動物細胞只有「細胞膜」(cell membrane)，而植物細胞在細胞膜外還有堅固的「細胞壁」(cell wall)，具有支撐整個軀體的作用。

植物細胞中的「葉綠體」(chloroplast)，可利用太陽光的能量進行光合作用(photosynthesis)，將二氧化碳與水合成糖並排出氧。此外還存在著占據大部分細胞體積的「液胞」(vacuole)，與植物的性質有密切相關。

本身無法移動的植物，為了尋求有利的生育條件，必須讓身體成長得更大(譬如將枝葉延伸到更高的位置)，因此細胞本身也是愈大愈理想。事實上，植物細胞的直徑也經常是動物細胞的好幾倍。而正是多虧了主成分是水的液胞，植物不需要太過辛苦就能「增大」細胞的體積與表面積。

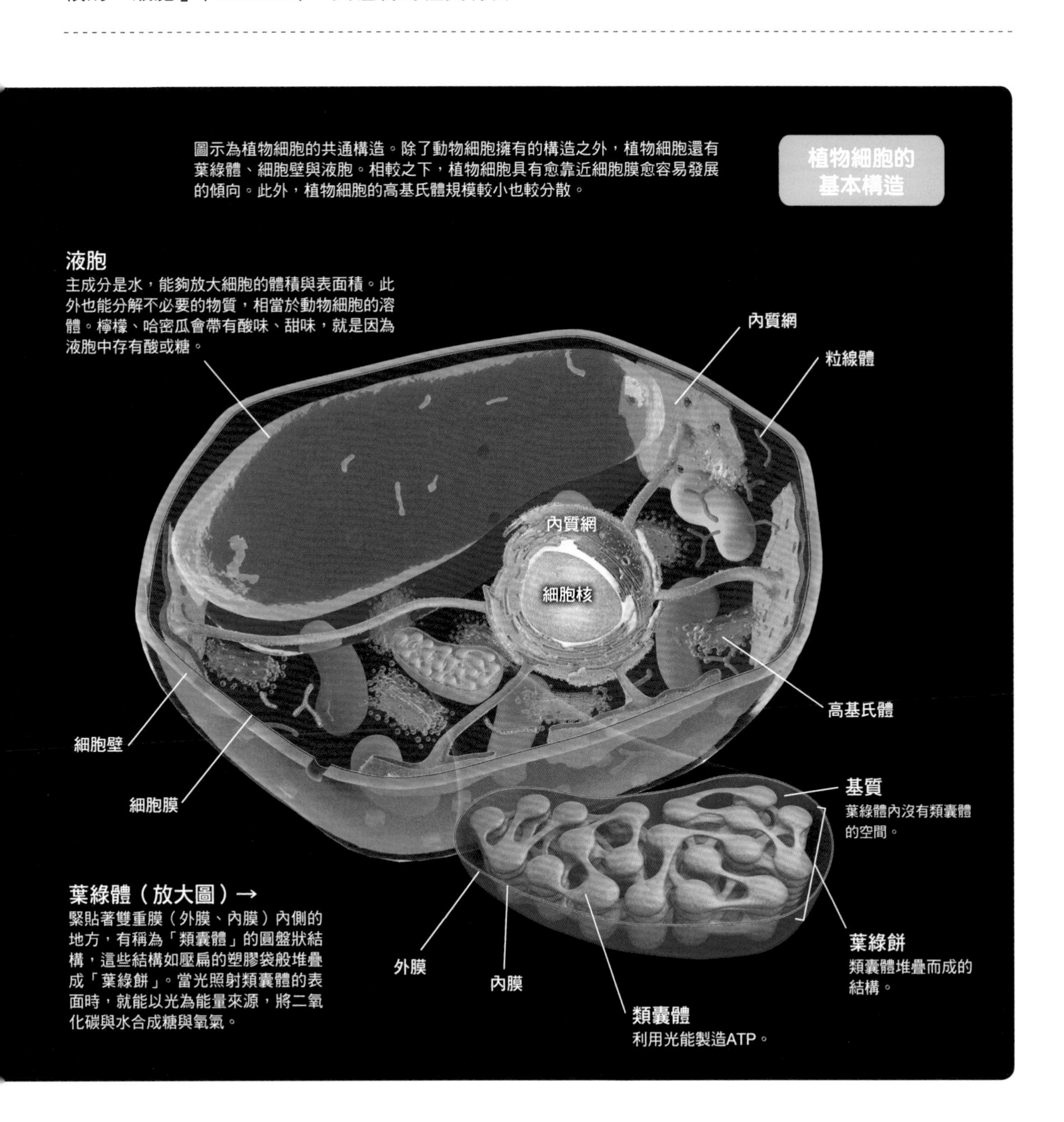

精子與卵子的相遇創造出全新的生命

我們的身體（構成身體的細胞）乃源自父親精子與母親卵子融合而成的「受精卵」（zygote）。

精子由男性所擁有的一對「精巢」（睪丸，testicle）來製造。健康的年輕男性幾乎每天都可以製造1億個精子，而成熟的精子可儲存在名為「副睪」的組織中大約10～20天。精巢與副睪收納於袋狀皮膚「陰囊」（scrotum）當中。陰囊與腹部有些距離，所以能夠讓精子維持在比體溫略低的溫度。

至於卵子則由女性所擁有的一對「卵巢」來製造。進入青春期之後，具備生殖能力的女性，幾乎每隔1個月都會有少數的「濾泡」（follicle，培養卵子的袋子）成長並逐漸變大，但每個月只有一個濾泡最後能夠成熟。

當卵子成熟時，會順著延伸到子宮的「輸卵管」排出（排卵，ovulation）。卵子的移動得藉助於輸卵管表面細長纖毛的擺動以及輸卵管的蠕動。但只有排卵後24小時左右的這段期間，卵子才能受精。

受精是精子的生存競賽

陰道為避免病原菌入侵而呈強酸性。精子釋放到「陰道」中雖受到鹼性精液保護，但還是幾乎會被強酸殺光，只有大約1%左右能夠進到內部的「子宮腔」。唯有具高度活動力與運氣好的精子，才能得到受精的機會※。

受精通常在所謂「輸卵管壺腹」（ampulla）的部位進行。精子抵達後，頭部會對卵子釋出酶，衝破包覆卵子的卵丘細胞與

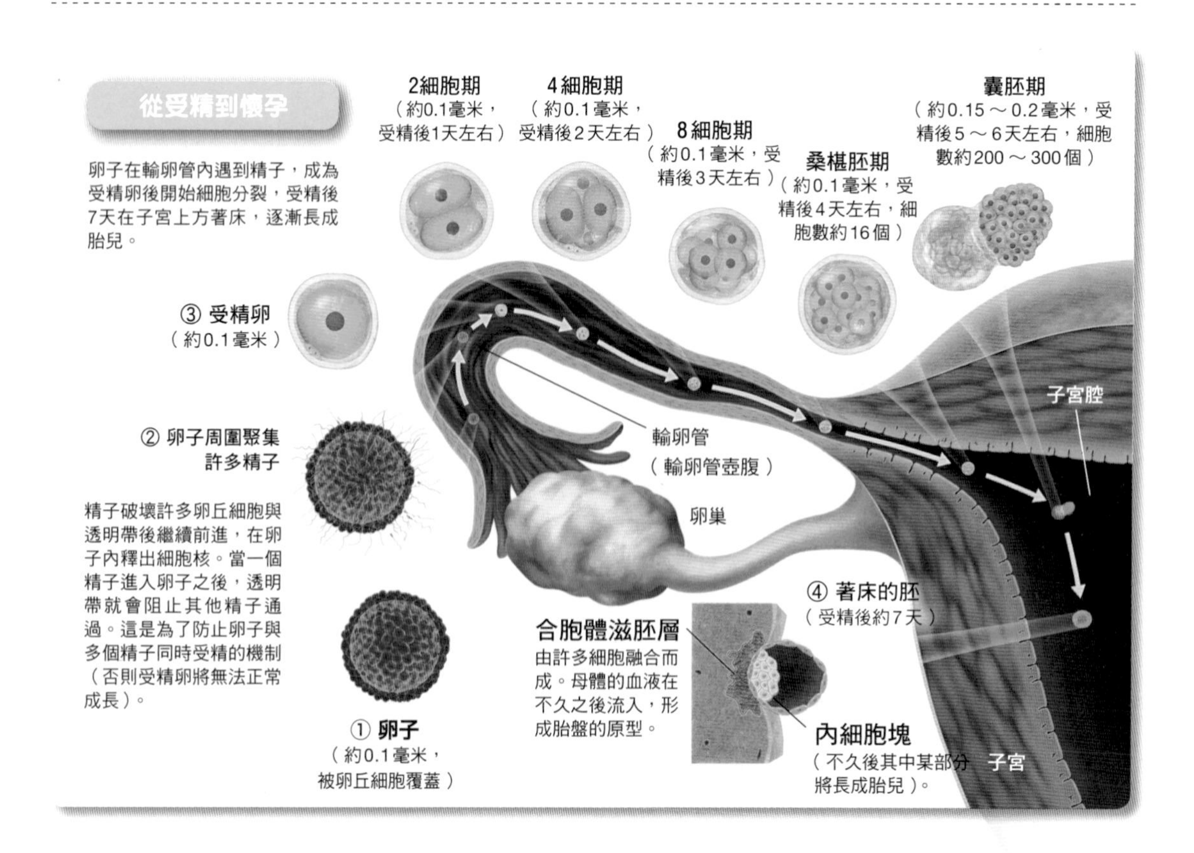

透明帶之後進入卵子內。突破重重阻礙的精子與卵子的細胞膜融合，朝著卵子內部釋出細胞核。如此一來，受精就完成了。

受精卵在輸卵管中前進，同時反覆進行細胞分裂。受精卵分裂形成的細胞集合稱為「胚」（embryo）。受精卵抵達子宮（受精5～6天後），透明帶裂開讓胚出來，開始「孵化」現象。隨後胚附著於子宮壁上並植入子宮內膜（著床）。

著床完成後，就算懷孕了。而後胚逐漸成長，從母體的血液吸取養分。經過大約9個月後，「新生命」就此誕生。

※：「子宮頸」分泌的黏液，在排卵期間黏度會下降，酸度也會降低，因此精子就較容易活動。

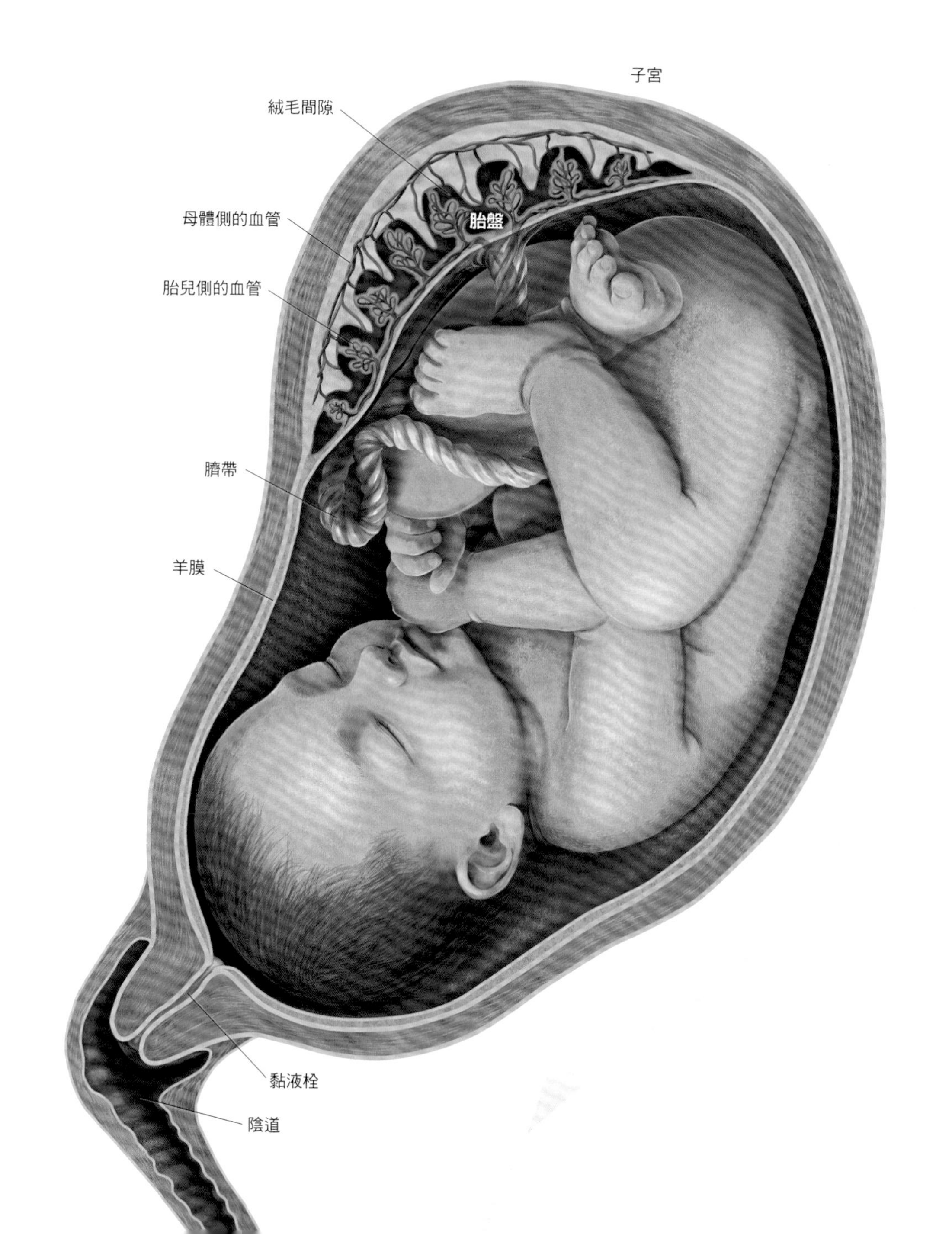

「分化」就是變化成各具功能的細胞

受精卵反覆分裂過程中所產生的一個個細胞，會逐漸轉變成骨骼、紅血球、心肌等形狀多樣與功能各異的細胞，我們一般將這個過程稱為分化（differentiation）。換句話說，我們的身體也可說是細胞分化後聚集而成的「細胞社會」。

細胞分化可看成是受精卵這顆「球」從斜坡上幾個不同軌道往下滾的過程（參考右圖）。圖中所顯示的是英國生物學家沃丁頓（Conrad Hal Waddington，1905～1975）在1950年代提出的概念，亦即「表徵遺傳地景說」（epigenetic landscape）。就如同球無法自循坡道而上，細胞的分化也不可能自然地回溯。此外，已分化的細胞也不能轉變成他種細胞。

那麼，是怎樣決定「什麼時候分化成什麼細胞」呢？事實上，細胞內並沒有這樣的訊息，細胞接收的是來自外部環境的指令。德國生物學家斯佩曼（Hans Spemann，1869～1941）使用蠑螈進行實驗，證明胚的某個部分會對其他尚未分化的部分作用（誘導）而引起特定的分化。

誘導與誘導組織

具細胞分化誘導能力的部分稱為「發育誘導組織」（organizer）。生物軀體形成時，部分胚會形成誘導組織，使鄰近部分因誘導而變成神經管（腦的前身），而神經管會再成為次級誘導組織，使鄰近部分因誘導而變成眼睛的水晶體。一般認為，形成我們身體的37兆個細胞，就在這種「誘導鏈」的作用下決定了各自的命運。

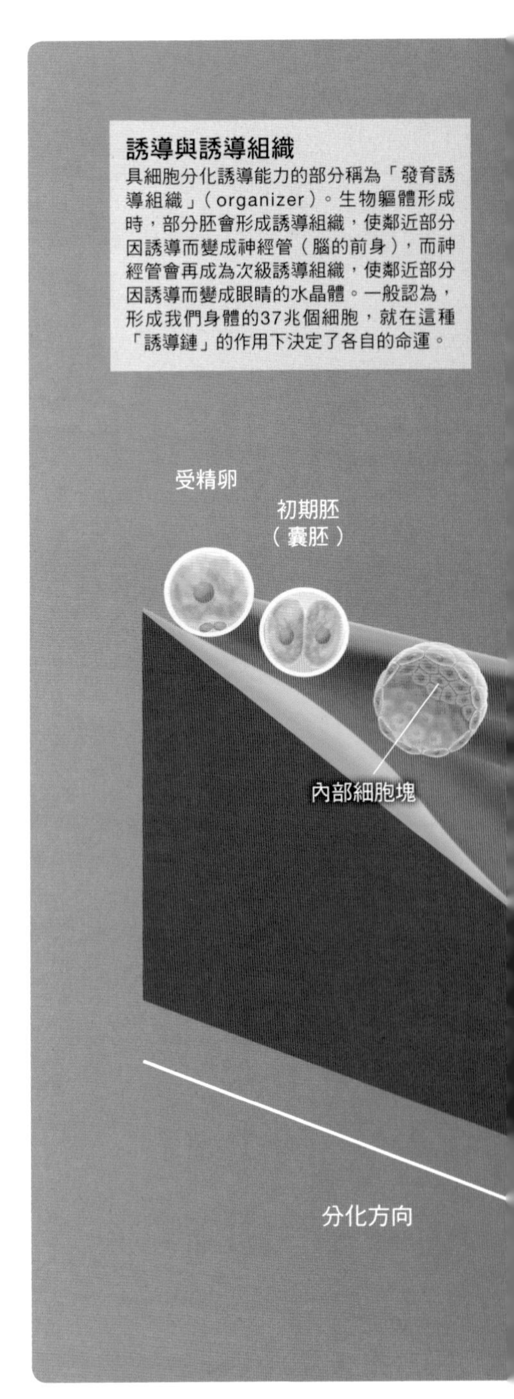

表徵遺傳地景說（→）

如果「DNA」是一本書，那麼分化的過程就像是編輯作業，把不需要的頁面黏貼起來，或是塗黑文字。換句話說，就是改變在細胞內部作用的基因組合，使其固定（也有例外）。而固定後的狀態，即使經過細胞分裂也能傳承下去。

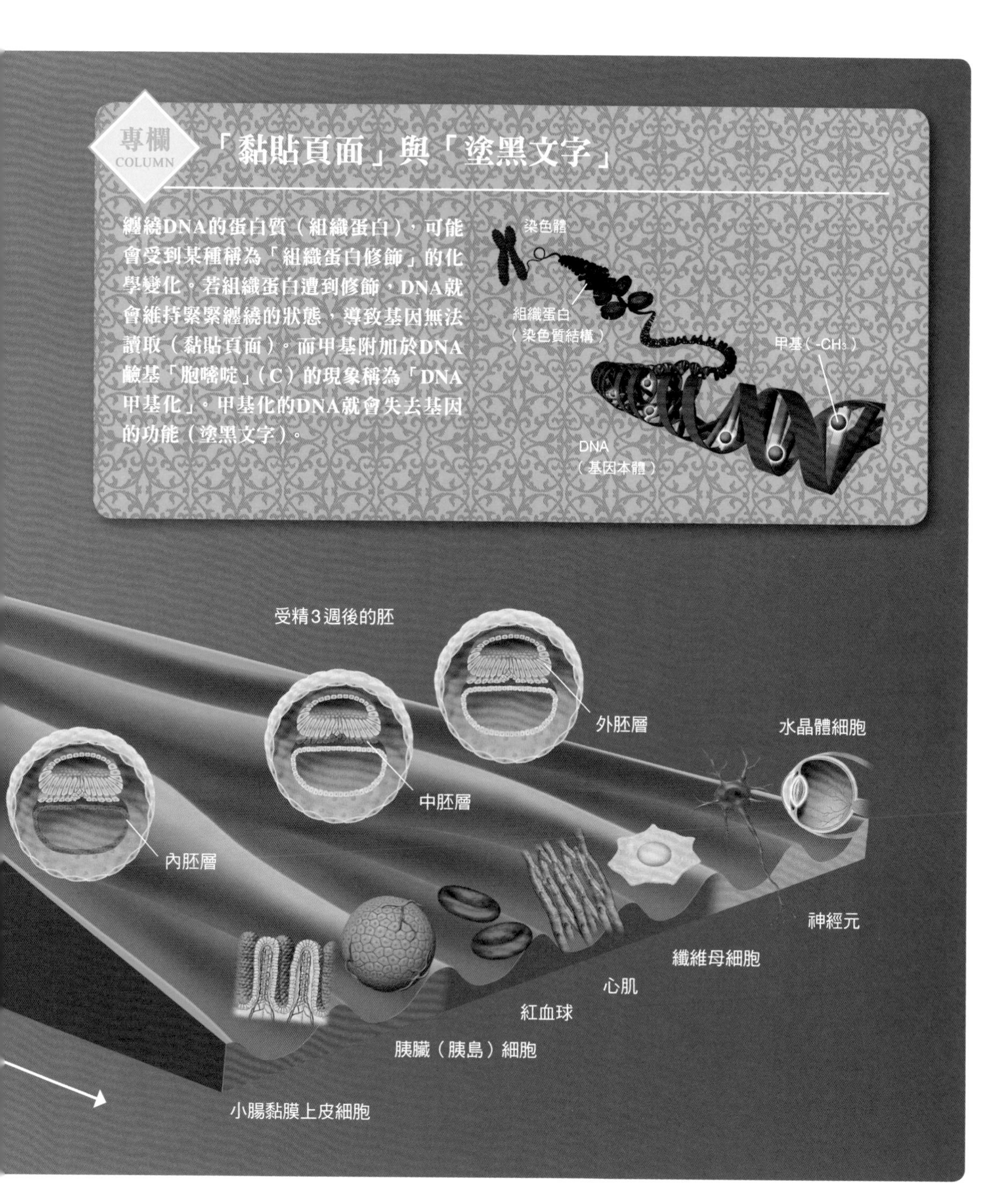
專欄 COLUMN
「黏貼頁面」與「塗黑文字」
纏繞DNA的蛋白質（組織蛋白），可能會受到某種稱為「組織蛋白修飾」的化學變化。若組織蛋白遭到修飾，DNA就會維持緊緊纏繞的狀態，導致基因無法讀取（黏貼頁面）。而甲基附加於DNA鹼基「胞嘧啶」（C）的現象稱為「DNA甲基化」。甲基化的DNA就會失去基因的功能（塗黑文字）。
染色體
組織蛋白
（染色質結構）
甲基（-CH3）
DNA
（基因本體）
受精3週後的胚
外胚層
水晶體細胞
中胚層
內胚層
神經元
纖維母細胞
心肌
紅血球
胰臟（胰島）細胞
小腸黏膜上皮細胞

複製染色體的「細胞分裂」重組、分配染色體的「減數分裂」

構成體細胞所發生的常態分裂稱為「體細胞分裂」。比如指甲或頭髮總不斷地變長，就是你我能夠親身感受到的細胞分裂實例。進行體細胞分裂的時候，也就是1個細胞變成2個時，細胞會事先複製染色體（DNA），使其增加為2倍，並分配給新的細胞。

至於製造精子與卵子等生殖細胞時，所進行的則是「減數分裂」（meiosis）。最後所分配到的染色體數是分裂前的一半。人類有46條染色體，因此精子、卵子就分別只有23條染色體，兩者藉由受精（變成一個細胞）而回復為46條染色體。

減數分裂透過將父母雙親所擁有的46條染色體「打散」，重組成23條染色體。每個精子與卵子的重組模式都不同，因此如果比較兄弟姊妹的染色體，就會發現有些部分一致，有些則不一致，平均下來全部染色體約有50%一致，這也是兄弟姊妹不會完全相像的原因。

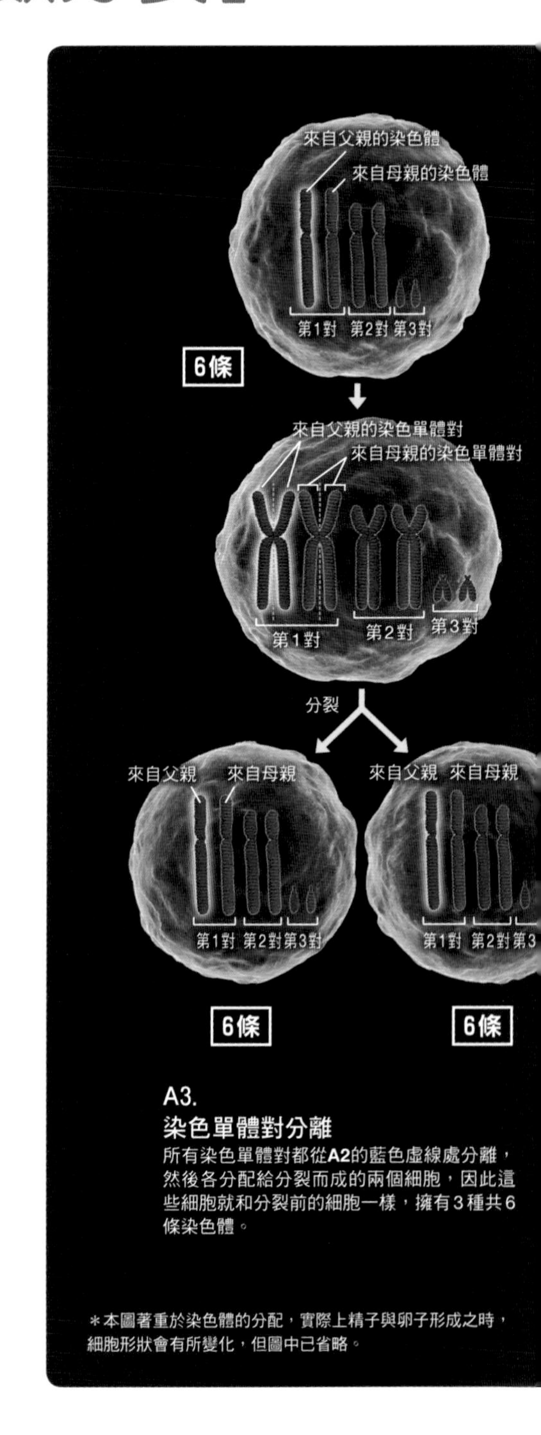

A3.
染色單體對分離
所有染色單體對都從**A2**的藍色虛線處分離，然後各分配給分裂而成的兩個細胞，因此這些細胞就和分裂前的細胞一樣，擁有3種共6條染色體。

＊本圖著重於染色體的分配，實際上精子與卵子形成之時，細胞形狀會有所變化，但圖中已省略。

人類的染色體分成第1～第22對的「體染色體」（autosome），以及第23對的「性染色體」。性染色體有2種，分別是X與Y。繼承X與Y染色體各1條就會成為男性，繼承2條X染色體則會成為女性。染色體的數目因生物而異，譬如貓有38條（19對×2），猩猩有48條（24對×2），狗則有78條（39對×2）。

（一）體細胞分裂

減數分裂

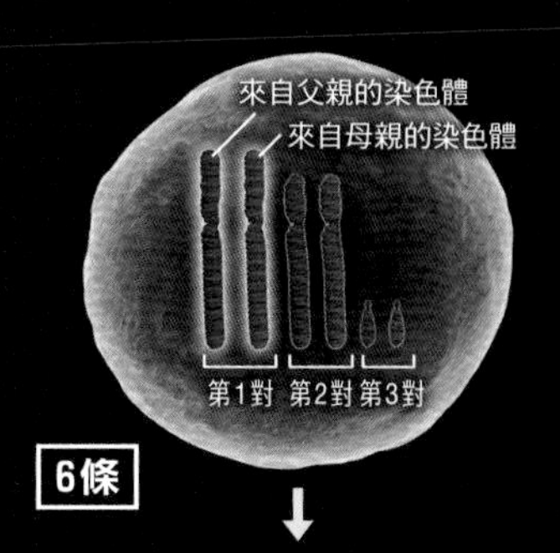

6條

A1.
分裂前的體細胞

細胞開始分裂之前，DNA的狀態類似鬆開的絲線（鎖鏈），然而一旦開始分裂就會凝縮，恢復成好幾條棒狀物體（染色體）的形態。

這裡考慮的是3條來自父親，另外3條來自母親，3種共6條染色體的情況。

B1.
分裂前的生殖細胞

考慮3種共6條的情況，3條來自父親，3條來自母親。即使是生殖細胞，擁有的染色體數目也與體細胞相同。

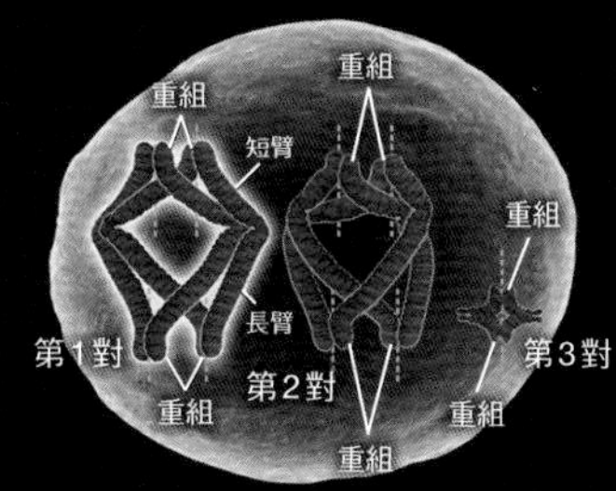

A2.
染色體倍增

來自父親和母親的染色體分別複製，形成「染色單體對」（染色單體成對收束的狀態）。

B2.
染色體倍增，重組

染色體複製，形成染色單體對。接著來自父親與來自母親的染色單體對（臂）重組，彼此連接在一起。重組原則上只會在相同種類的染色體（同源染色體）之間進行。

第1次分裂

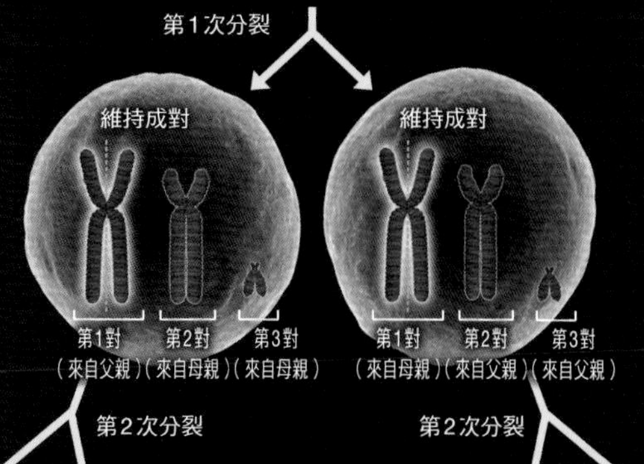

B3.
染色單體對隨機分離

所有的染色體在B2的藍色虛線處分離後，維持成對的2條相同染色體隨機配到分裂所形成的兩個細胞，因此也可能出現「第1對：父，第2對：父，第3對：母」的組合。

第2次分裂　第2次分裂

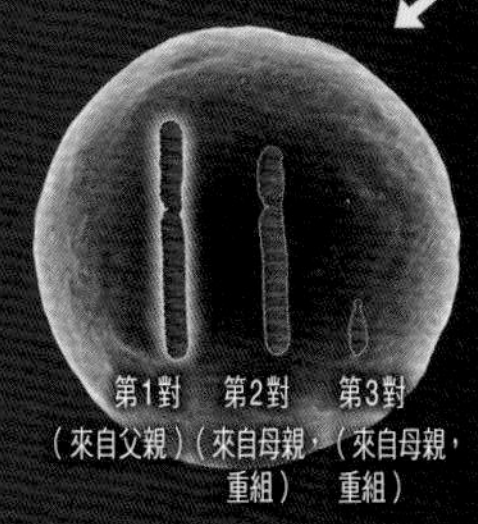

3條

第1對 第2對 第3對
（來自父親，重組）（來自母親，重組）（來自母親）

3條

第1對 第2對 第3對
（來自母親）（來自父親，重組）（來自父親，重組）

3條

第1對 第2對 第3對
（來自母親，重組）（來自父親，重組）（來自父親）

3條

B4.
成對的染色單體分離（第2次分裂）

成對的染色體分離成單條狀態，分別配到第2次分裂所形成的細胞，這麼一來繼承的染色體數就會減半。

蛋白質乃經由兩個階段製造出來的

從肌肉、毛髮到臟器等構成我們身體各部分的細胞，主要是由蛋白質形成的。而多數調節體溫、血糖值、身體成長等「激素」，以及協助體內進行各種化學反應（譬如消化食物等）的「酶」，也都是蛋白質的一員。那麼，細胞是如何製造出這些蛋白質的呢？

RNA聚合酶（RNA polymerase）在細胞核中附著於DNA上，製作複製其訊息的絲狀分子「RNA」（核糖核酸），這個過程稱為「轉錄」（transcription），請見右圖A）。而RNA當中的「傳訊RNA」（mRNA）從核膜孔朝外釋放，其作用相當於蛋白質的「設計圖」（B）。

釋放到核外（細胞質）的mRNA與「核糖體」（ribosome）結合，而核糖體再根據mRNA的訊息與胺基酸連結，製造出蛋白質（C）。這種根據mRNA遺傳訊息製造蛋白質的過程，就稱為「轉譯」（translation）。

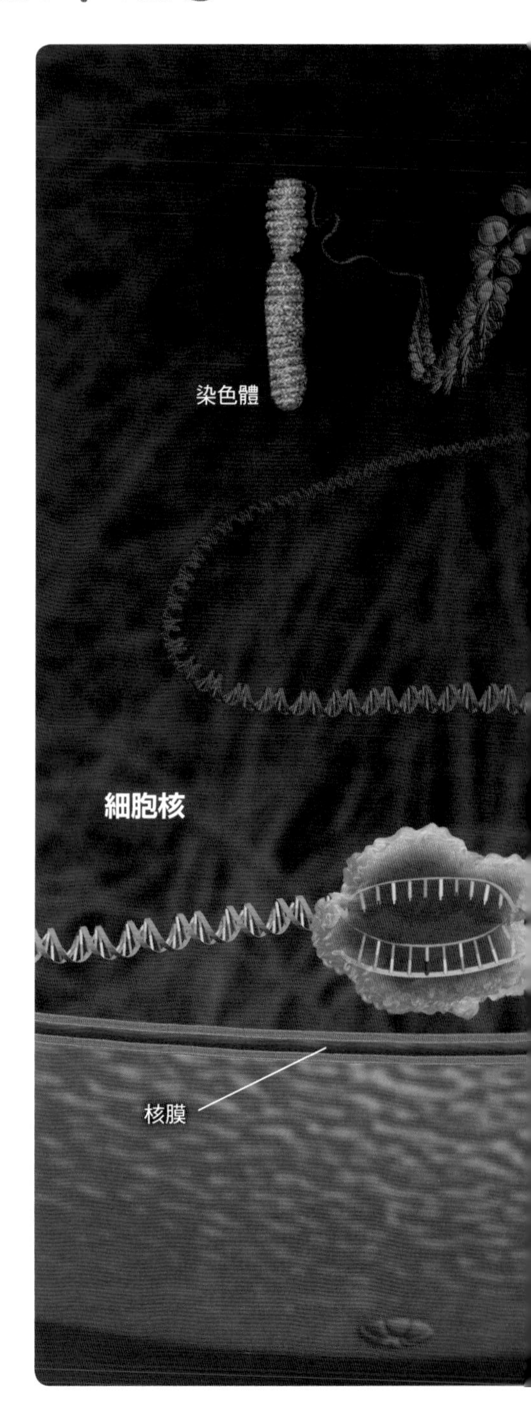

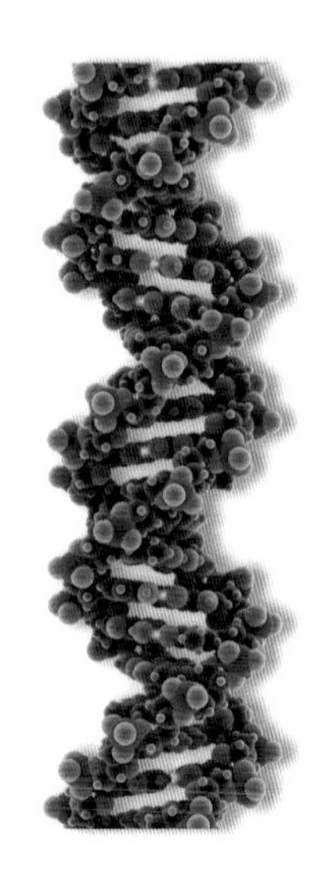

DNA
（去氧核糖核酸）

DNA主要由兩個部分構成，分別是2條螺旋狀的長鏈，以及長鏈之間兩兩成對排列的「鹼基」。鹼基分為腺嘌呤（adenine，A）、胸腺嘧啶（thymine，T）、鳥嘌呤（guanine，G）以及胞嘧啶（cytosine，C）這4種。鹼基對必須是「A與T」「G與C」，因此某側長鏈上的鹼基排列方式，與另一側長鏈上的鹼基排列方式，實質上擁有相同的訊息。

DNA的2條長鏈以鹼基為內側，藉氫鍵結合（參考第31頁）。當要複製遺傳給子孫的DNA，或是使用DNA上的遺傳訊息製造蛋白質時，長鏈就會打開，讓RNA轉錄遺傳訊息。

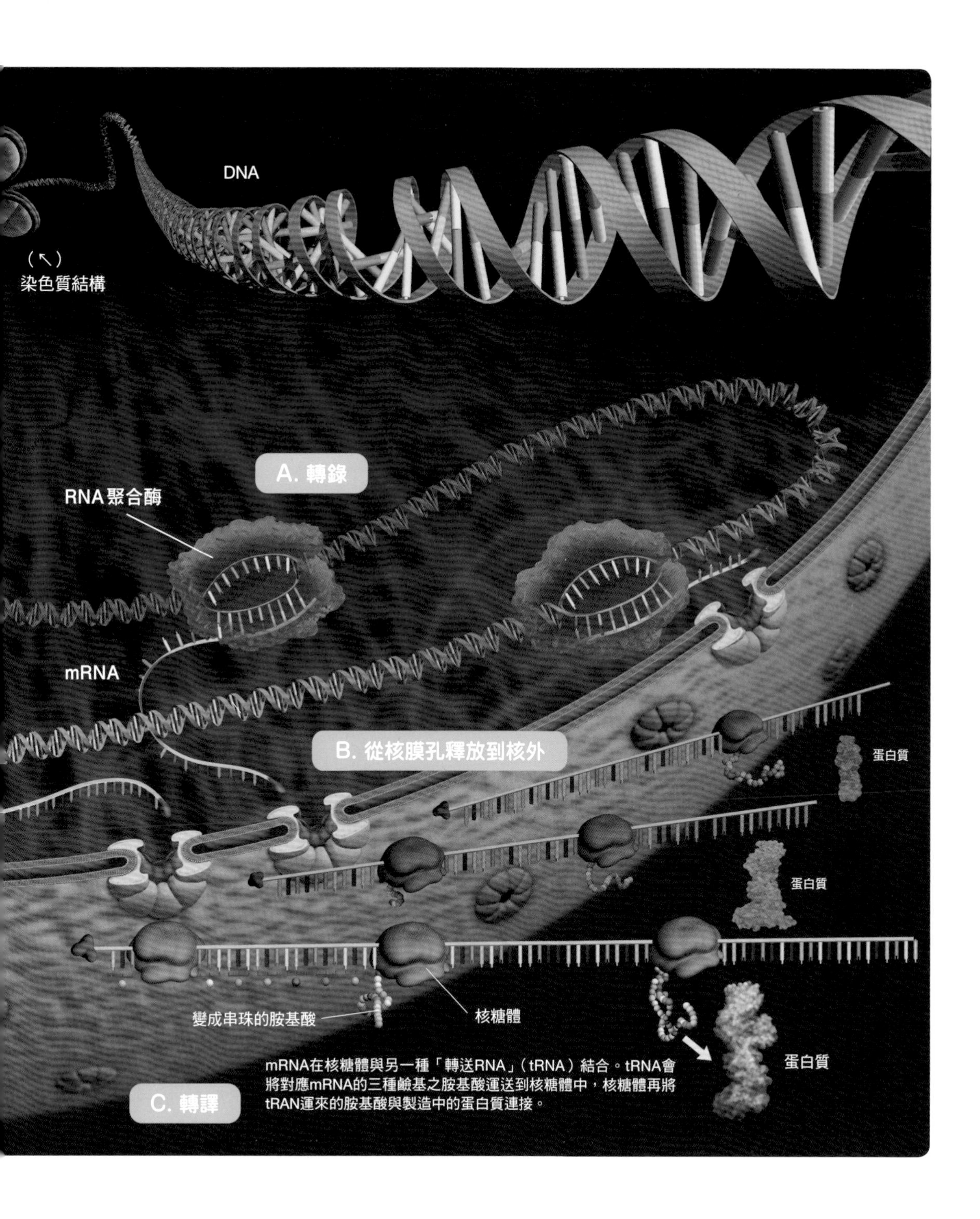
DNA
（↖）
染色質結構
A. 轉錄
RNA 聚合酶
mRNA
B. 從核膜孔釋放到核外
蛋白質
蛋白質
變成串珠的胺基酸
核糖體
蛋白質
mRNA在核糖體與另一種「轉送RNA」（tRNA）結合。tRNA會將對應mRNA的三種鹼基之胺基酸運送到核糖體中，核糖體再將tRAN運來的胺基酸與製造中的蛋白質連接。
C. 轉譯

將體內環境維持在一定範圍的「自律神經」與「激素」

我們身體內與生即具有「恆定性」（homeostasis）機制，能夠調節內臟與血管的機能，將體內環境保持在一定範圍。這個機制主要與自律神經系統、內分泌系統以及免疫系統（→第118頁）有關。

「自律神經系統」主要由交感神經及副交感神經組成。交感神經在承受壓力時（身體遭遇危險狀態）運作，一旦經活化，就會從神經末端釋出名為「正腎上腺素」（noradrenaline）的神經傳導物質。會對心臟及血管產生作用，增加全身肌肉的血流，使心跳數上升、呼吸次數增加並迅速排汗。

至於放鬆以及睡眠的時候，則是副交感神經較占優勢。這時就會出現心跳數下降，呼吸均匀等反應。

「內分泌系統」的要角就是激素，這是能夠隨著血液流動，且影響特定臟器及器官的多種物質總稱。當我們感受到壓力時，腦部（腦垂體）就會往血液釋放「促腎上腺皮質激素」（adrenocorticotropic hormone，ACTH），當ACTH抵達腎上腺，就會刺激皮質釋出「糖皮質素」（glucocorticoid）。而這些激素在體內作用，就會產生免疫力下滑（抑制）、血糖值上升等反應。

連結腦與各器官的自律神經系統（→）

「交感神經」是從脊髓的胸部到腰部延伸而出的神經，彷彿沿著脊髓生長似的上下相連，形成交感神經幹。至於「副交感神經」則是從腦及脊髓末端附近延伸而出的神經，具有與交感神經完全相反的功能。而大部分的臟器都同時連結著交感神經與副交感神經。

自律神經在遭遇壓力的數秒內就產生反應，當壓力解除就會迅速恢復回到原來的狀態。至於內分泌系統（激素）的反應，則在遭遇壓力的數分鐘後發生，但即使壓力解除，反應也可能持續數個小時。

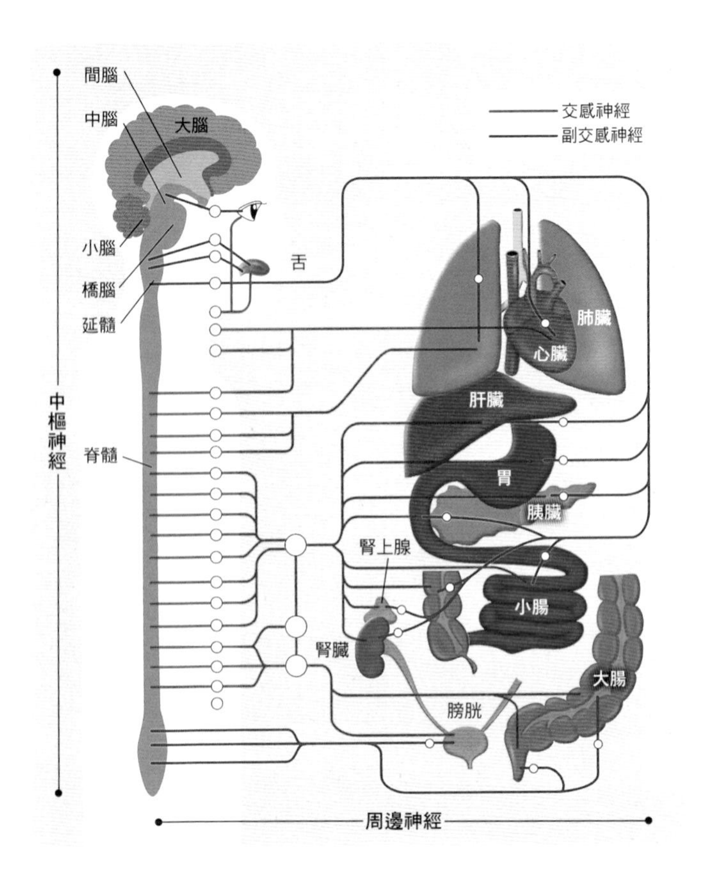

腎上腺（→）

腎上腺透過內分泌系統，在皮質分泌糖皮質（皮質醇等）、增高血壓的「醛固酮」，以及性激素「雄性激素」等。至於髓質則會分泌令心跳加快與血壓增高的「腎上腺素」，但腎上腺素是經由自律神經系統分泌的。

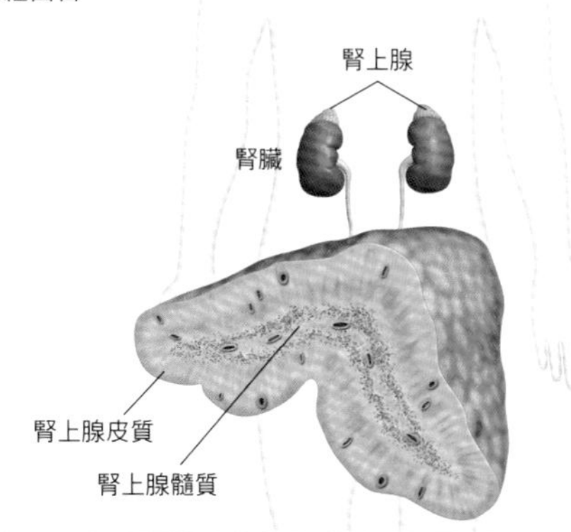

壓力反應（↓）

當我們感受到壓力時，體內的自律神經系統及內分泌系統就會展開運作。自律神經系統從交感神經末端釋放正腎上腺素（神經傳導物質），活化體內主要的組織與臟器，並促使腎上腺分泌腎上腺素（激素）。

至於內分泌系統則會在腦垂體朝血液中釋出「促腎上腺皮質素」（ACTH）的作用下，促使腎上腺釋出糖皮質素（激素）。這些物質對體內的器官產生作用，引發各種反應。

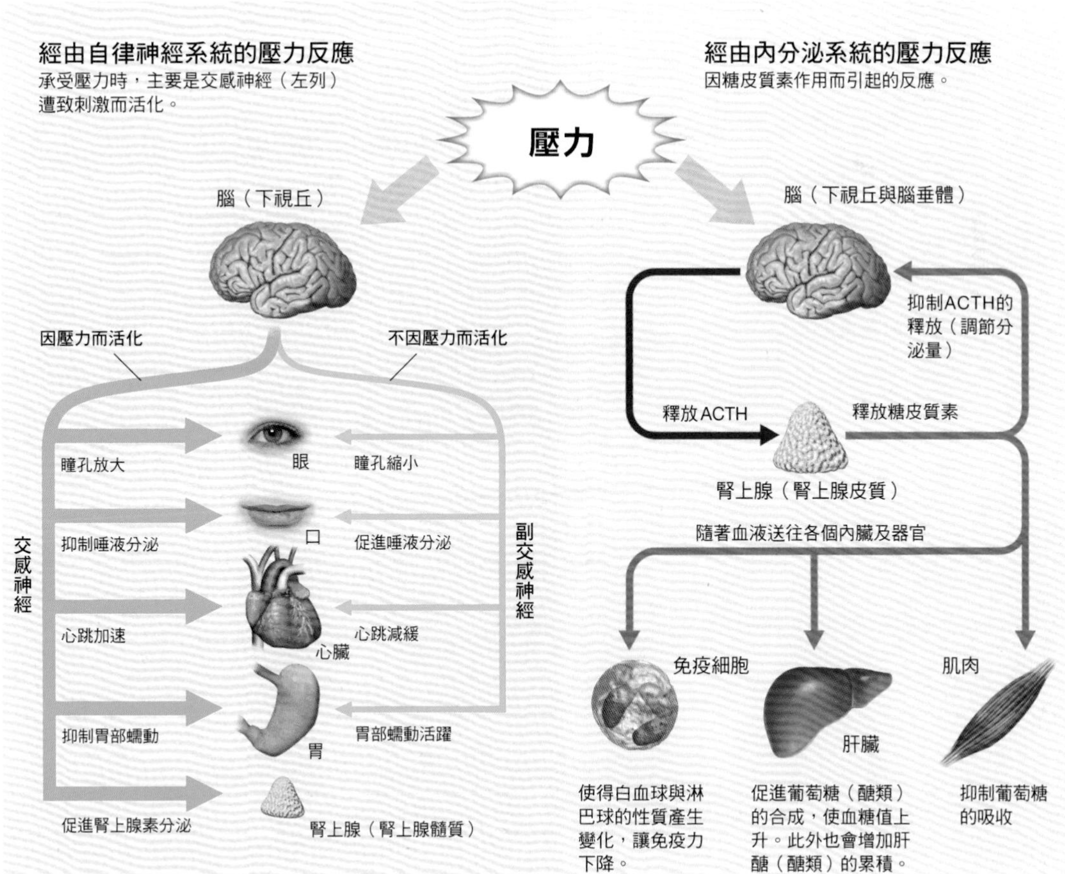

排除侵入體內異物的「免疫系統」

我們的身體隨時都暴露於滿布病原體（細菌、病毒等）與過敏原（造成過敏的花粉、灰塵等物質）的周遭環境當中。而「免疫系統」就是保護身體免於遭受這些威脅的機制。免疫可說是一種區分自我本身（自己）及異物（非自己），並加以排除的作用。

負責體內免疫的「免疫系統」，透過雙重機制防止異物入侵。第一重機制是與生俱來的「先天性免疫」（innate immunity）。先天免疫是第一道防線，主戰場在皮膚及黏膜，許多異物都可在此予以排除。

第二重機制則是「後天性免疫」（acquired immunity），能夠對付入侵體內的異物。後天免疫能夠製造免疫細胞及「抗體」，前者的作用是攻擊並破壞遭到病毒感染的細胞，後者則對特定異物（抗原）具有強大的攻擊力，能夠有效地予以排除。在後天免疫的作用下，異物很快地就從體內消失（如果是病原體，感染就不會擴大）。

導致免疫力低落的各種要素

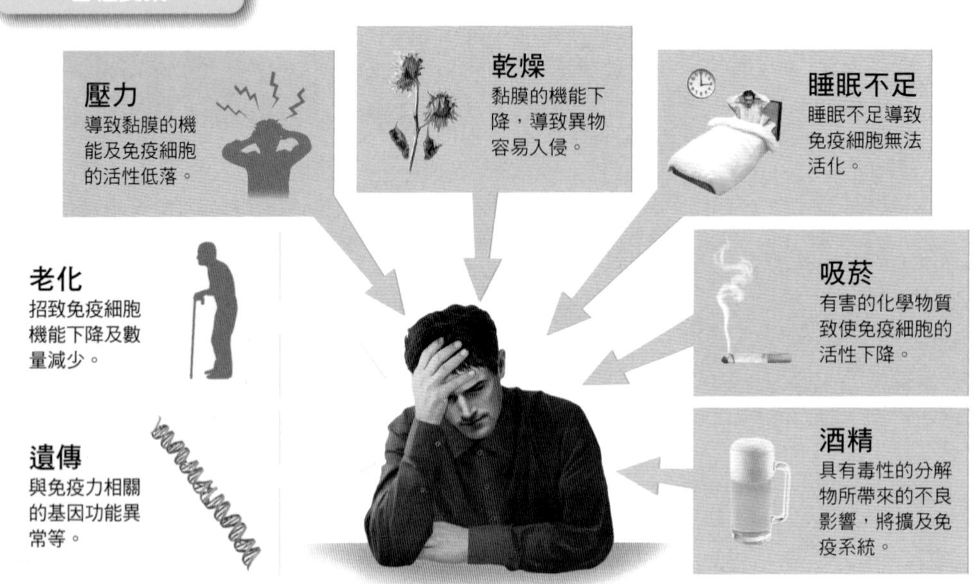

一般在生病時都會說自己「免疫力變差」。免疫力除了淋巴球等免疫細胞的能力之外，還有體力及精神等，可說是人體對抗病原體的「綜合能力」。但免疫力不是學術性的表現，很難以數值之類的方式具體表達。

在免疫系統中運作的細胞

我們以病毒侵入體內為例，來看免疫細胞的運作。活躍於先天免疫系統的是「自然殺手細胞」（NK細胞）、「嗜中性球」（一種白血球）、「樹突細胞」與「巨噬細胞」等。這些細胞一旦發現異物就會開始攻擊，將異物吞噬（phagocytic）並破壞。

而先天免疫系統無法完全防堵的病毒，就會侵入體內感染細胞。被感染的細胞成為病毒的複製工廠，釋出大量的病毒。察覺這種狀況的樹突細胞與巨噬細胞，就會在病毒感染的細胞附近釋放發炎物質。於是「B細胞」、「殺手T細胞」與「輔助T細胞」等免疫細胞就會靠近，對病毒發動總攻擊。

先天免疫系統

NK細胞
破壞遭病毒感染的細胞等。

嗜中性球
吞噬細菌與病毒，以酶及活性氧將其破壞。

樹突細胞
吞噬異物，將訊息傳遞給輔助T細胞。

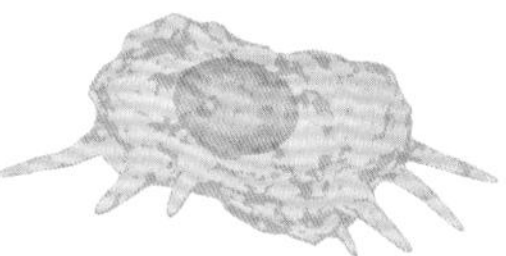

巨噬細胞
吞噬異物並消化。將異物的訊息傳遞給輔助T細胞。

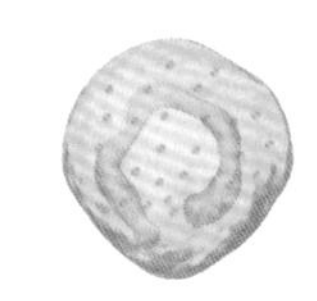

嗜酸性球
以酶攻擊寄生蟲之類的大型異物。

獲得免疫

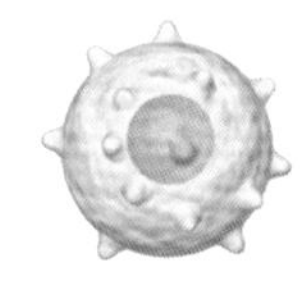

輔助T細胞
對B細胞與殺手T細胞發出攻擊指令。

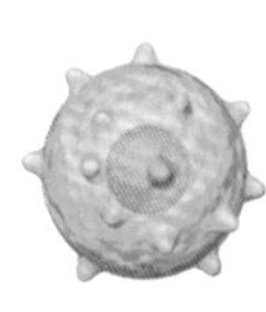

抗體

調節T細胞
在完成異物排除後，結束免疫反應。

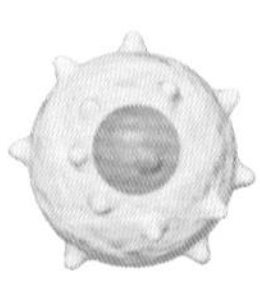

殺手T細胞
攻擊遭病毒感染的細胞，並將其破壞。

B細胞
製造抗體並予釋出。部分會記住製造出來的抗體，以便將來使用。

專欄 COLUMN

免疫細胞雖是「盟友」，但也會成為「敵人」

現代人一大致命死因的「癌症」，是種因促使細胞分裂的基因受傷，導致細胞不斷分裂，使得組織遭到破壞的疾病。在健康的人體內，正常細胞癌化並非罕見，但基本上會被免疫細胞視為「非我族類」而予以排除。

至於「過敏」（allergy）則是免疫細胞對於不會直接傷害身體之異物的過度反應。食物與金屬是廣為人知的過敏原（allergen），而花粉症與氣喘等也是過敏的一種。過敏的症狀相當多樣，有時甚至會危及性命。

病原體入侵體內所引起的疾病──「傳染病」

因病原體入侵、增殖所引起的疾病稱為「傳染病」(infectious disease)。其病因大致可分為三種，舉例來說，食物中毒與肺結核等都是由「細菌」所引起的，前者的病原是大腸菌(O-157等)，後者是結核菌(tubercle bacillus)。至於感冒與流感則是「病毒」所造成的。

細菌能夠自行增殖，病毒則不具備單獨增殖的能力，必須進入生物(宿主)的細胞才能夠增加數量，兩者的差別就在這裡。

細菌造成的疾病主要使用「抗生素」治療，抗生素能夠抑制細菌增殖，將細菌消滅。而治療病毒造成的疾病，則多半使用妨礙其增殖的「抗病毒藥物」。不過，導致食物中毒，引發腸胃炎等症狀的諾羅病毒(Norovirus)與輪狀病毒，則沒有藥物能夠有效治療，倘若感染這些病毒，就只能注意水分及營養的補給，以及緩解特定症狀(對症療法)。

那麼，從前被視為通往不治之症的「HIV」(human immunodeficiency virus，人類免疫缺乏病毒)呢？如果感染HIV病毒，將導致淋巴球減少，由於淋巴球能夠保護身體免受病原體侵害，因此淋巴球減少就會失去對抗病原體的能力。其特徵是感染之後，症狀將持續數年甚至數十年，最後「愛滋病」(後天免疫缺乏症候群)發作，身體將遭到平常不會感染的病原體侵蝕。

現在已經針對HIV開發出多種藥物。只要持續服用複數藥物(抗反轉錄病毒療法，anti-retroviral therapy，ART)，也就是俗稱的雞尾酒療法，幾乎所有的感染者都不會發病，能夠和未感染的人同樣長壽。

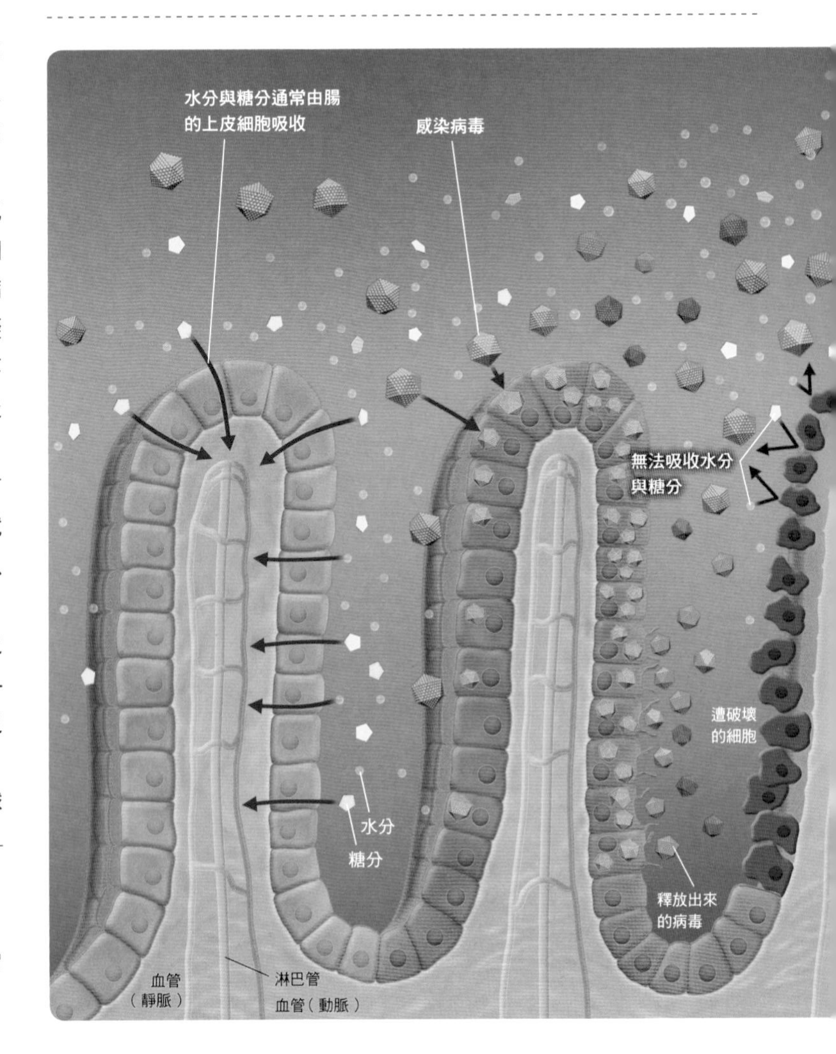

侵入小腸的諾羅病毒(→)
諾羅病毒會引發食物中毒及感染性腸胃炎，帶來嘔吐、腹瀉等症狀。

遭蚊子叮咬而導致微生物寄生體內

有些傳染病則來自於「寄生蟲」。舉例來說，如被帶有班氏絲蟲（Wuchereria bancrofti）的蚊子叮咬，就會罹患「淋巴絲蟲病」（Lymphatic filariasis）。推測其感染者有1億人以上，主要分布於開發中國家，臺灣在1960年之前有感染淋巴絲蟲病的風險，但自1958年起經由執行長期的防治計畫，目前臺灣已無淋巴絲蟲病病例。

寄生在人類淋巴管的成蟲，產下名為「幼絲蟲」的幼蟲會傷害淋巴管，導致淋巴液流動異常，這麼一來淋巴液就容易累積在身體的局部，使得局部腫脹。倘若病情持續惡化，皮膚表面就會變硬，腫脹也更顯巨大，看起來彷彿就像大象的皮膚，所以又稱為「象皮病」（elephantiasis）。

治療寄生蟲感染主要使用「驅蟲藥」。口服抗寄生蟲藥物「伊維菌素」（ivermectin）就是其中的一種。

肌肉與神經使用離子（帶正電或負電的原子）接收或傳遞來自外界的訊號，其表面有稱為「通道」的離子路徑，離子就藉由通道進出細胞內外。

通道有「門」，只有在必要時才會打開讓離子通過。平常門扉緊閉，離子無法往來細胞內外。伊維菌素能夠對幼絲蟲的「氯離子」通道發揮作用，使門扉保持開啟，這麼一來，原本應該嚴格管制的氯離子就能自由進出，導致肌肉與神經的作用變得異常，最後將使幼絲蟲死亡。

瘧疾

「瘧原蟲」（Plasmodium）乃寄生於雌瘧蚊唾液腺的微生物，一旦寄生人體就會引發傳染病「瘧疾」。瘧原蟲與蚊子的唾液一起進入人類血液，在肝臟細胞增殖約1000倍後，侵入紅血球中增殖並破壞紅血球。嚴重時將造成腦部與臟器的損傷，最壞的情況甚至會導致死亡（照片為噴灑DDT殺蟲劑驅蚊的情景）。

人們「老化」時體內會發生哪些變化

一旦上了年紀，我們身體就會出現的各種腰腿無力、皺紋與斑點愈趨明顯、耳背……等受老化所影響的現象。舉例來說，看近的時候，眼睛的水晶體就必須收縮以增加厚度，但水晶體的彈性會隨著年齡增長而變差，若無法順利對焦，這就是一般說的「老花眼」※1。至於總是想不起人事物的現象，主要是搜尋記憶的能力及專注力退化，換句話說就是腦退化所引起的。腦的老化會影響運動、感覺等全身相關的各種功能。

腦的老化主要是由「血液及養分的供給量降低」與「神經細胞的變化」所造成，而表現出來的現象就是腦容積減少（萎縮）。根據日本東北醫科藥科大學醫學院的福田寬教授等人研究，年齡造成的大腦萎縮從20多歲開始，而老化現象在灰質，尤其是大腦的「前額葉」與「側額葉」部分特別顯著※2。

另一方面，福田教授等人的研究也顯示，連結神經細胞與神經細胞的「神經纖維」束通過之處（白質，位於灰質深處）較不容易萎縮，換句話說，神經細胞之間的網路不容易減少。這或許代表即使年齡增長，神經細胞之間的訊息傳達能力也不容易退化。

※1：一般認為，水晶體周圍的「睫狀體」肌肉細胞數減少，也會加速老花眼的惡化。

※2：灰質是神經細胞密集的部位。大腦負責整合腦內各部位的資訊，掌管判斷、理解、記憶與思考。

神經細胞死亡（→）
一旦神經細胞內「Tau」這種蛋白質凝聚，養分就無法滲透到神經細胞內的每一處，最後將導致神經細胞死亡。

（↑）
神經細胞的突起減少
因神經細胞的突起（譬如突觸前端）減少或變短，導致與周圍神經細胞之間的合作力變差。

神經細胞因老化所產生的變化（→）

老人斑（沉澱於神經細胞外的β類澱粉蛋白）

β類澱粉蛋白的累積（↑）

當「β類澱粉蛋白」（amyloid β）這種蛋白質在腦內累積，並纏繞於神經細胞上，就會導致神經細胞死亡並阻礙訊息傳輸。有學者認為，這是引發阿茲海默型失智症的原因（β類澱粉蛋白假說）。

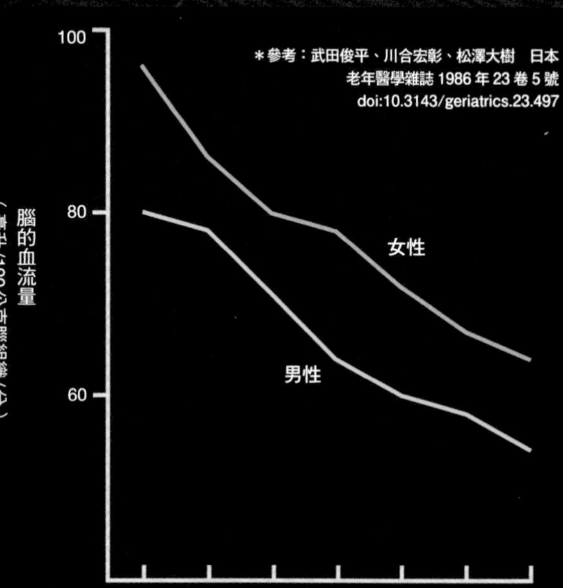

顯示20～80歲，腦的血流量如何變化的圖表。從圖中可知，無論男女，腦的血流量都隨著年齡增長而減少。

Tau

健康的神經細胞

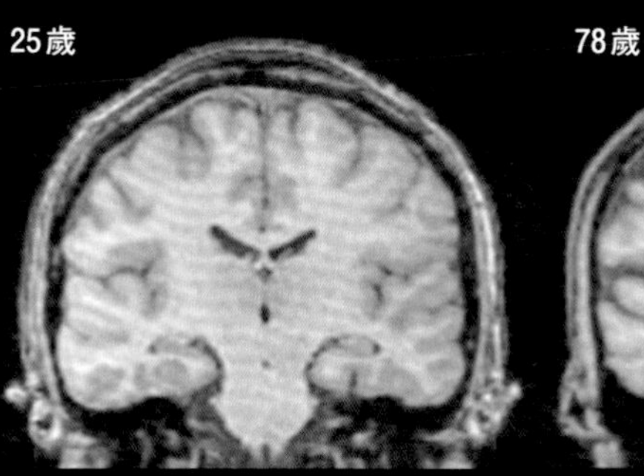

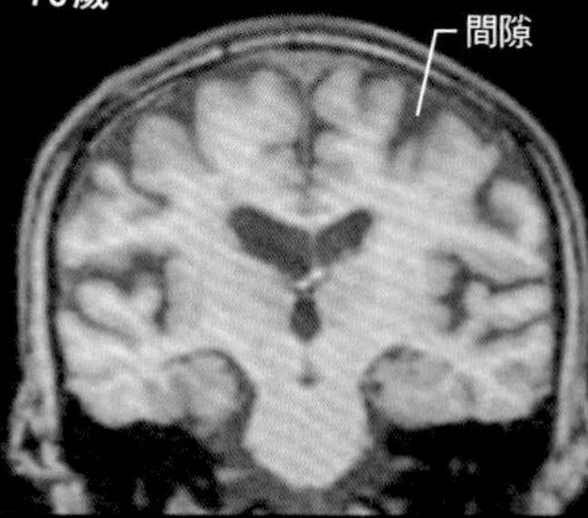

萎縮的腦

25歲與78歲的腦。由圖可知，78歲的腦間隙（黑色部分）較大，萎縮情況逐漸惡化。

＊影像提供：日本公益財團法人長壽科學振興財團　健康長壽網路「腦的形態變化」

移植人造組織的再生醫療

透過他人捐贈以恢復因事故或疾病等而失去的組織稱為「移植醫療」，而移植醫療總是得面臨捐贈者不足的問題。尤其只能由腦死患者提供的心臟移植，使得狀況更是嚴峻。

移植人造組織與細胞的「再生醫療」（regenerative medicine）就能解決這個問題。「ES細胞」（胚胎幹細胞）與「iPS細胞」（誘導性多功能幹細胞）相當於再生醫療的「捐贈者」，因此備受期待。

ES細胞是將日後發展成胎兒的受精卵（初期胚胎）分離開來，取出其內側的細胞（內細胞團），並在特別的條件下培養後所得到的物質。ES細胞能夠分化成胎盤以外的任何細胞，而且也很容易增殖，但存在著必須破壞胚胎才能培養的倫理考量，以及移植時會產生排斥反應的問題。

京都大學iPS研究所的山中伸彌教授所製作的iPS細胞，與ES細胞同樣具有高度的分化、增殖能力，而且不需要破壞胚胎就能製造，也不必擔心排斥反應，就這些點來看比ES細胞更優秀。

美國在2010年首度將ES細胞應用於臨床上※，確認ES細胞的安全性。應用的對象是伴隨下半身麻痺等現象的脊隨損傷患者，而自此之後也繼續進行數十例ES細胞的臨床應用。至於從iPS細胞製造的細胞，則在2014年進行人類移植的世界首例，移植的部位是視網膜。

ES細胞與iPS細胞的普及化不知道還要花上幾年。但實用化的那一天確實愈來愈近。

※：將基礎醫學研究發現的全新實驗方法與化學物質，當成治療法（治療藥）使用在患者身上。

iPS細胞可能改變藥物開發的既有認知

iPS細胞幾乎會無限增殖，因此能夠取得許多特定組織的細胞。這麼一來，藥品開發就能使用「真正的」人類細胞進行實驗。日本武田藥品工業在2015年4月決定與京都大學iPS細胞研究所一起進行長達10年的共同研究（下為示意照）。

ES細胞的使用範例

臨床上應用ES細胞的身體部位範例。ES細胞的臨床應用案例多半是視網膜的疾病。無論哪種情況，都要先將ES細胞培養成各個患者所需的細胞或前一階段的細胞後再移植。

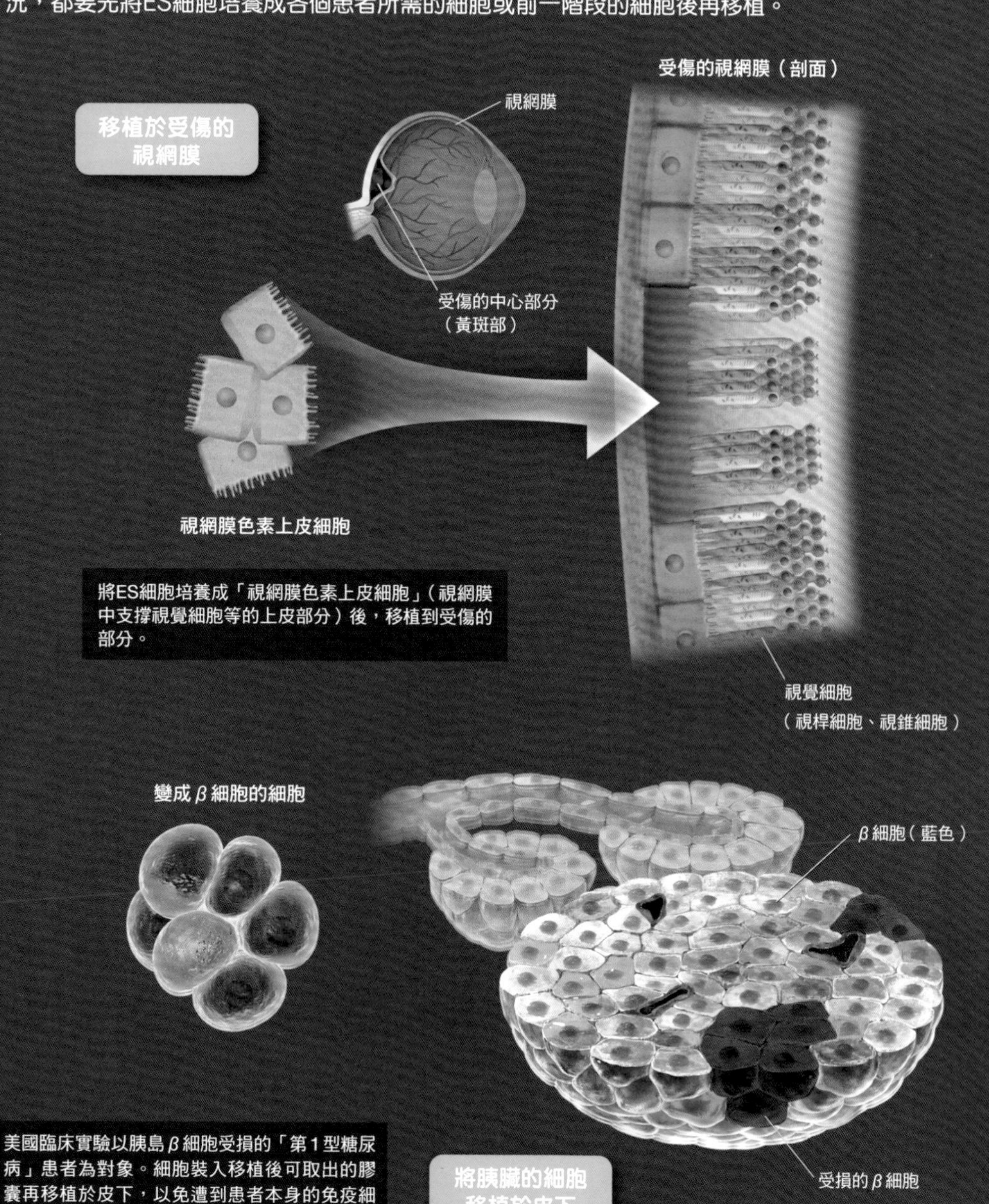

COLUMN

我們感覺到的「疼痛」是來自哪裡的呢？

當紙的邊緣割到手指時或熱水噴濺到臉上時，我們會感覺到「疼痛」。這樣的疼痛感是來自哪裡呢？

痛感有兩大要素，分別是對於刺激程度與來源的「認知」，以及痛苦、難受等不舒服的「情緒」波動。而目前已經知道，這兩種要素分別產生自大腦不同的部位。

身體表面的皮膚下方分布著神經，當這些神經接收到刺激，其訊號就會由感覺神經傳給脊髓（後角，posterior horn）。這麼一來，神經末端就會釋出神經傳導物質，將訊號傳到位在脊髓的感覺神經※。

這些訊號經由大腦深處的視丘輸送到「傳達認知的神經」與「傳達情緒的神經」。前者的訊號抵達「大腦皮質」(cerebral cortex）的感知區，使我們感覺到受傷的部位與傷口深度，至於後者的訊號則抵達「大腦邊緣系統」(limbic system)，與過去經歷過的疼痛記憶進行對照，產生不舒服的情緒。

因受傷或疾病引發且逐漸消失的「急性疼痛」

身體組織會因為受傷或生病等而損壞，或因受刺激而感到疼痛，當這些原因「解除」後，疼痛也跟著消失，這樣的疼痛稱為「急性疼痛」。本

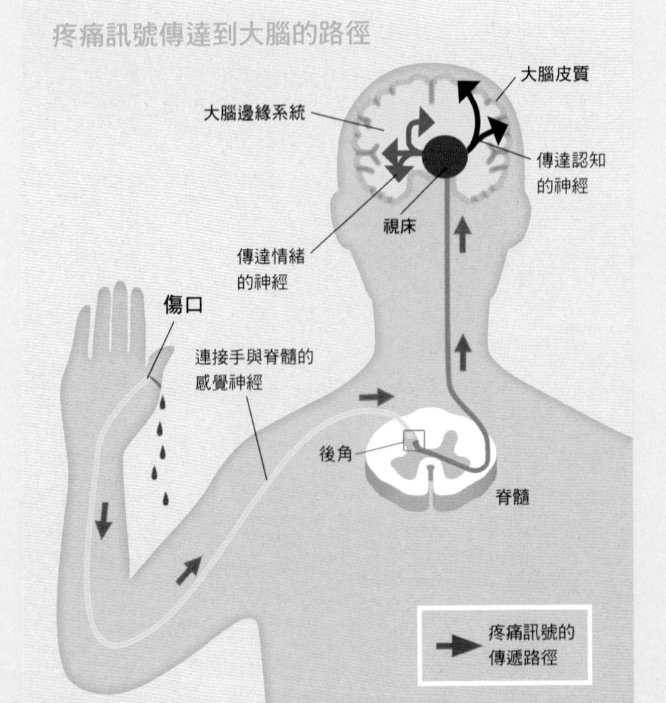

單元最一開始舉的例子或是感冒的喉嚨腫痛（發炎），都屬於急性疼痛的一種。急性疼痛作為通知我們體內發生異常變化的「警告系統」，扮演非常重要的角色，只要使用一般的消炎鎮痛藥（也就是止痛藥）就能改善。

有些疼痛在原因（受傷或生病等）解除後也依然持續，這樣的「慢性疼痛」不具備警告系統的作用，疼痛本身已經成為「疾病」，因此止痛藥無法發揮效果，必須對症下藥或進行治療。

人體也有抑制疼痛的機制

其實人體也具備抑制疼痛的機制。舉例來說，大家應該常聽說比賽時的拳手即使遭拳頭擊中也沒有任何感覺，但在比賽結束後卻感受到強烈的疼痛。這是由於交感神經因亢奮而處於優勢，分泌「腎上腺素」與讓人不容易感受疼痛的「內源性類鴉片」（endogenous opioid）物質，使得辨識疼痛的能力鈍化。

此外，搓揉疼痛部位的行為，也能有效抑制疼痛。這是因為這樣做可達到在疼痛刺激傳到脊髓之前就封閉其傳達路徑的效果。想必很多人還記得小時候大人會說：「痛痛、痛痛飛走吧！」來安慰還年幼的你我，這樣的做法其實還算合理。

※：臉部或下巴遭受到的疼痛（刺激訊號），會經三叉神經節與三叉神經脊髓徑核（延髓）傳抵視丘。

我們透過多種疼痛的經驗，知道何種行為會帶來危險，也就是說自然學會「保護自身身體的方法」。

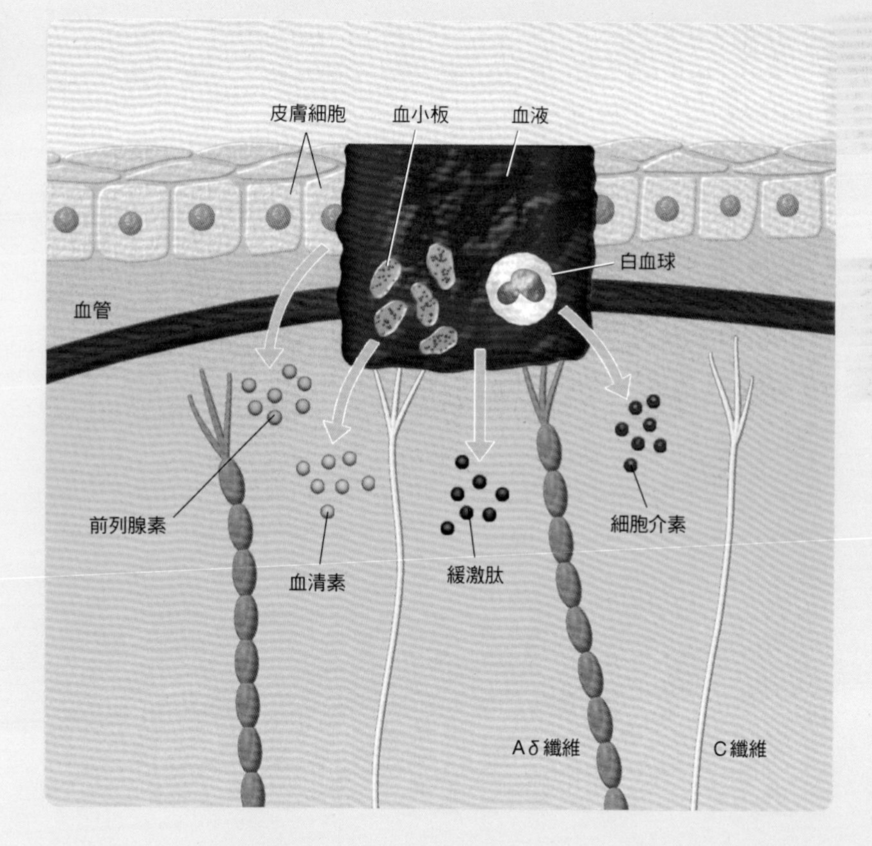

(↑)受傷時的傷口

傷口與感覺神經放大圖。皮膚下方分布著「Aδ纖維」與「C纖維」等感覺神經。當皮膚受傷導致血管破裂時，血液就從破裂處溢出。血液及受傷的組織會釋出誘發疼痛的「緩激肽」（bradykinin），血小板及白血球則放出「血清素」與「細胞介素」（cytokine）。至於損傷的皮膚細胞，則釋出有助於感覺神經更容易接收誘發疼痛的物質 ──「前列腺素」（prostaglandin）。感覺神經接收這些物質並傳遞到大腦，因而產生疼痛感。

5
地球科學
Logical explanation of Earth

大約歷經46億年的今日地球樣貌

距今大約46億年前，太陽系在銀河的一隅形成。核融合之火在太陽裡點燃，圍繞著太陽的星塵聚集起來，成為直徑約數公里至十公里的微行星。100億顆微行星（planetesimal）彼此反覆地結合、碰撞，最後形成了許多火星大小的原始行星。這些原始行星不斷地發生大碰撞（giant impact），推測地球就是因此而誕生。

大氣中的水蒸氣凝結成雨滴落在地表，形成海洋，最初的生命就在大約40億年前於海

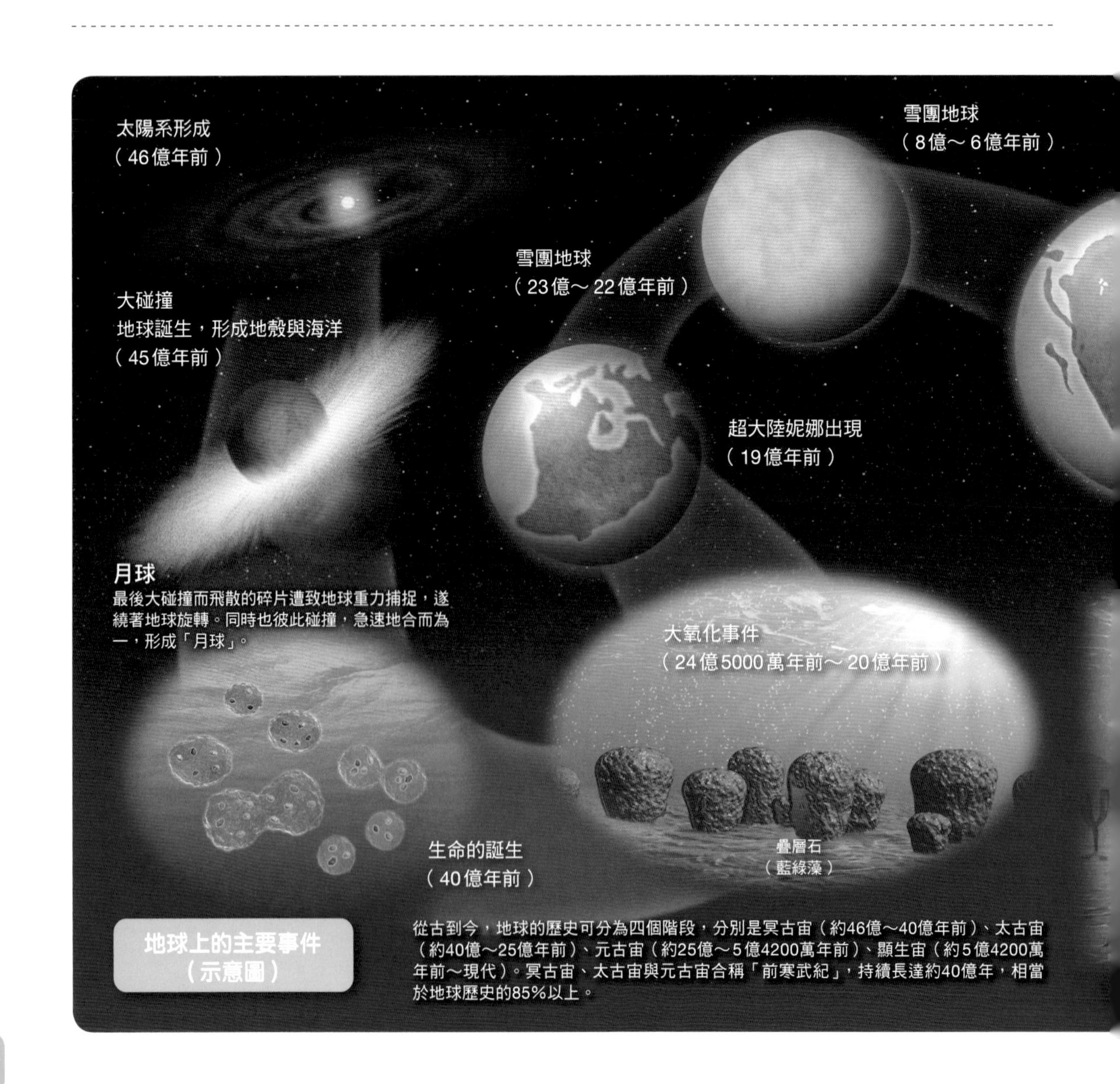

地球上的主要事件（示意圖）

從古到今，地球的歷史可分為四個階段，分別是冥古宙（約46億～40億年前）、太古宙（約40億～25億年前）、元古宙（約25億～5億4200萬年前）、顯生宙（約5億4200萬年前～現代）。冥古宙、太古宙與元古宙合稱「前寒武紀」，持續長達約40億年，相當於地球歷史的85%以上。

中誕生。

30億年前左右，海裡出現進行光合作用的生物，開始製造出大量的氧。當時的大氣之中完全沒有氧，直到約20億年前，大氣中的氧氣濃度終於上升到現在的100分之1。

約23億至22億年前，以及約8億至6億年前，整個地球兩度變得極端寒冷。這個大事件稱為「雪團地球說」(snowball Earth)。

冰雪融化之後，地球上充滿了生命。而後歷經5次的大滅絕，逐漸形成延續至今的生態系。附帶一提，「猿人」這最古老的人類出現在距今700萬年前。至於現代人種「智人」(homo sapiens)的出現，則只有短短約20萬年。

最初的生命是如何誕生的

「生命誕生以前，地球上存在作為生命材料的有機化合物」。最早提出這個說法的是蘇聯生化學家歐帕林（Aleksandr Oparin，1894～1980）。在莫斯科大學擔任教授的歐帕林，於1936年將自己的學說整理成著作《生命的起源》（*The Origin of Life on the Earth*）出版。有機化合物由無機化合物合成出來的說法，在不久之後得到證實，歐帕林的學說於是獲得廣泛的支持。

《生命的起源》也假設原始生命從有機化合物而來的誕生過程。生命誕生時，最先形成的應該是生命的邊界「膜」。歐帕林主張，磷脂（卵磷脂等）與蛋白質（明膠）混合而成的物質，在水中製造出稱為「凝聚層」（coacervate）的微小球體，這就是原始的生命（細胞）形式。

然而，作為生命原料的有機化合物是如何在地球上出現的，以及初期的生命又是如何從有機化合物及水中誕生的，這些謎團都尚未完全解開。

海底白煙囪。溫度比黑色的「海底黑煙囪」低，此處有可能發生各種化學反應，製造出複雜的有機化合物。

海底熱泉

海底熱泉

也有一說認為，噴出高溫熱水的深海熱泉噴口乃原始生命的誕生地。這是因為深海熱泉具備許多可能有助於生命誕生的特質，譬如擁有「熱」這個能源，並且蘊藏著豐富的甲烷與氨，能夠成為蛋白質與核酸的材料等。

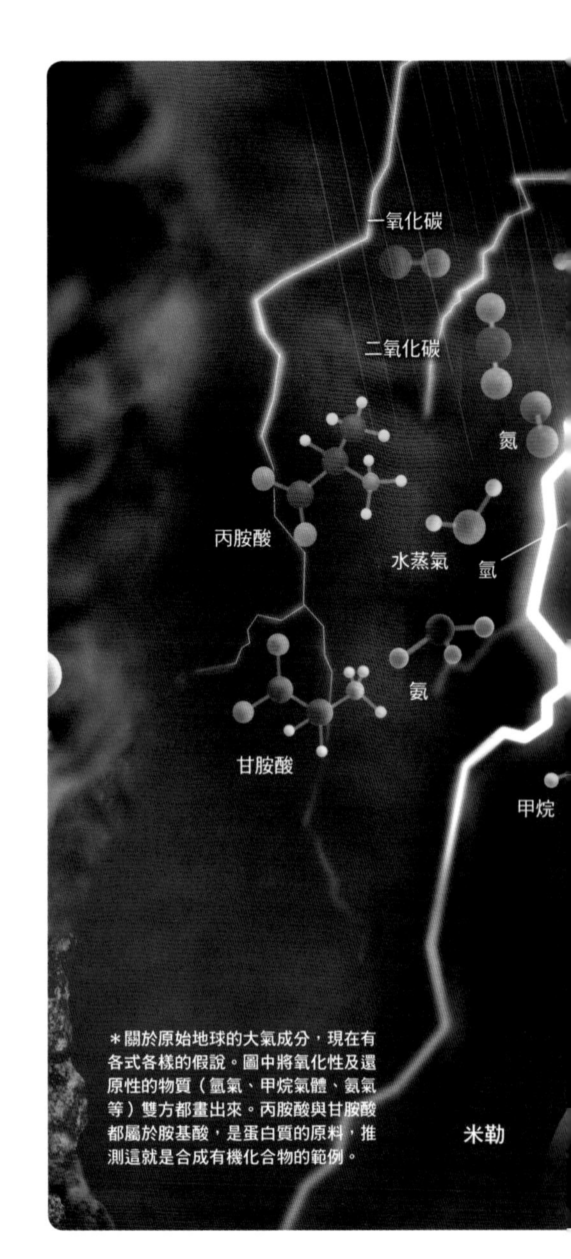

＊關於原始地球的大氣成分，現在有各式各樣的假說。圖中將氧化性及還原性的物質（氫氣、甲烷氣體、氨氣等）雙方都畫出來。丙胺酸與甘胺酸都屬於胺基酸，是蛋白質的原料，推測這就是合成有機化合物的範例。

從無機化合物製造出有機化合物（↓）

1953年，芝加哥大學研究生米勒（Stanley L. Miller，1930～2007）將當時推測是原始地球大氣成分的氫氣、甲烷氣體、氨氣、水蒸氣（模擬雨水）灌滿裝置，並使用鎢電極朝此裝置放電（模擬雷電等強烈的能量）。於是在相當「原子海」的實驗裝置水中，合成出了胺基酸、糖、鹼基核酸之類的有機化合物。後來有許多研究者複製米勒實驗，證實幾乎所有基本的有機化合物都能在實驗裝置中合成。

然而後來認為，原始地球的大氣成分應該更偏向一氧化碳、二氧化碳、氮氣等氧化性物質（含有氧原子的物質）。研究者將大氣成分變更為氧化性的物質後再度進行米勒的實驗，結果合成出來的有機化合物變得非常少。如此一來，有人因而認為，生命誕生必要的有機化合物無法從原始地球的大氣成分中合成。

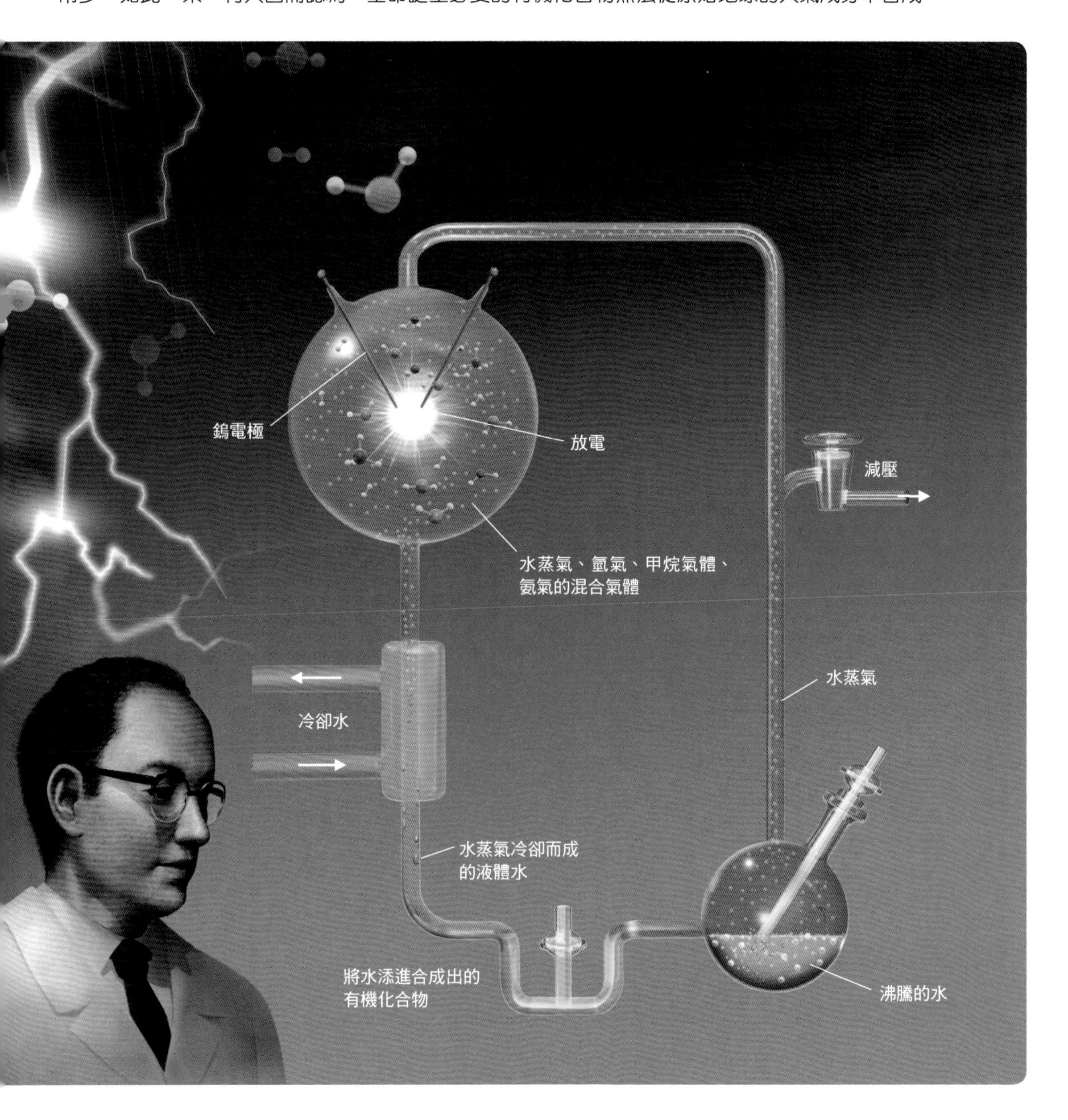

隨著板塊一起移動的「大陸」

1910年的某一天，德國氣象學家韋格納（Alfred Wegener，1880～1930）看著世界地圖發現了一件事情。他覺得南美大陸東岸與非洲大陸西岸的海岸線形狀極為相似，似乎可以像拼圖一樣湊在一起。

韋格納收集了100多種證據，在1912年發表「大陸漂移說」，認為地球上的所有大陸過去全都聚集在一處。然而這個學說在當時並未獲

大陸漂移學說

韋格納收集動物、植物、冰河、地形、岩石分布等多樣化的證據，企圖證明合而為一的超級巨型陸塊「盤古大陸」（Pangaea）曾經存在。

得研究者的支持。因為當時並不清楚龐然巨大的陸地為何會移動，且又是如何移動的。

到了1960年代，透過對海底岩石遺留磁力等的研究，發現海底正在擴大。因此，大陸漂移說一躍成為目光焦點，並逐漸發展成「板塊構造學說」（plate tectonics）。

根據板塊構造學說，大陸位於板塊（岩盤）之上，並隨著板塊一起移動。現在經由觀測發現，板塊每年大約以數公分至10公分的速度移動著。

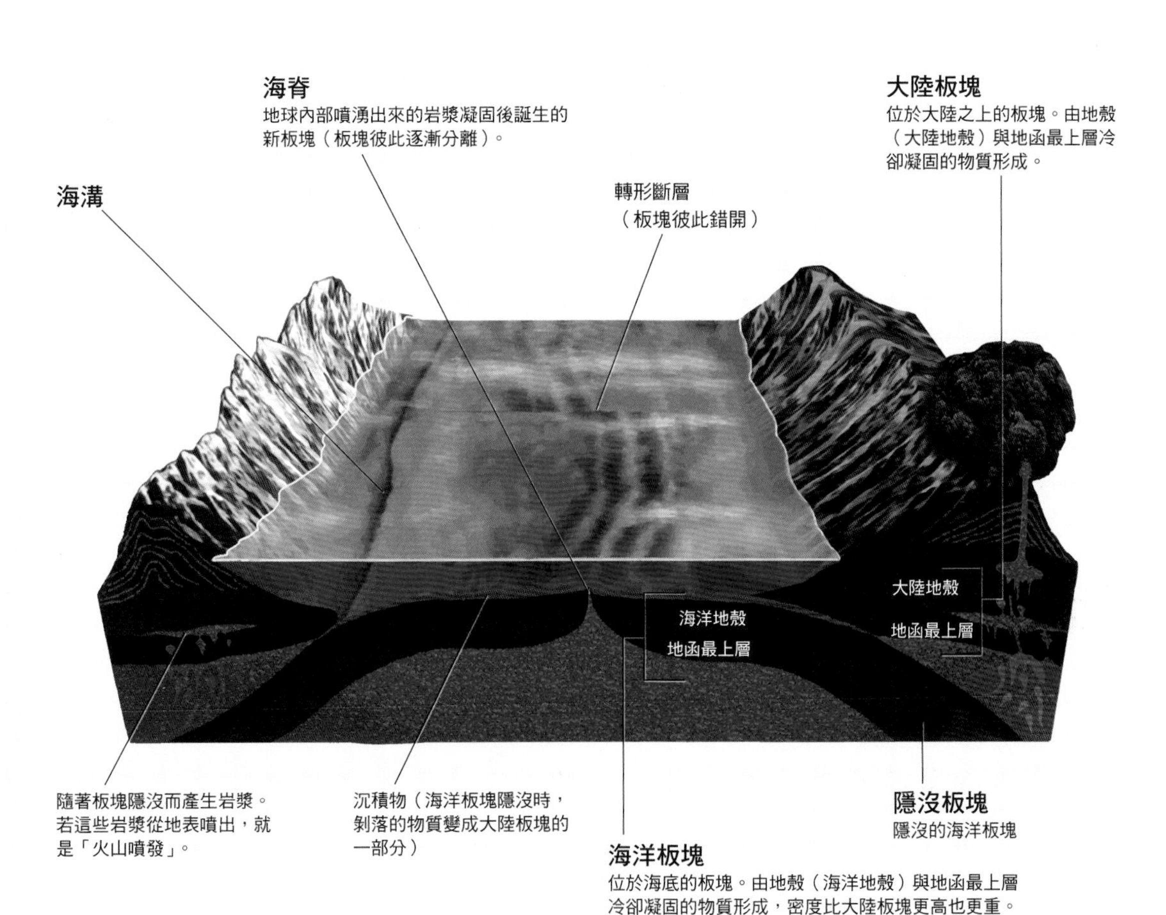

板塊的邊界與移動

地球表面覆蓋著十幾片板狀的堅硬岩盤，稱為「板塊」（plate）。海洋板塊的厚度約30～90公里，大陸板塊則約100公里。

板塊在海底生成，以每年數公分的速度移動。移動的方向各不相同，因此板塊會彼此碰撞。在板塊彼此碰撞的地方（隱沒帶，subduction zone），其中一方板塊會沉到另一方板塊之下，形成所謂「海溝」（trench）的深溝（若隱沒的板塊上方有大陸，則大陸就會隆起，形成高聳的山脈）。

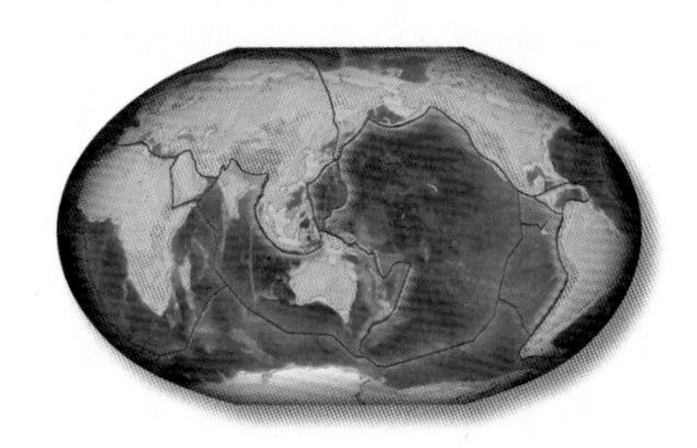

推動板塊與大地的「超級地函柱」

根據板塊構造論，大陸約以4～5億年為間隔，不斷地重複分裂與合併的過程。那麼板塊為什麼會形成超大陸（地球上的多塊大陸聚集在一起所形成的巨型陸塊，supercontinent），又為什麼會被分裂而移動呢？

如果大陸與大陸之間存在著隱沒帶，板塊上的大陸彼此之間的距離就會愈來愈短，最後將碰撞且合併，使得板塊無法再繼續隱沒，大陸之間存在的隱沒帶於是消失。推測超大陸就在這樣不斷重複的過程當中誕生（下圖**A**）。

而超大陸本身具有「棉被」的作用，能夠避免地球內部的溫度逸散。大陸下方的地函物質因此而變熱，也變得容易對流。此外，超大陸靠海的那一側形成了新的隱沒帶，板塊從超大陸的兩側隱沒，沉入地函底下。結果高溫的「地核／地函邊界物質」在超大陸的正下方聚集，在地球內部生成高溫的地函物質上升流（超級地函柱，superplume）。大地因超級地函柱而裂開，超大陸於是再次分裂（**B**）。

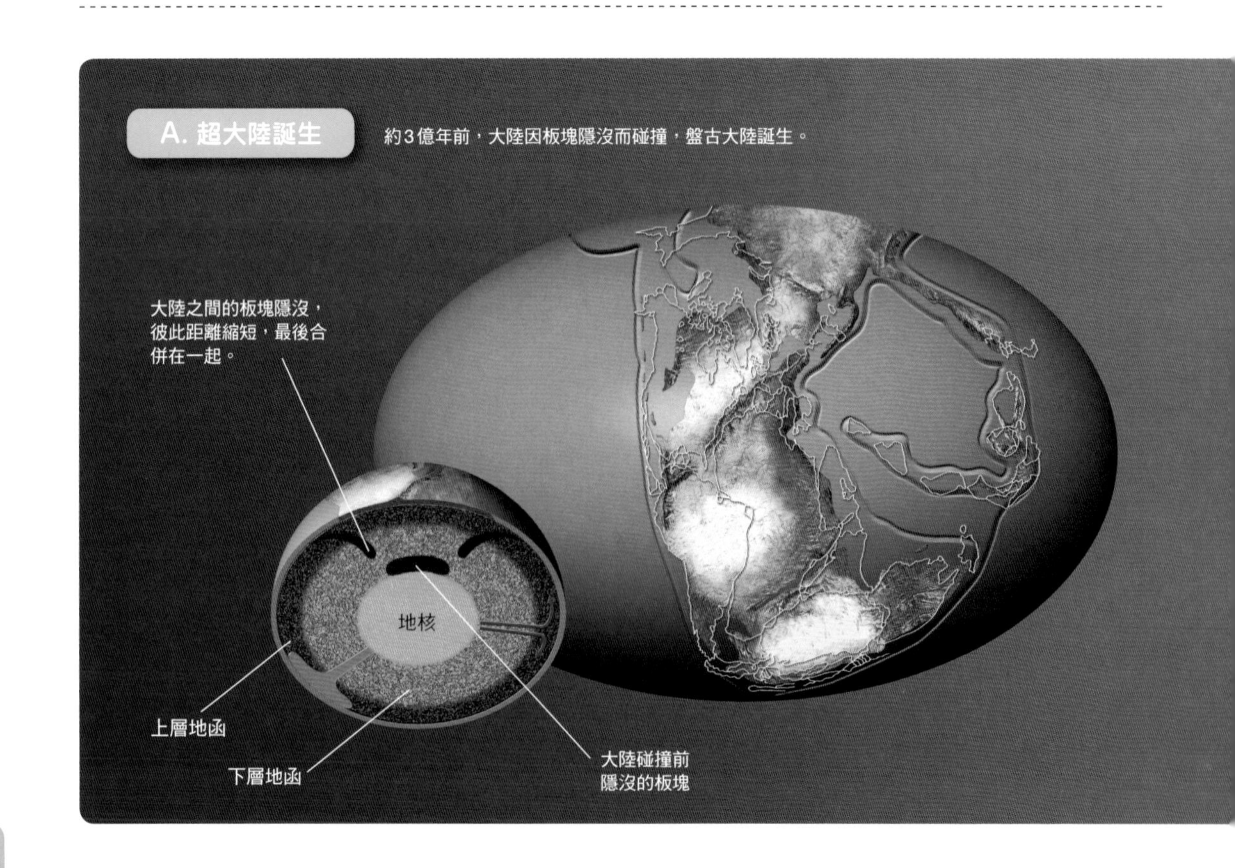

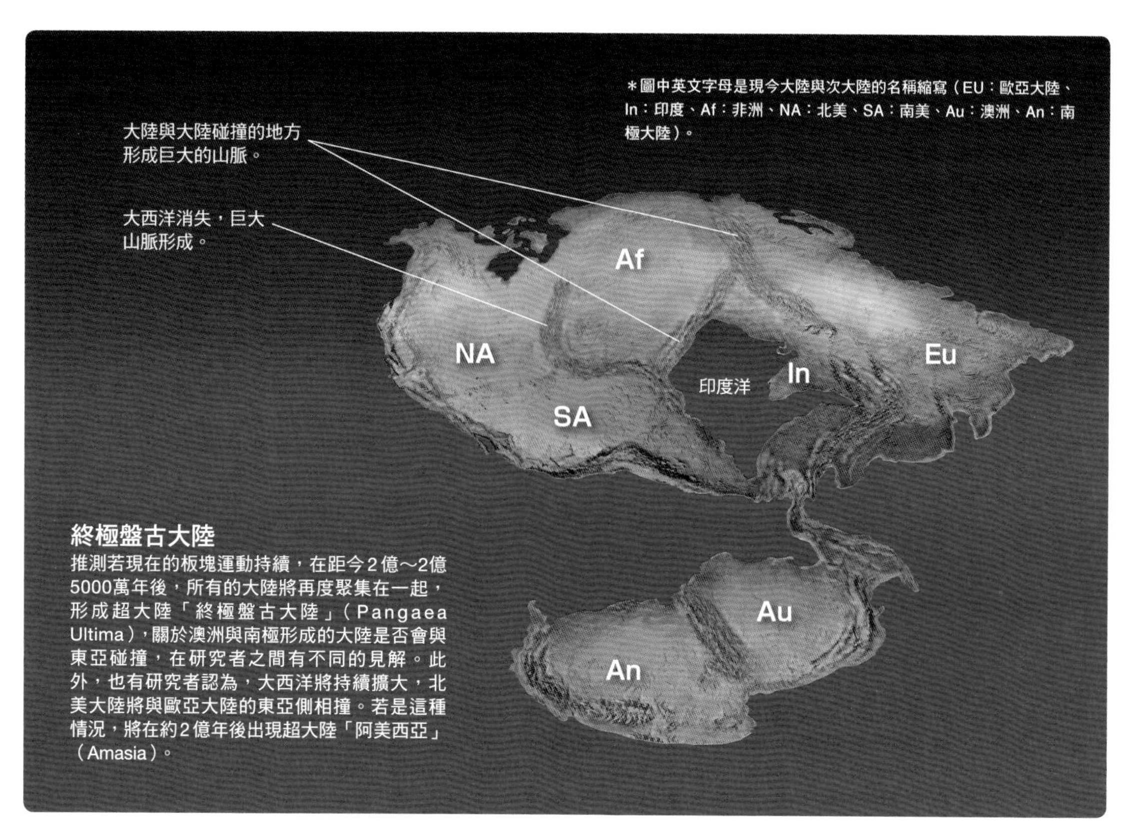

終極盤古大陸

推測若現在的板塊運動持續，在距今2億～2億5000萬年後，所有的大陸將再度聚集在一起，形成超大陸「終極盤古大陸」（Pangaea Ultima），關於澳洲與南極形成的大陸是否會與東亞碰撞，在研究者之間有不同的見解。此外，也有研究者認為，大西洋將持續擴大，北美大陸將與歐亞大陸的東亞側相撞。若是這種情況，將在約2億年後出現超大陸「阿美西亞」（Amasia）。

B. 超大陸分裂

從地球內部湧上來的岩漿，在超級地函柱出現之處冷卻凝固，形成新的板塊。像這樣的「地塹」最後將沉入海中成為「海脊」，大陸彼此逐漸分離（圖為1億5200萬年前的情景）。

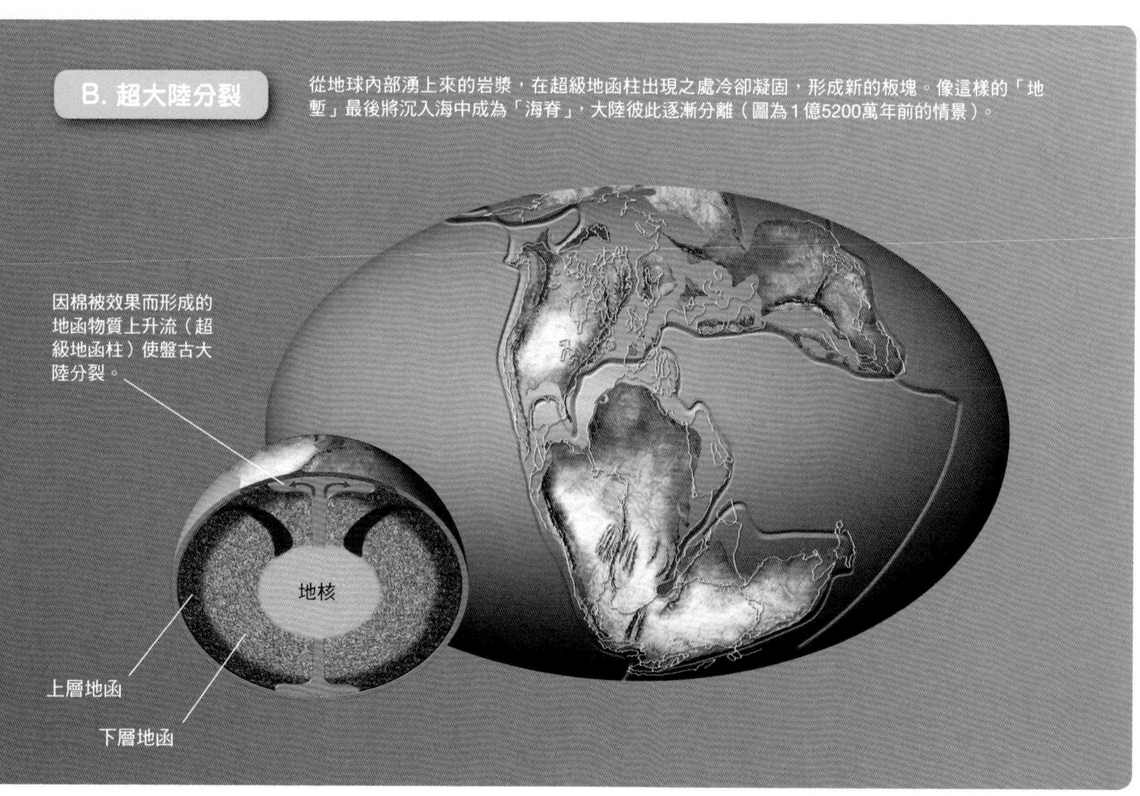

板塊邊界常見的「地震」與「火山」

現在已經知道板塊彼此碰撞的地方（隱沒帶）會發生地震。像這種「板塊邊界型地震」，經常是整個地球在100年間只會發生數次的規模。譬如日本311大地震（2011年，M9.0）或智利大地震（1960年，M9.5）就屬於這種類型。

此外，當其中一方的板塊隱沒到另一方板塊之下時，水也會隨著板塊一起隱沒而形成

各種地震類型

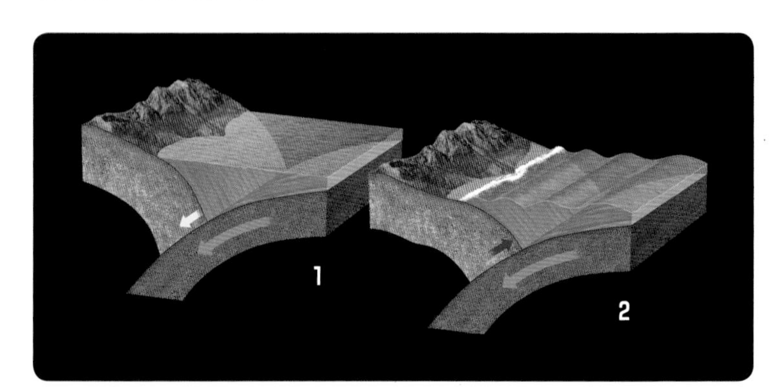

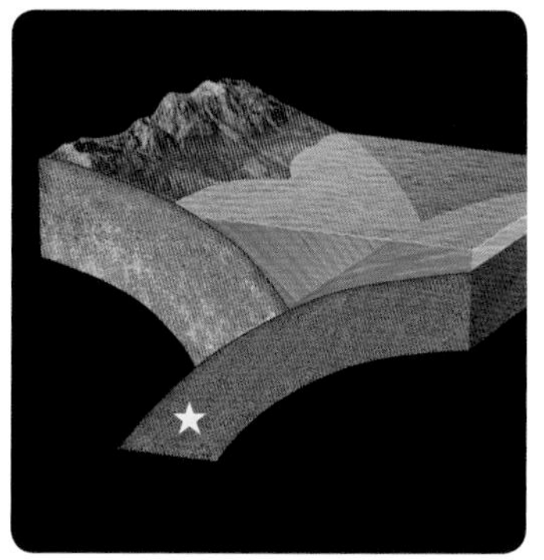

板塊邊界型地震
海洋板塊隱沒到大陸板塊下方，而大陸板塊也被一起拖下去（**1**）。當超過極限時，大陸板塊會因為想要恢復原狀而回彈，於是就會發生地震（**2**）。311大地震與觀測史上最大規模的智利大地震都屬於這種類型。

隱沒板塊內地震
隱沒的海洋板塊內部破裂而在深0～700公里處發生地震。雖然多數都很微弱，但有時規模也會很大。

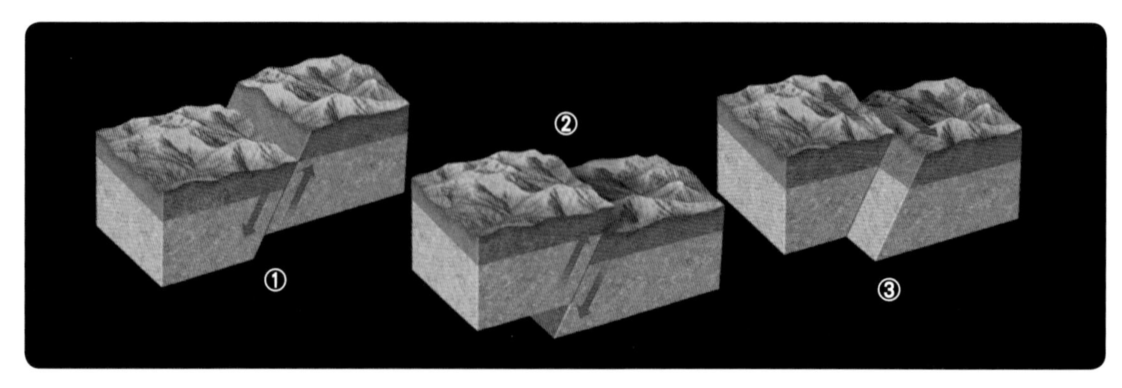

內陸地震
當某個板塊承受來自其他板塊的力量時，就會在板塊內部較淺的部分形成斷層（地底堅固岩層中的「裂痕」）。地震就因斷層的錯動而發生。

①正斷層
其中一方板塊沿著斷層邊界滑落。

②逆斷層
其中一方板塊沿著斷層邊界推擠到另一方板塊之上。

③橫移斷層
斷層的邊界沿著水平方向錯開。

岩漿。岩漿在地表附近累積，形成「岩漿庫」，若岩漿庫的壓力因某些因素而上升（或壓力減少形成泡沫），就會發生火山爆發。

火山爆發也經常會出現在地塹或海脊等板塊彼此分離的地方（參考第135頁與第137頁）。非洲大陸東部的「東非大縱谷」，就是寬35～100公里，長度超過6000公里的極大規模地塹，附近分布著許多火山，譬如非洲大陸最高峰，同時也是知名咖啡豆產地的「吉力馬札羅山」。

＊除了本單元介紹的機制之外，地震與火山還有一些其他機制。

深具日本象徵意義的富士山，就是座曾多次噴發的火山。根據現今的研究，富士山過去曾噴出約500立方公里的熔岩。這個量是琵琶湖蓄水量的18倍。

循環不息的地球大氣

氣體與液體如果有溫差就會發生「對流」。英國的氣象學家哈德雷（George Hadley，1685～1768）將注意力擺在對流現象與赤道及極地（南北極），認為這兩個區域之間存在著大氣循環。然而，大氣氣流受到「科氏力※」（Coriolis force）影響，實際狀況更加複雜，目前推測的循環模式如下。

在低緯度地區，赤道形成的上升氣流往南北流動，一旦抵達緯度20～30度附近，部分的空氣就會因冷卻而沉降，再度吹往赤道，形成循環。由於大氣的氣流受科氏力影響而轉彎，於是就在北半球的地表附近形成東北風，在南半球形成東南風，稱為「貿易風」（trade wind）。

赤道的上升氣流有些抵達中緯度地區後，同時受科氏力影響，幾乎吹向正東方，形成東西方向繞地球一周的「偏西風」。至於在極地冷卻的空氣則會沉降，在地表朝著中緯度方向吹。這些空氣也會受科氏力影響，無論在北半球還是南半球，都會形成朝著偏東方吹的「極地東風」。

※：受地球自轉影響，北半球物體的前進方向會比原本還要偏向右邊（南半球則偏向左邊），引發這種現象的力就是科氏力。

專欄 COLUMN 對流現象

倒入茶杯裡的熱水，在水面以及接觸杯側的部分，會因為冷卻而變得密度較大（較重），形成沉降流。如此一來，原本在茶杯底部的熱水（溫度高於沉降的熱水），就會受擠壓而形成上升流，這就是「對流現象」（convection）。在地球內部，地函物質的緩慢對流被視為板塊移動的原動力，而地表的大氣也發生同樣的現象。相對較暖、較輕的空氣形成上升氣流（低氣壓），至於在上空冷卻變重的空氣，則在其他地方形成沉降氣流（高氣壓）。朝地表沉降的空氣無處可去，只好流向氣壓低的地方。就這樣，溫差帶來氣壓，使大氣流動。

偏西風將溫暖的氣流帶到北方，將寒冷的氣流運到南方（南半球則相反）。舉例來說，從歐洲（倫敦）飛往日本（東京）的班機，就利用偏西風縮短飛行時間，比反方向縮短約1個小時。

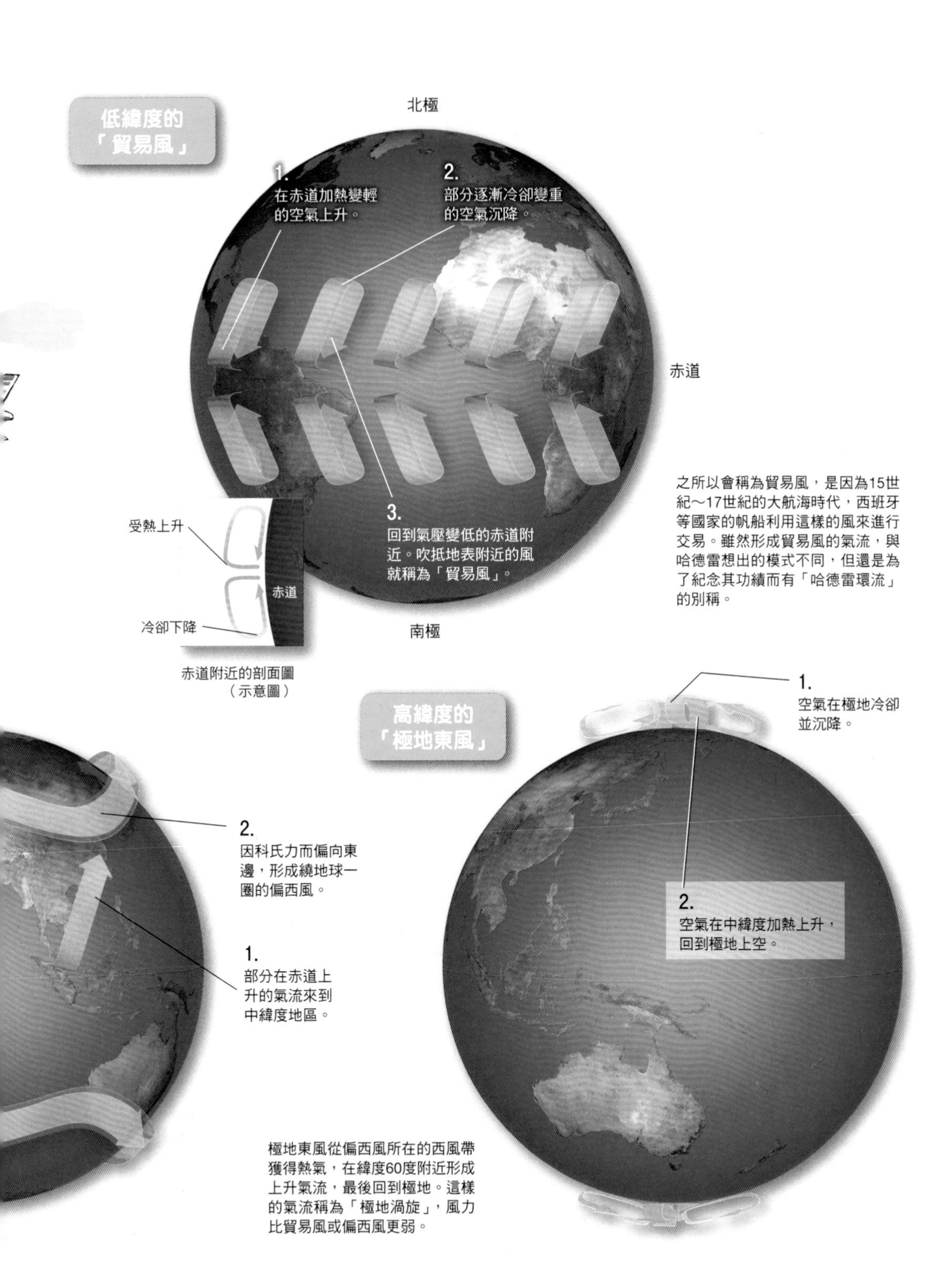

之所以會稱為貿易風，是因為15世紀～17世紀的大航海時代，西班牙等國家的帆船利用這樣的風來進行交易。雖然形成貿易風的氣流，與哈德雷想出的模式不同，但還是為了紀念其功績而有「哈德雷環流」的別稱。

極地東風從偏西風所在的西風帶獲得熱氣，在緯度60度附近形成上升氣流，最後回到極地。這樣的氣流稱為「極地渦旋」，風力比貿易風或偏西風更弱。

為地球環境帶來重大影響的「洋流」

海水在地球上大規模循環。表面附近的洋流（表層洋流）主要是由貿易風與偏西風等方向大致固定的風所生成，平均速度約秒速10公分。

然而風向與表層海水的流向並不一致。這是因為海水的流向因科氏力而轉彎，使得表層的海水發生與風向呈直角方向的「艾克曼輸送」（Ekman transport）。

如此一來，表層的海水就收斂到大洋的中心，形成大循環（北半球順時針，南半球逆時針）。這樣的循環稱為「風成環流」（wind-driven circulation）。附帶一提，風的影響範圍只到深度數百公尺處。

另一方面，海水中還有從表層向下移動到數千公尺的深層（深海），再從深層移動到表層的洋流，我們稱之為「溫鹽環流」（thermohaline circulation）。在北大西洋北部與南極近海，因大氣而冷卻變重的海水沉降到深處，經由南極大陸往東環繞，湧上印度洋與太平洋的表層。而即使緯度相同，也有一些地方的海水會沉降，有些則不會，這可能是受到鹽分高低影響。鹽分愈高，海水就愈重，愈容易沉降。

沉入深層的海水（深層洋流）緩緩地在全世界移動，其速度約為秒速1公分，只有表層洋流平均速度的10分之1。深層洋流緩緩流過各大洋的海底時，被上方溫度稍高的海水加熱，密度逐漸變小，於是漸漸回到表層附近。

洋流搬運熱與物質影響地球環境

海水在低緯度地區從大氣奪走熱量，在高緯度地區則將熱量釋放到大氣當中。換句話說，洋流在地球上循環的同時也搬運熱

風成環流

表層的海水在大洋中循環。比較洋流與水溫分布，就會發現洋流推著溫暖或寒冷的海水流動，對水溫分布帶來影響。

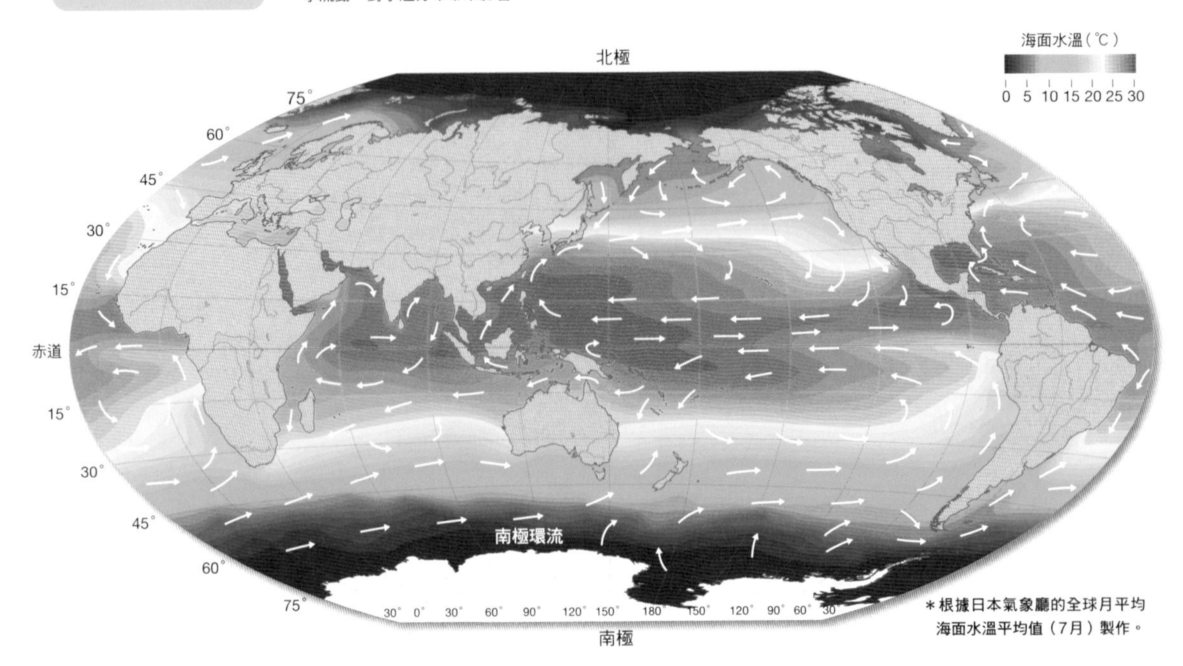

＊根據日本氣象廳的全球月平均海面水溫平均值（7月）製作。

量，扮演將低緯度地區冷卻，為高緯度地區加溫的角色。

從上空空氣奪走熱量的洋流稱為「寒流」，帶給上空空氣熱量的洋流則稱為「暖流」。

寒流多半從高緯度地區流向低緯度地區。此外，浮游生物的屍體從表層沉降並被分解，因此含有豐富的養分，能夠供給生物許多營養。

至於暖流則缺乏養分（赤道正下方除外），多半在中、低緯度地方流動。

各位或許會覺得暖流的重要性比寒流低，但暖流也扮演著維持海洋生態系統的角色。在寒流與暖流交會的地方，營養與溫度兩大條件兼具。許多浮游生物在水溫愈高的地方愈容易成長，因此在這樣的海域，浮游生物就會爆炸性地增加。一旦浮游生物變多，以浮游生物為餌食的小型魚類，以及吃小型魚類的大型魚類也會大量繁殖。

事實上，世界上許多寒、暖流交會之處都是絕佳的漁場，親潮與黑潮交會的日本東北地方三陸海域就是其中之一。

（↑）顯示全球的主要洋流。橘色是暖流，藍色是寒流。除了大氣循環與洋流之外，再加上山脈與地形的影響，這些因素所形成的就是「氣候」。

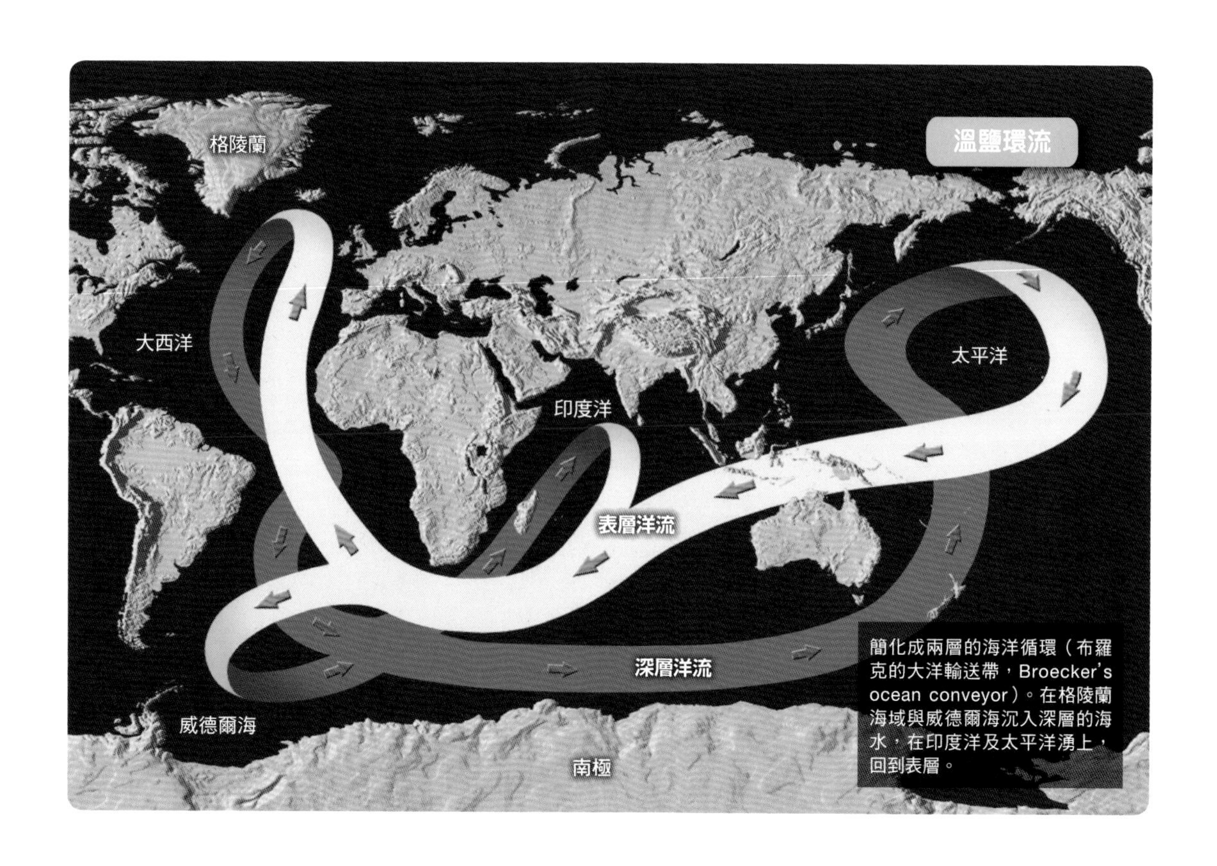

簡化成兩層的海洋循環（布羅克的大洋輸送帶，Broecker's ocean conveyor）。在格陵蘭海域與威德爾海沉入深層的海水，在印度洋及太平洋湧上，回到表層。

地球的氣溫取決於三大要素

地球表面的溫度取決於三大要素，分別是「太陽輻射」、「太陽輻射的反射比例」（地球的反射率）以及「溫室效應」。

太陽輻射就是太陽光。抵達地球的太陽能量中，約7成用來溫暖地表與大氣，其餘的則因雲及地表（包含雪及冰河）反射，釋放到宇宙當中。

地球從太陽接收能量後，基本上會將同等的能量釋回宇宙（地球輻射）。地球輻射永遠與太陽輻射相抵消，因此地球的氣溫基本上維持一定。

若單純地透過太陽輻射與地球輻射求得地

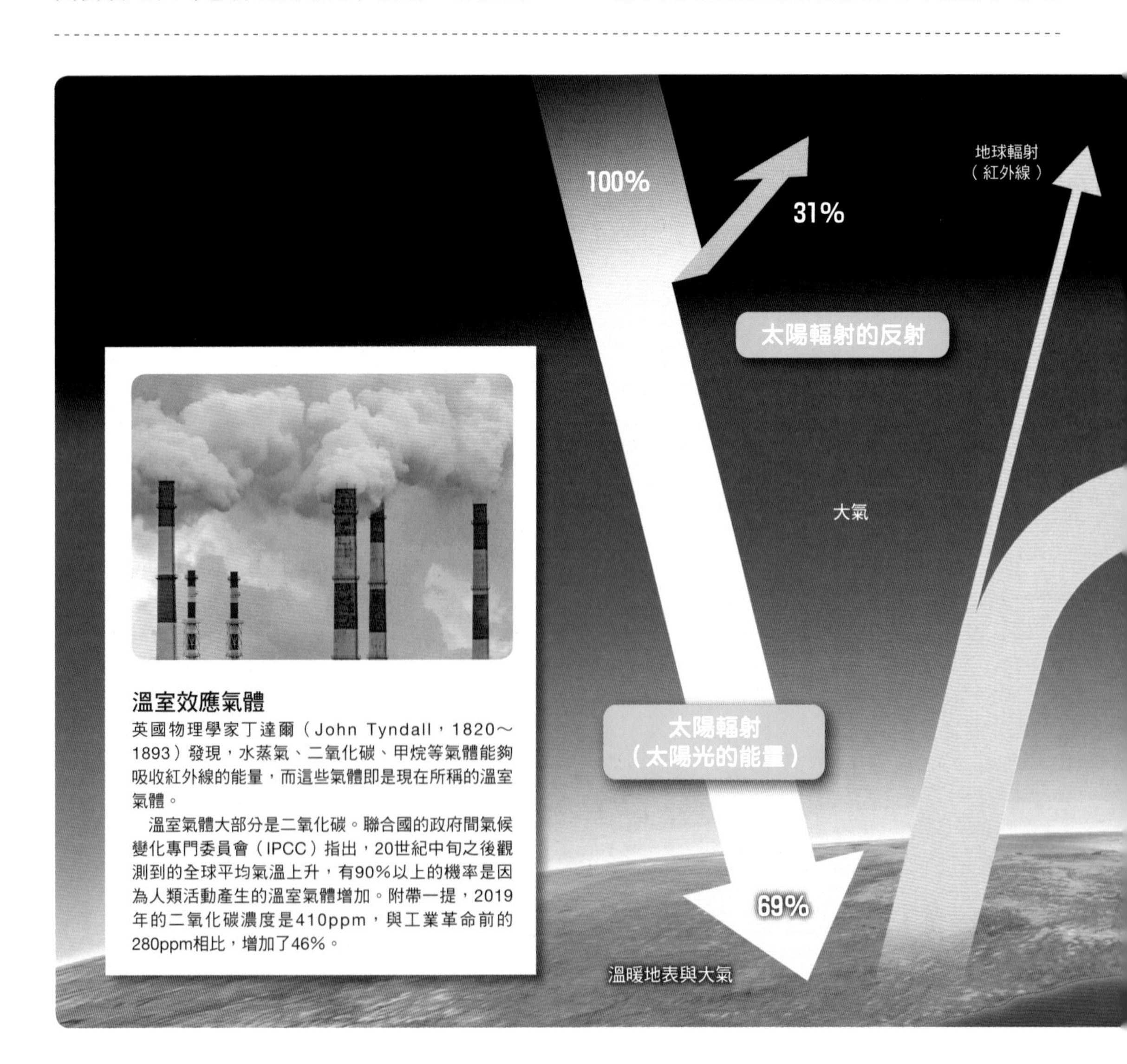

溫室效應氣體

英國物理學家丁達爾（John Tyndall，1820～1893）發現，水蒸氣、二氧化碳、甲烷等氣體能夠吸收紅外線的能量，而這些氣體即是現在所稱的溫室氣體。

溫室氣體大部分是二氧化碳。聯合國的政府間氣候變化專門委員會（IPCC）指出，20世紀中旬之後觀測到的全球平均氣溫上升，有90%以上的機率是因為人類活動產生的溫室氣體增加。附帶一提，2019年的二氧化碳濃度是410ppm，與工業革命前的280ppm相比，增加了46%。

球的平均氣溫，得到的值是攝氏負18度。但實際的平均氣溫約為攝氏14度，為什麼會有這樣的差距呢？這是因為地表的輻射（紅外線）被大氣中的「溫室氣體」（greenhouse gas，GHG）吸收了。被加熱的溫室氣體再度朝周圍釋出紅外線。雖然朝上方釋放的紅外線最後仍逸散到宇宙當中，但朝下方釋放的輻射再度溫暖地表。氣溫就因為這樣的過程不斷地重複而上升。

發現溫室效應

最早從太陽輻射與地球輻射計算出地球平均氣溫（攝氏負18度）的人，是以傅立葉轉換而聞名的法國數學家傅立葉（Joseph Fourier，1768～1830）。傅立葉也是熱學專家，他注意到地球之所以會這麼溫暖，是因為原本應該逸散到宇宙當中的地球輻射被大氣吸收所致。

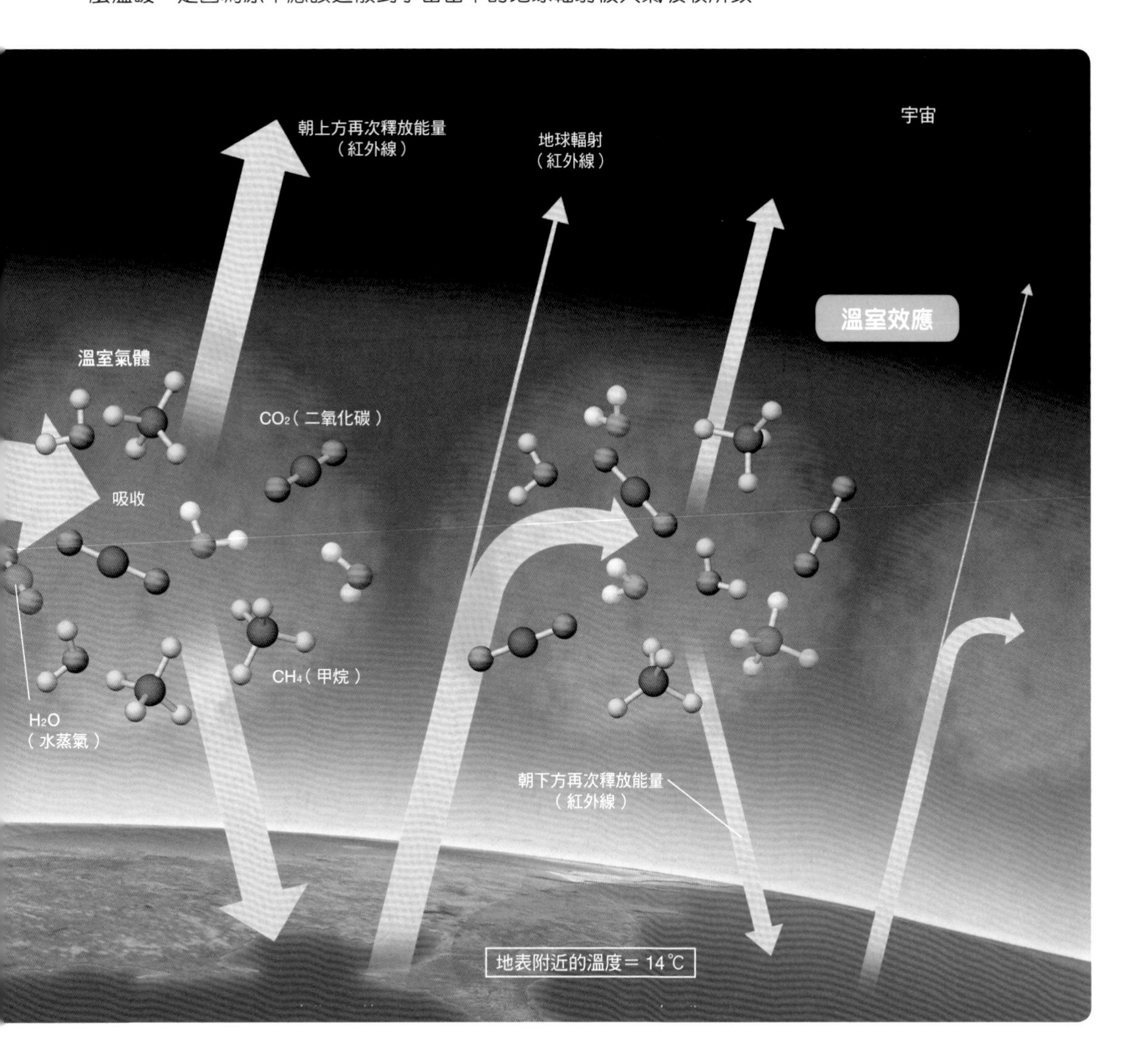

持續增加的二氧化碳使得地球幾乎無法調節

地球上的碳，變換成各種樣貌在自然界循環。譬如在地下以石油與礦物等形式存在，在生物體內以蛋白質、醣類、澱粉等形式存在，至於在大氣中則主要以二氧化碳的形式存在。

二氧化碳具有易溶於水的性質。含有二氧化碳的水（雨水）形成「碳酸」，一點一滴溶解地殼，將鈣之類的物質搬運到河川及海洋（風化作用）。最後兩者在海水中結合，形成碳酸鈣沉澱。換句話說，大氣中的二氧化碳改變形式並留在海底。

氣溫高的狀態會促進風化作用，移除更多大氣中的二氧化碳，使得氣溫下降。反之，氣溫低則風化作用較不容易發生，移除的二氧化碳量就會減少。

此外，因為火山活動的關係，二氧化碳隨時會從地球內部釋

暖化突然發生時碳（二氧化碳）的移動

出，若釋出的二氧化碳量比移除的二氧化碳量更多，大氣中的二氧化碳就會增加（氣溫上升）。

地球的氣候在漫長的歷史中反覆變動，然而長期來看，總是維持在液態水能夠存在的溫度。這是因為基於前述機制，決定地球氣溫的重要因素 — 大氣中的二氧化碳濃度能夠自動調節的關係。不過這個機制的時間跨度長達數十萬年，像現在這樣，二氧化碳濃度因人類的活動，以數百年為單位急遽上升的情況是無法抵消的。

緩慢但確實正在發生的地球暖化

21世紀的前20年，全球的平均氣溫較1850～1900年提高了0.99℃。但過去地球發生的暖化（從冰期到間冰期之間的暖化），每100年最多也只提高0.1℃，因此現在的地球暖化，很可能以前所未有的高速進行中。

根據IPCC的報告，若全球的平均氣溫比1990年高2～3℃以上，即有可能對全球的社會及自然帶來某種影響。為了抑制全球暖化，除了開發減少大氣中二氧化碳的技術之外，我們每一個人也必須改變意識並實際行動。

在地球上循環的碳（↓）

碳以不同樣貌在地球上循環（生物間交換的碳及人類活動等排出的碳均未繪出）。推測工業革命之後，地球整體的碳開始急速失衡，並出現氣候異常與海平面上升等各種影響。

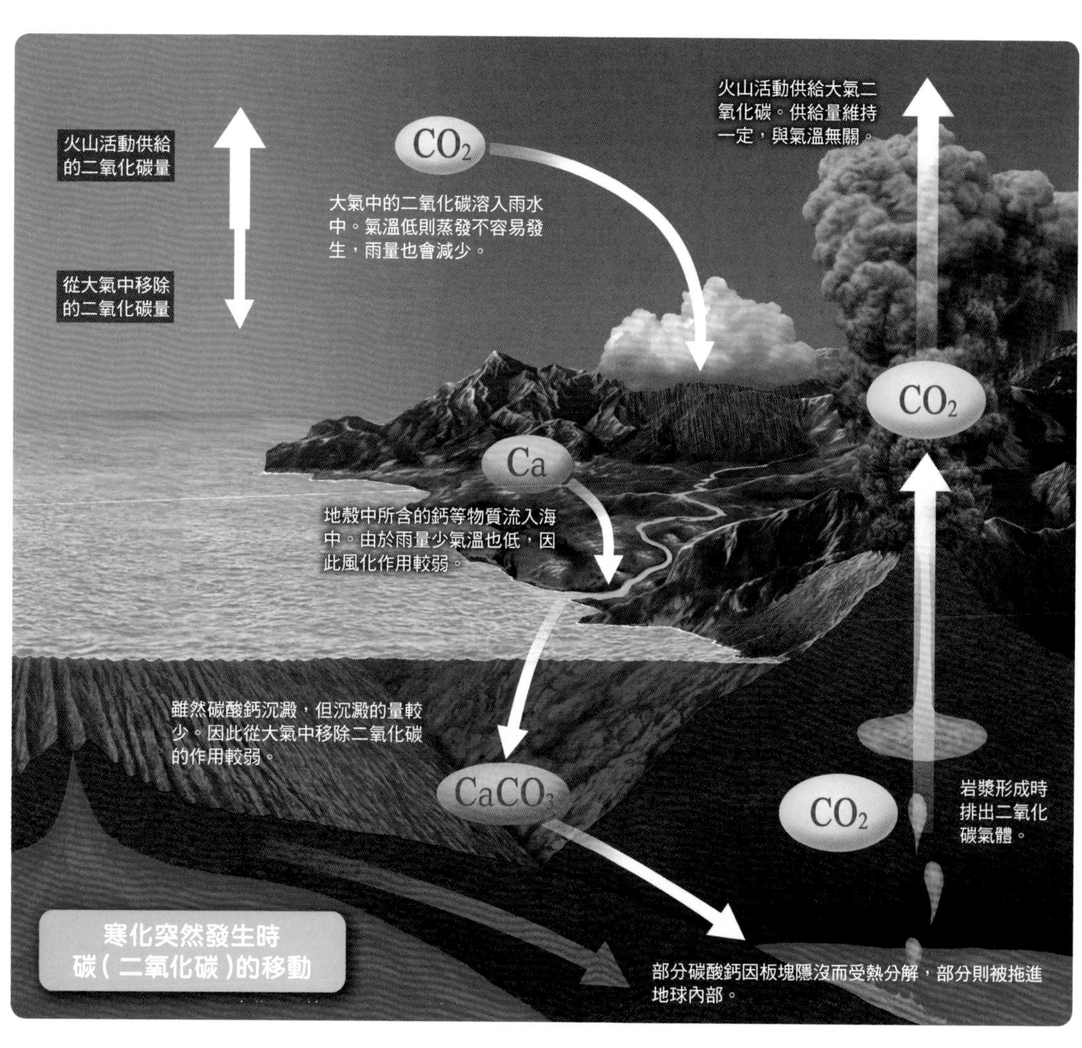

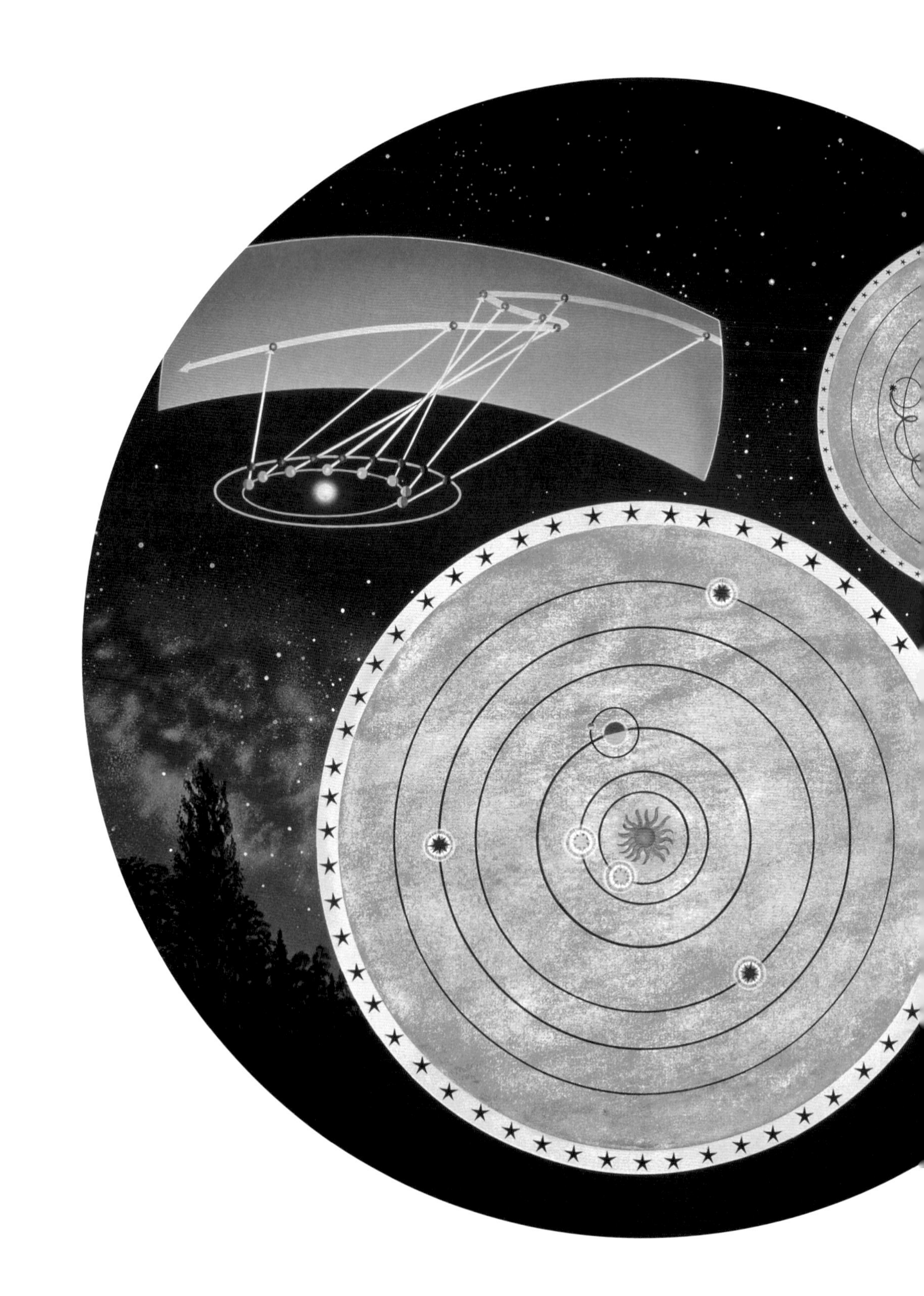

6
宇宙科學
Logical explanation of Universe

主導天文學長達千年以上的「天動說」

古希臘的亞里斯多德認為，天空與地上的這兩個世界截然不同，天體的運動基本上是以地球為中心的圓周運動（天動說．地球中心說）。而埃及科學家托勒密（Claudius Ptolemy，約90年～約168年）經由觀測證實了這項希臘天文學的說法，並整理成著作《天文學大成》（*Almagest*）。托勒密認為，地球在宇宙中心靜止不動，並使用「本輪」（epicycle）與「均輪」（deferent）的概念說明太陽、月球以及五大行星的運動。

托勒密的宇宙觀，自此之後持續主導天文學長達1000年以上。但托勒密似乎不曾懷疑過太陽系的中心或許不是地球，而是太陽。對於當時的人們而言，大地固定不動，天空繞著大地旋轉似乎是極為自然的想法。托勒密的注意力，或許就擺在如何正確說明行星所展現出來的運動。

托勒密想像中的宇宙（→）

右圖以整體的方式完全呈現天動說所描述的各個行星運動。圖中只畫出恆星的天球與均輪的天球。此外，所有的天球都以順時鐘方向繞行，每天繞行1圈（周日運動）。

以地球為中心層層堆疊的是均輪，而在均輪圓周上的則是本輪。各行星的均輪以固定的時間繞行1圈，至於所有行星的本輪則都是1年繞行1圈（周年運動）。

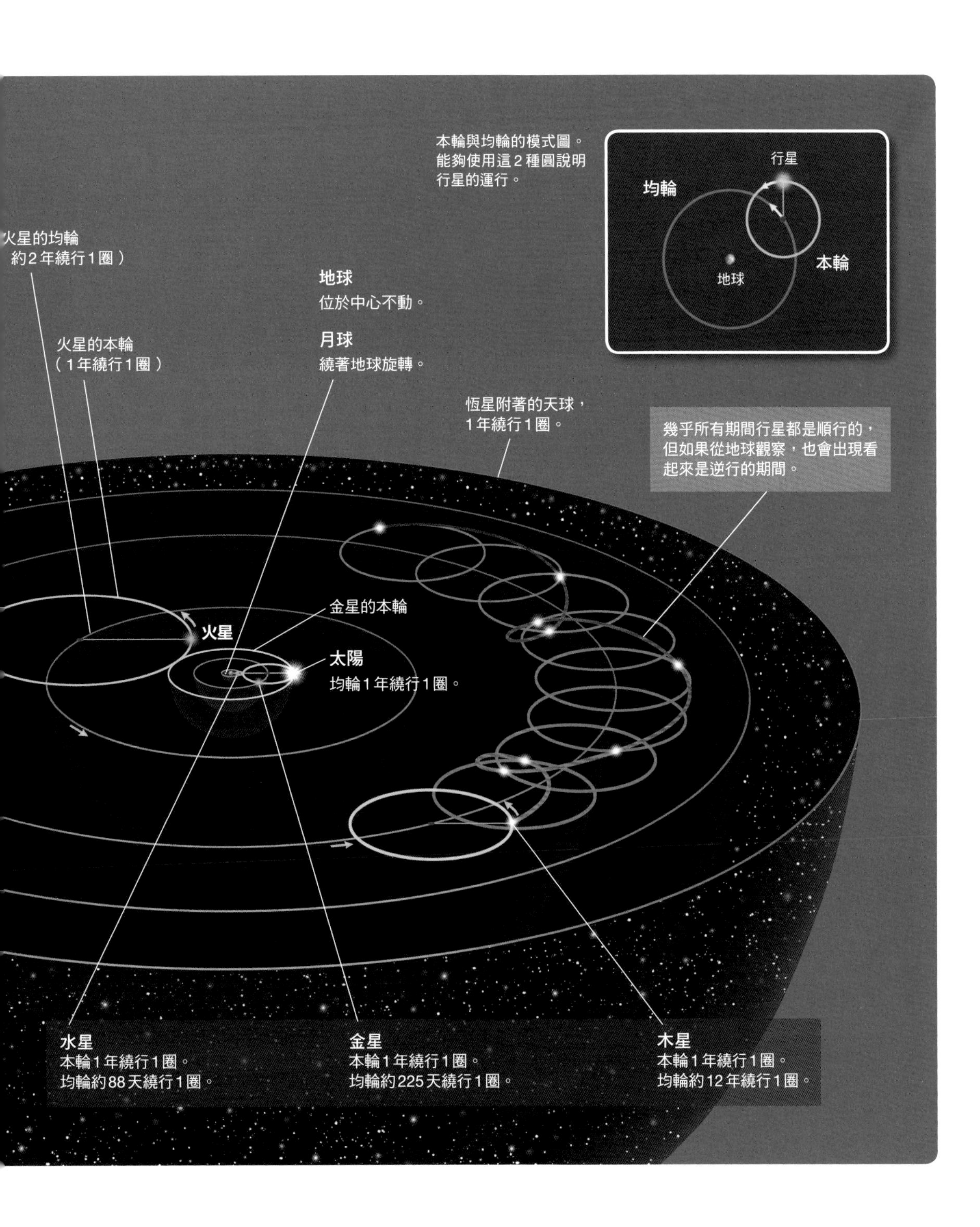
本輪與均輪的模式圖。
能夠使用這2種圓說明
行星的運行。
行星
均輪
本輪
地球
火星的均輪
約2年繞行1圈）
地球
位於中心不動。
火星的本輪
（1年繞行1圈）
月球
繞著地球旋轉。
恆星附著的天球，
1年繞行1圈。
幾乎所有期間行星都是順行的，
但如果從地球觀察，也會出現看
起來是逆行的期間。
金星的本輪
火星
太陽
均輪1年繞行1圈。
水星
本輪1年繞行1圈。
均輪約88天繞行1圈。
金星
本輪1年繞行1圈。
均輪約225天繞行1圈。
木星
本輪1年繞行1圈。
均輪約12年繞行1圈。

SECTION 64

heliocentricism

地動說

地球和其他行星一起繞著太陽公轉

到了16世紀，波蘭的聖職者兼天文學家哥白尼（Nicolaus Copernicus，1473～1543）提出了新的宇宙觀。他認為地球與其他行星一起繞著太陽公轉，而這個宇宙觀就稱為地動說（太陽中心說）。

為了解釋行星頻繁朝著反方向移動的現象（逆行），天動說以大的圓軌道（均輪）加上小的圓軌道（本輪）來協助說明。哥白尼對這種說明方式抱持疑問，因此透過計算求出5大行星的軌道。

但地動說與天主教的價值觀背道而馳，因此哥白尼並未強烈主張其正確性。此外，哥白尼雖然在周圍眾人的鼓勵之下，決心將自己的想法整理成冊出版，但卻等不到完成的那一天，在70歲時結束了他的一生。

不久後，哥白尼的主張經由伽利略、克卜勒、牛頓的觀測及理論獲得證實，大幅改變了人類的宇宙觀。

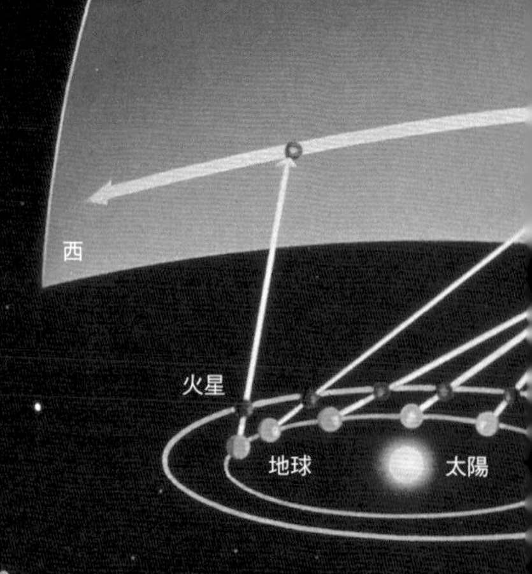

逆行與留（↗）
從地球觀測的行星運動，有時看起來並不規則，會發生倒退的「逆行」與看似靜止的「留」等現象，這是地球與行星的公轉週期不同所導致的。

哥白尼

哥白尼的「地動說」

哥白尼認為，行星以太陽為中心呈圓軌道繞行，並依照水星、金星、地球、火星、木星、土星的順序排列，其外側則是不動的「恆星球」。不過這個理論並不完美，行星軌道呈圓形等其實是錯誤的。

逆行
順行
留（停止）
天球
東

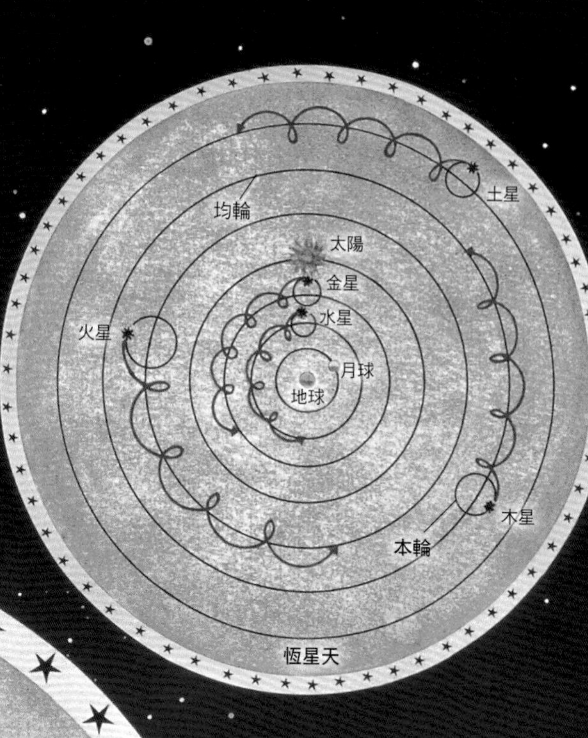

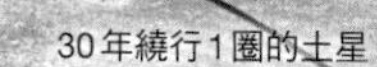

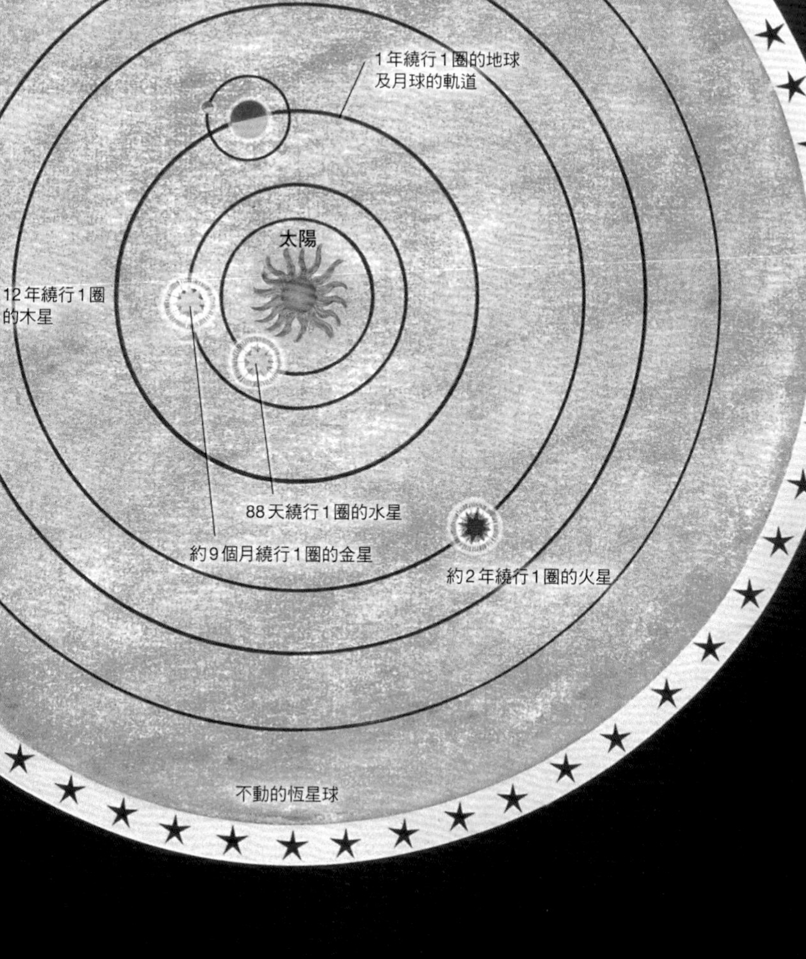

托勒密的「天動說」（↑）

在托勒密的時代就已經知道，除了地球之外還有五大行星（水星、金星、火星、木星、土星）。他認為這些行星及月球、太陽以地球為中心繞行。至於行星的逆行及留等現象，則是行星在均輪（公轉圓）上繞著本輪的結果。

持續主張
地動說的伽利略

17世紀初，荷蘭人發明了望遠鏡。伽利略一聽說有望遠鏡這種東西，便自己著手製作以追求更高的性能，最後完成了口徑42毫米、倍率9倍的望遠鏡。從此以後他就持續不斷地觀察夜空，完全不覺得厭煩。

伽利略注意到木星，並且在其周圍發現四顆繞著木星旋轉的小型星體。這些星體分別是木衛一（Io）、木衛二（Europa）、木衛三（Ganymede）及木衛四（Callisto），現在被稱為「伽利略衛星」。

附帶一提，伽利略也用望遠鏡觀察太陽，因此到晚年失去大部分的視力。

伽利略在持續不斷的觀測當中，確定了天動說的謬誤，並且根據自己的成果發展出地動說。這個學說遭到當時握有最高權力的教會反彈，因為否定天動說，就相當於否定天主教。

拒絕接受天動說的伽利略遭到宗教審判，並且被迫封口，命他從此以後再也不得提倡地動說，但伽利略依然不願意改口，於是再度遭到宗教審判，並於1633年遭判終身監禁。聽到判決的伽利略在退庭時自言自語地說：「即使如此，地球還是在轉動啊！」但據說這則逸事是後世虛構的。

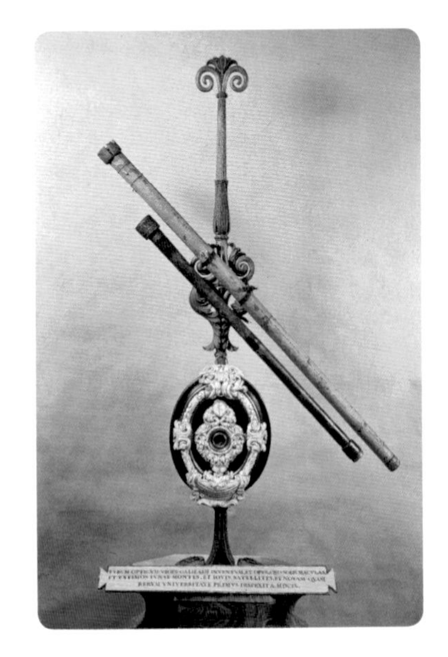

義大利的伽利略博物館所展示的伽利略望遠鏡。中央下方的裝飾中心處鑲嵌著伽利略實際使用過的鏡片。

伽利略進行的實驗（一）

亞里斯多德認為，地面上的物體具有朝地球中心移動的性質，而且愈重的物體落下的速度愈快（當時還沒有地球吸引物體的「重力」概念）。

對此抱持著疑問的伽利略，為了觀測物體掉落的狀態，使用滾下斜面的球研究掉落的運動（將斜面的角度逐漸加大，如果最後斜面變成垂直，就成了自由落體運動）。接著他每隔一定時間就測量球通過的地點，並得到球的移動距離與經過的時間平方成正比的結論（自由落體定律）。舉例來說，假設1秒後通過距離是1的地點，2秒後就通過距離是4（$=2^2$）的地點，3秒後則通過距離是9（$=3^2$）的地點。同時他也經由實驗得知，這樣的現象無論斜面角度是大是小都不會改變（自由落體運動也適用）。

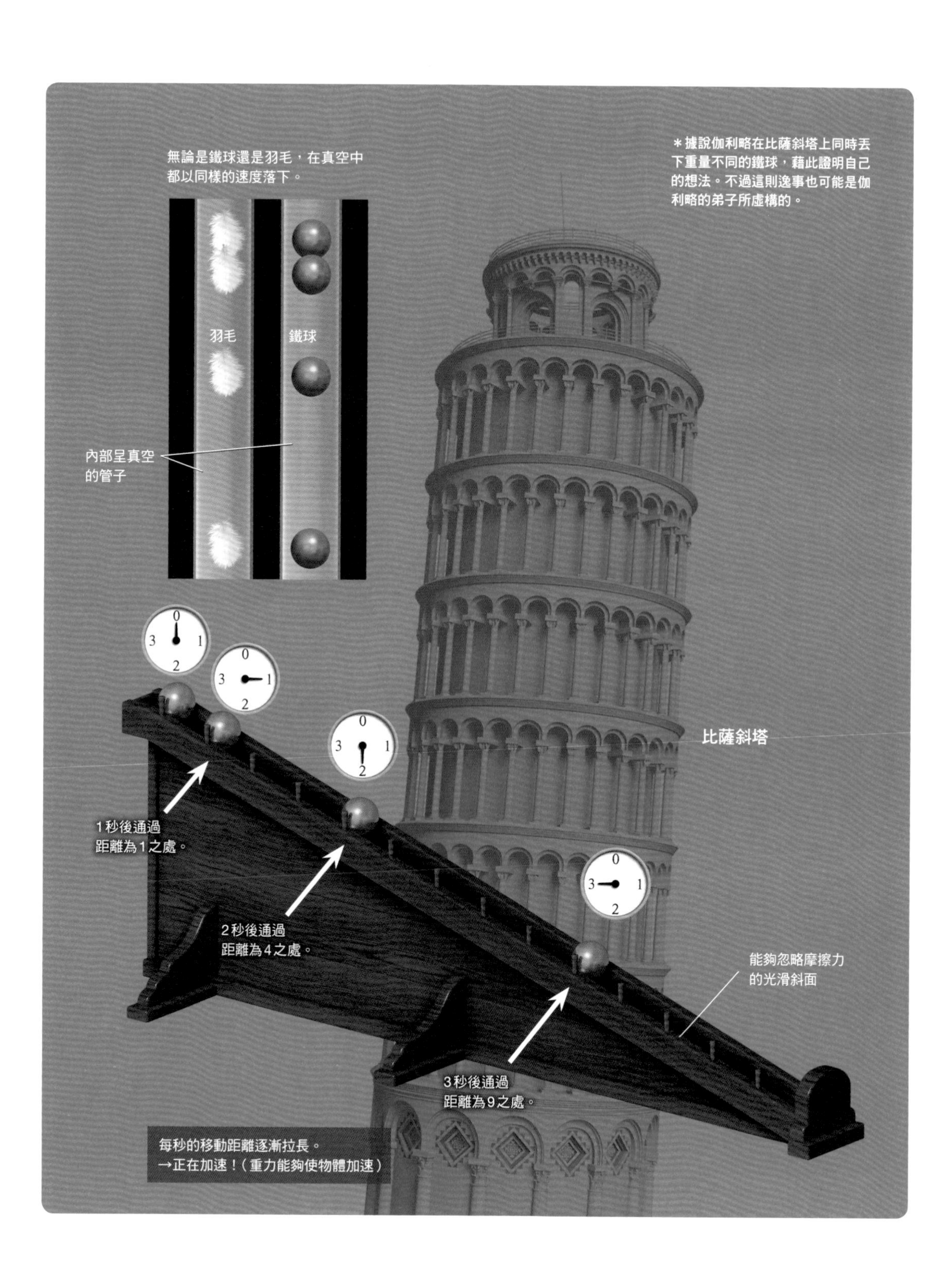
無論是鐵球還是羽毛，在真空中都以同樣的速度落下。
羽毛
鐵球
內部呈真空的管子
＊據說伽利略在比薩斜塔上同時丟下重量不同的鐵球，藉此證明自己的想法。不過這則逸事也可能是伽利略的弟子所虛構的。
比薩斜塔
0
1
2
3
1秒後通過距離為1之處。
2秒後通過距離為4之處。
3秒後通過距離為9之處。
能夠忽略摩擦力的光滑斜面
每秒的移動距離逐漸拉長。
→正在加速！（重力能夠使物體加速）

從觀測紀錄導出「克卜勒定律」

丹麥天文學家第谷（Tycho Brahe，1546～1601）留下了龐大的天體觀測紀錄。他的共同研究者（助手），德國天文學家克卜勒（Johannes Kepler，1571～1630）在第谷逝世後，發現關於行星運動的「克卜勒定律」。克卜勒定律共有3條，「第1定律」是行星的軌道呈橢圓形；「第2定律」是太陽與行星的連線在一定時間所掠過的面積相等；「第3定律」則是公轉週期※的平方與軌道長半徑3次方的比例，無論哪個行星都

第1定律

行星的軌道呈橢圓形。所謂的橢圓形，指的是與某2點（圖為焦點1與焦點2）距離和相等之點的集合。

Part 2介紹過萬有引力所帶來的「圓周運動」。然而嚴格來說，只有在理想的狀態下，才會是完全正圓的運動，否則通常都是「橢圓運動」。一般認為，太陽系的行星，實際上就是由呈現橢圓軌道的許多小天體在碰撞、結合之下誕生。因此其軌道變得「平均」，形成相當接近正圓的橢圓。不過，宇宙中也存在許多沿著明確的橢圓軌道運行的太陽系小天體（彗星、太陽系外天體等）。

第2定律

示意圖中紅色範圍的面積總是相同。靠近太陽的地方（近日點周邊）萬有引力較強，行星的運動速度較快。反之，遠離太陽的地方（遠日點周邊）則萬有引力變弱，行星的運動就會變慢。

第3定律

公轉週期的平方與長半徑的3次方比，無論哪個行星都相同（參考下表）。

萬有引力定律又稱為「平方反比定律」，就是透過數學計算從克卜勒第3定律所推導出來的。根據這項定律，無論在宇宙的哪個角落，物體都受到彼此吸引的力（重力）影響。於是自亞里斯多德以來，長達2000年人們所相信「天上與地上的運動法則不同」的說法遭到推翻，帶來「兩者的運動定律是同一回事」的全新宇宙觀。

行星	公轉週期（年）	長半徑（億公里）	(公轉週期)^2÷(長半徑)^3
水星	0.241	0.579	0.30
金星	0.615	1.08	0.30
地球	1.00	1.50	0.30
火星	1.88	2.28	0.30
木星	11.9	7.78	0.30
土星	29.5	14.3	0.30
天王星	84.0	28.8	0.30
海王星	165	45.0	0.30

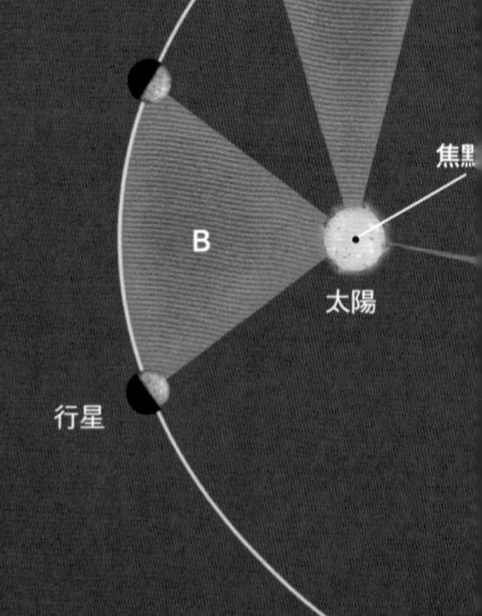

＊由數學計算得知，「(公轉週期)^2÷(長半徑)^3」的值與行星質量等無關，而是取決於萬有引力常數及太陽質量。

相同。

克卜勒定律是根據天文觀測所得到的經驗法則。雖然克卜勒也深入研究為什麼這樣的定律會成立，卻無法得到正確結論。

另一方面，牛頓則是根據自己奠定的牛頓力學計算行星的運動後，成功地經由理論從克卜勒定律導出萬有引力定律，而牛頓力學與萬有引力定律也因此在科學界獲得高度的評價。

※：繞行太陽一周的時間。

克卜勒定律（↓）

克卜勒因為小時候得過天花，所以視力不好，不擅長觀測。但是他身為理論天文學家，藉著解析第谷的資料充分發揮才華，進而發現三大定律。

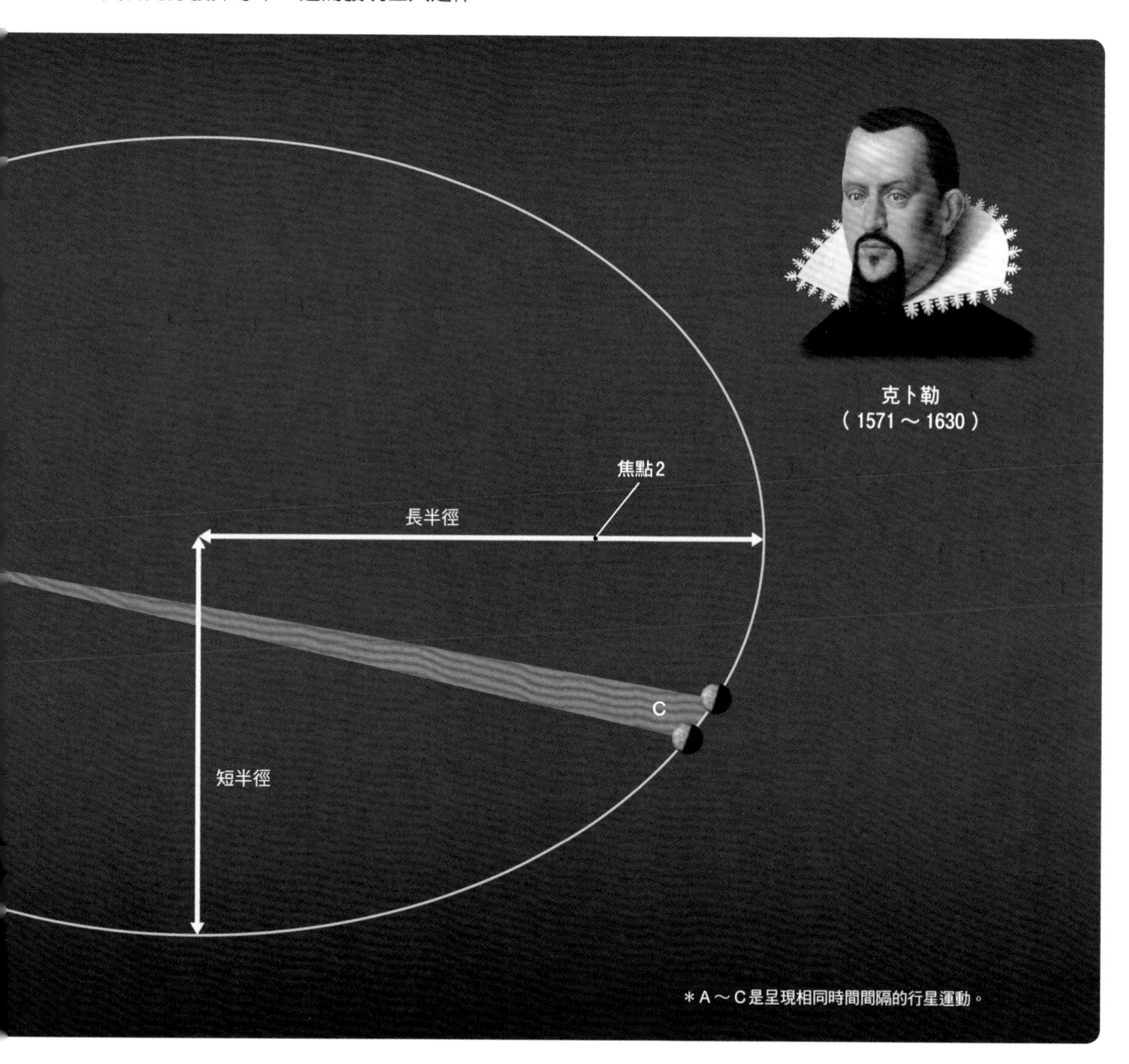

將天文學家的眼光拓展到銀河系的「赫歇爾」

赫歇爾（Wilhelm Herschel，1738～1822）是德國出身的音樂家，同時在英國以天文學家的身分締造了顯赫功績。他也以使用自製的巨大望遠鏡發現天王星而聞名於世。

赫歇爾將夜空劃分成600多個區塊，並使用望遠鏡計算各個區塊的星體數量。他假設星球均勻分布並進行統計，最後建立自己的宇宙模型。

他認為銀河（銀河系）的星球之所以看起來較多，是因為銀河呈現凸透鏡般的圓盤狀，而太陽系也在其中。換句話說，若從「凸透鏡」內部往邊緣方向看，就會看到無數星體重疊，就像是一條環繞著太陽系的帶子。

此外，赫歇爾推測「凸透鏡」的直徑約6000光年，太陽幾乎位於其中心。雖然不久之後就發現這個值與太陽的位置是錯誤的，但赫歇爾的宇宙模型，卻被視為劃時代的發現，將天文學家的眼光從太陽系拓展到銀河系。

赫歇爾的測量方法（→）

赫歇爾根據星體數量推測銀河系※（當時是整個宇宙）的形狀。他假設「所有星體的絕對亮度相等」、「星體均勻分布，不會聚集在某些地方」、「已經看到銀河系的盡頭」。雖然赫歇爾自己也發現假設的錯誤，但以當時的技術與知識無法解決這個問題。

※：「星系」是大型星團。現在已經知道宇宙中存在著許多星系。我們居住的太陽系（受太陽引力影響的行星等）所在的星系，就稱為「銀河系」。

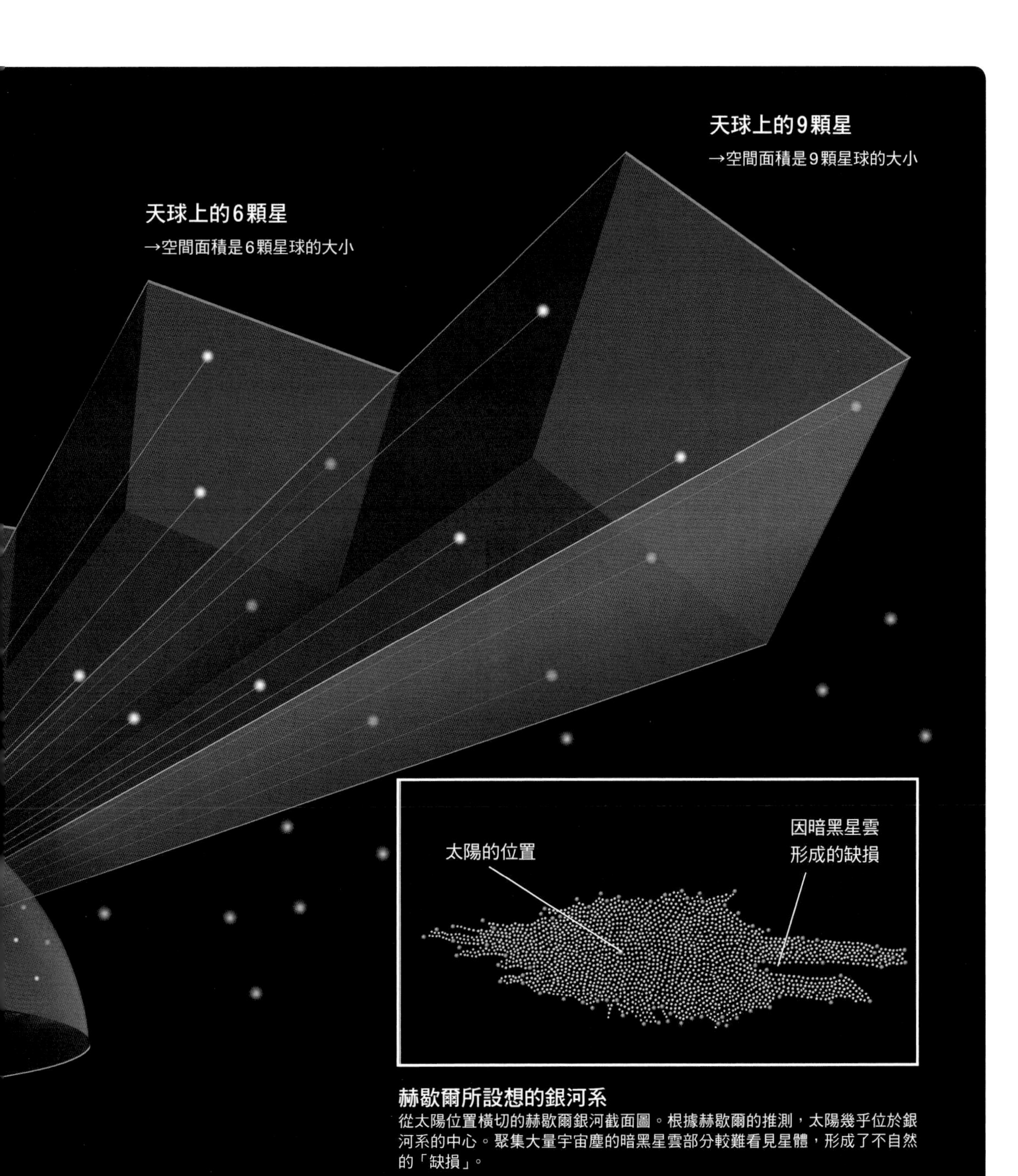

赫歇爾所設想的銀河系
從太陽位置橫切的赫歇爾銀河截面圖。根據赫歇爾的推測，太陽幾乎位於銀河系的中心。聚集大量宇宙塵的暗黑星雲部分較難看見星體，形成了不自然的「缺損」。

宇宙是如何誕生的呢？

想必有一些人聽到「宇宙誕生」會覺得有點奇怪。畢竟宇宙是容納萬物的「容器」，萬物在宇宙當中誕生、成長、消滅等，發生了各種變化，但容器本身應該是不變的。直到某個時期之前，就連物理學家都極為理所當然地接受這樣的觀念。

然而到了1915～1916年，宇宙觀因為愛因斯坦發表了關於重力與時空（時間與空間）的「一般相對論」而大幅改變。根據這個理論，物質周圍的時空會隨其質量而扭曲（下圖**A**）。

如果宇宙空間在各個地方都受到物質影響而變形，那麼整體的宇宙空間長久以來又經歷了什麼樣的變化呢？將一般相對論的方程式套用到整個宇宙空間進行計算，就會發現整體宇宙空間並非一直保持同樣大小，而是有可能反覆地膨脹與收縮。堅信宇宙永恆不變的愛因斯坦，為了讓宇宙永遠保持靜態，對方程式動了一

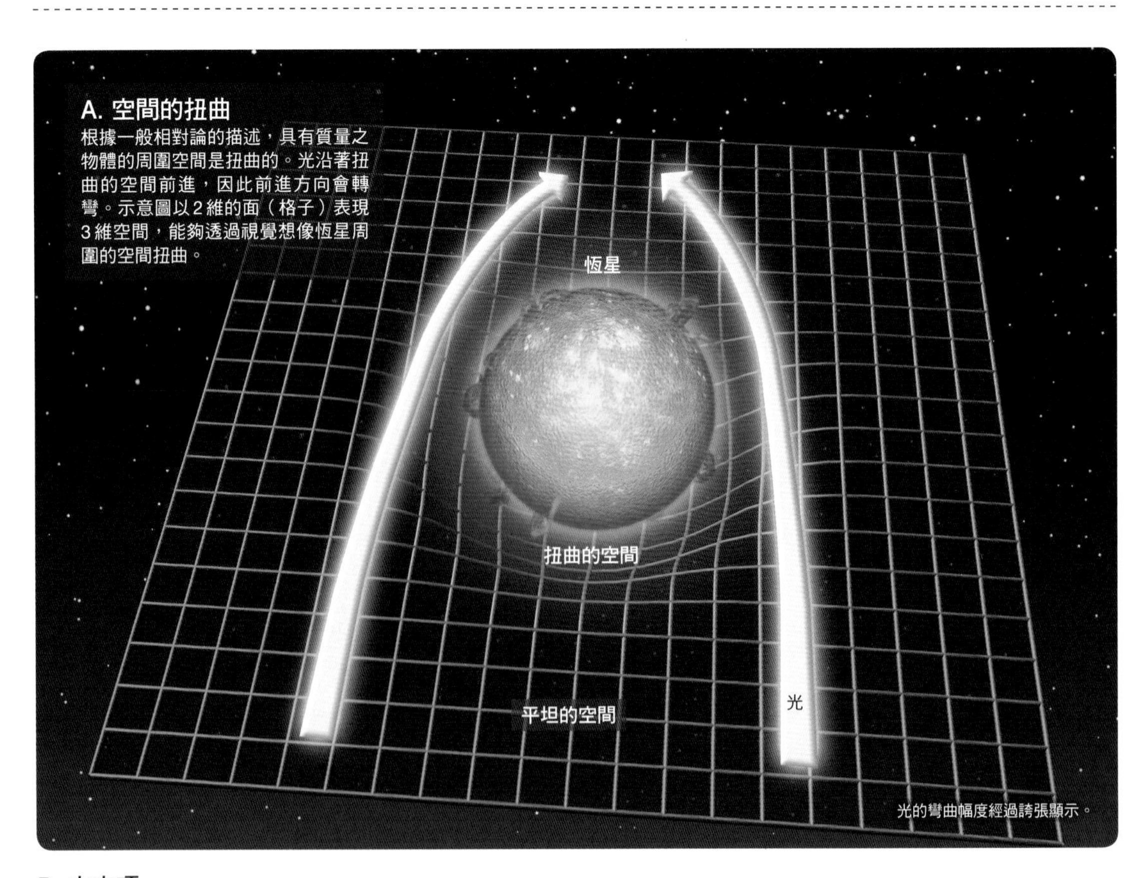

A. 空間的扭曲
根據一般相對論的描述，具有質量之物體的周圍空間是扭曲的。光沿著扭曲的空間前進，因此前進方向會轉彎。示意圖以2維的面（格子）表現3維空間，能夠透過視覺想像恆星周圍的空間扭曲。

B. 宇宙項
如果將一般相對論套用到宇宙，就會得到膨脹或收縮的解。但愛因斯坦拒絕「變化的宇宙」，為了得到靜態的宇宙解而硬是修正一般相對論的基礎方程式，在其中加入代表抗拒宇宙收縮的反作用力（排斥力）。然而哈伯（Edwin Hubble，1889～1953）在1929年發現宇宙膨脹的證據，後來愛因斯坦就表示「導入宇宙項是個失敗」。另一方面，在1998年發現，目前宇宙正在加速膨脹，於是作為促使宇宙加速膨脹的力，科學家又開始重新探討宇宙項的意義。

些手腳（B）。

宇宙的起源是一個點？

另一方面，俄國數學家佛里特曼（Alexander Friedmann，1888～1925）則坦然接受「變化的宇宙」。他根據一般相對論，計算宇宙空間從過去到未來如何改變，最後導出三種宇宙模型，並且發現無論是哪一種，如果回溯到過去，宇宙空間都會被壓縮成一個點，只能將這個點當成「奇異點」（singularity）處理。奇異點是空間扭曲變成無限大的點，在這個點當中，物質的密度與溫度也會是無限大。

英國的天文物理學家霍金（Stephen Hawking，1942～2018）與數學暨物理學家潘洛斯（Roger Penrose，1931～）兩位科學家，在1970年跳脫佛里特曼的宇宙模型，在更廣泛的狀況下將宇宙時間回溯至既往，以探究宇宙空間壓縮的情況。最後兩人得到一個結論，只要根據一般相對論思考（物質的表現沒有異常），膨脹的宇宙回溯到過去，最後都必定會壓縮成奇異點。

宇宙的過去終會是奇異點的「奇異點定理」，讓物理學家非常煩惱。因為物理學的計算結果在奇異點會變成無限大而失效，如果將這個點視為宇宙的起源，就無法闡明宇宙在誕生那一瞬間的樣貌。換句話說，只靠一般相對論始終無法解開宇宙誕生瞬間之謎。

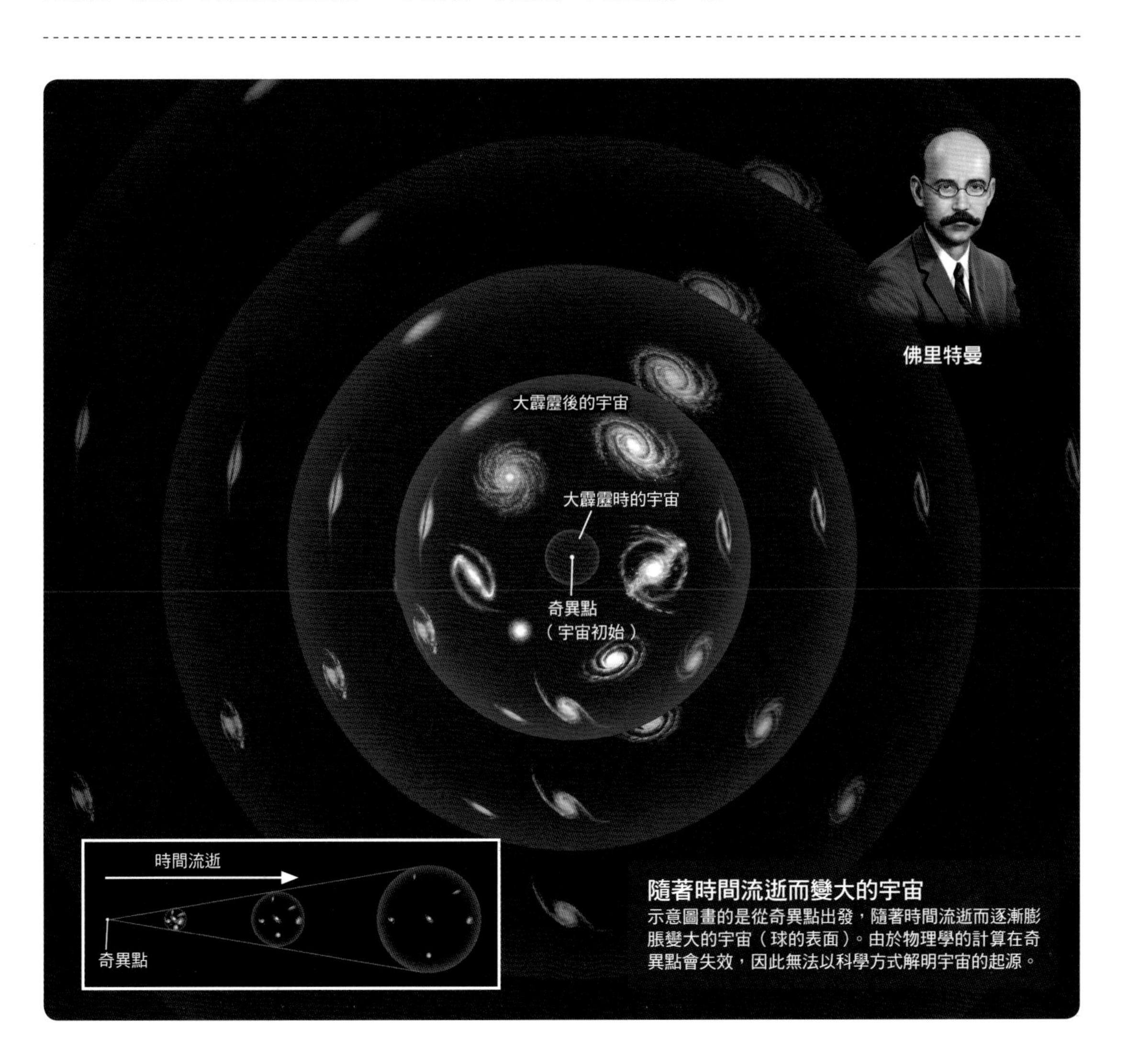

隨著時間流逝而變大的宇宙
示意圖畫的是從奇異點出發，隨著時間流逝而逐漸膨脹變大的宇宙（球的表面）。由於物理學的計算在奇異點會失效，因此無法以科學方式解明宇宙的起源。

宇宙本身曾不斷地生成又殞滅？

探究宇宙誕生的瞬間需要仰賴「量子力學」。這是20世紀初誕生的理論，能夠說明原子等微小物質的行為，乃現代物理學的骨幹。

根據量子力學描述，在我們無法辨識的極短時間（10^{-20}秒以下），甚至連物質的存在（有／無）本身都無法確定。此外，即使是不應該存在任何物質的真空之中，也會發生粒子兩兩成對生成（對生，pair production）卻又立刻消滅（對滅，pair annihilation）的現象。

像這種粒子在真空中對生、對滅的現象，在宇宙誕生之時似乎也曾發生。當宇宙比10^{-33}公分還要小的時候，其存在並不穩定，或許本身就不斷地反覆生成又消滅。後來從這樣的「宇宙之卵」中，出現了某種開始猛烈膨脹的物質，這個物質後來就變成了我們的宇宙。

1980年代，美國物理學家惠勒（John Wheeler，1911～2008）提出一個想法，他認為在比普朗克長度（Planck length，一般相對論適用的最小長度，約10^{-33}公分）更小的範圍，時空本身的存在或許非常不穩定。如果宇宙的起源發生在這樣的範圍，那麼它誕生時想必也同樣不穩定。

瞬間提高的能量創造出粒子（→）

粒子在真空中對生．對滅示意圖。根據量子力學的解釋，如果將時間侷限在極短的範圍，就可能出現原本不存在但具極高能量的狀況。而根據相對論，能量能夠轉換成質量（$E=mc^2$），因此這股極高的能量轉換成具有質量的粒子，使得粒子成對生成。這時生成的就是粒子與反粒子（質量相同，電荷相反的粒子）。

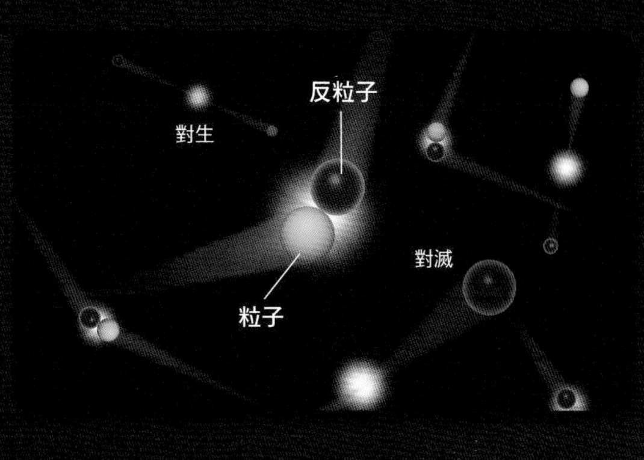

生成後又立刻消失的宇宙之卵，
其本身的存在並不穩定。

宇宙從「無」誕生？

宇宙或許從「無」誕生。這是烏克蘭裔美國宇宙物理學家維蘭金（Alexander Vilenkin，1949～）在1982年所提出的理論（creation of universe from nothing）。根據量子力學，時間、空間、能量在極短的時間範圍不會是一個固定的值，而是不斷地變動。超微小的宇宙就透過「穿隧效應」（tunneling effect），從中突然誕生。

這個理論的靈感來自基本粒子在真空中的生成。即便是真空，也不會永遠持續在「空無一物」的狀態。同樣的道理，「無」的狀態也不可能一直持續下去。

宇宙創生之際，誕生的不只有空間，還有時間，「時間的誕生」到底是怎麼一回事呢？相對論將時間與空間視為一體，稱為「時空」。舉例來說，在平面中的某個方向是縱，另一個方向是橫，而在時空中的某個方向是時間，其餘的三個方向則是空間。無是連時空本身都不存在的狀態。換句話說宇宙誕生之後，時間才開始流動。

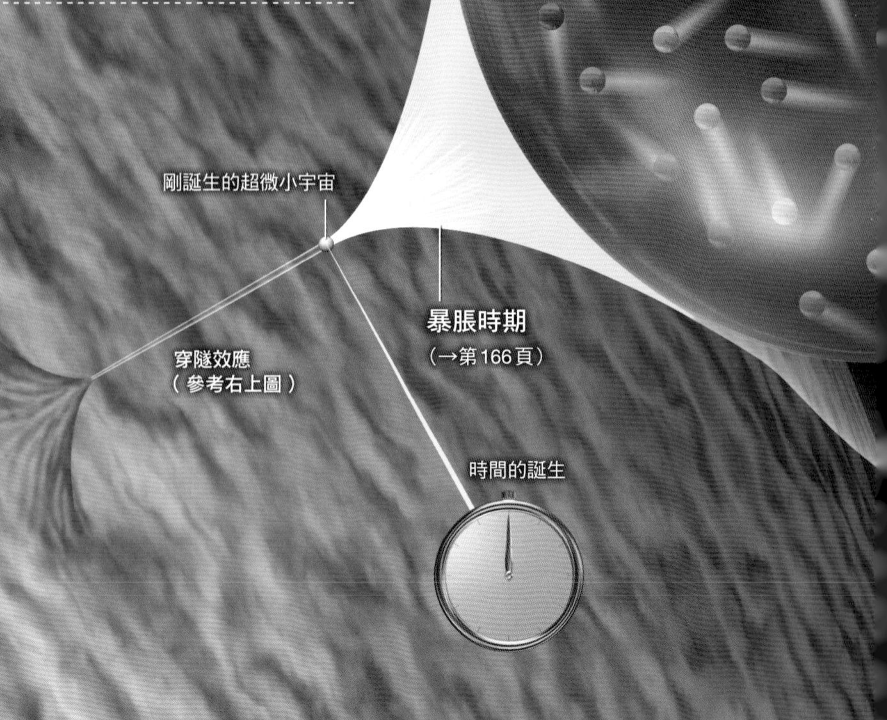

剛誕生的超微小宇宙

暴脹時期
（→第166頁）

穿隧效應
（參考右上圖）

時間的誕生

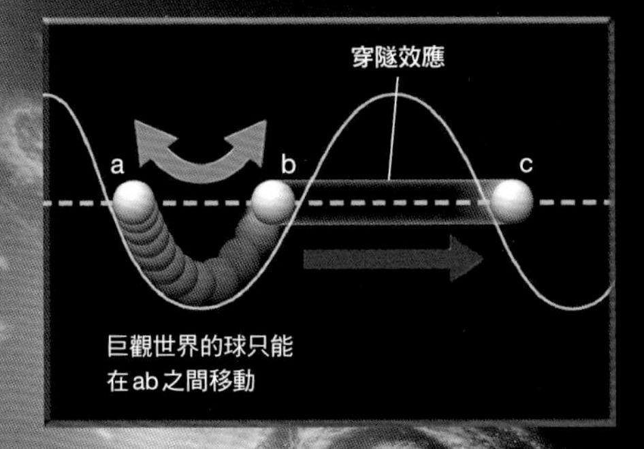

A. 穿隧效應

根據維蘭金的理論，宇宙從時間、空間、物質及能量都不存在的「無」，透過穿隧效應生成。穿隧效應指的是，微小的基本粒子有極低的機率能夠穿過通常無法通過的屏障。宇宙愈小、真空的能量愈高，宇宙透過穿隧效應誕生的機率也愈大。

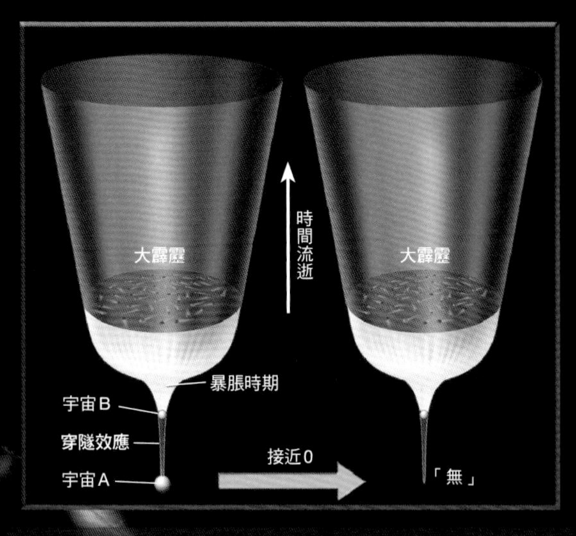

B. 從無出現的穿隧效應

維蘭金首先設想兩種宇宙，分別是立刻收縮消失的微小宇宙（宇宙A），以及放著不管將持續膨脹的微小宇宙（宇宙B）。在穿隧效應的作用之下，宇宙A有一定的機率能夠轉移到宇宙B。維蘭金接著假設宇宙A的大小將愈來愈小，最後變成零，並計算這時發生穿隧效應的機率，結果發現從大小是零的「無」轉移到宇宙B的機率不會是零。

基本粒子

大霹靂
（→第166頁）

星體與星系形成
（→第167頁）

宇宙誕生之初 溫度與密度都極高

推測宇宙在誕生後，在10^{-36}秒到10^{-34}秒這短短不到一瞬間，就膨脹了10^{43}倍。當宇宙的溫度因暴脹而下降到一定程度時，真空的能量就發生相變（性質在達到某個條件時突然變化），轉換成熱能。龐大的能量因此突然釋放，使宇宙充滿了光、熱與物質。受到這股能量加熱，宇宙從超高溫及超高密度的狀態，持續膨脹到現今※。

距離宇宙誕生100萬分之1～10萬分之１秒後的初期宇宙，充滿夸克與電子等基本粒子。後來質子與中子生成並四處散逸，在距離宇宙誕生約３分鐘後，形成了氫與氦的原子核。但由於溫度太高，原子核無法綁住電子，因此必須要等到宇宙誕生約37萬年後才形成原子。

※：真空相變的瞬間，或是包含暴脹在內的宇宙起源稱為「大霹靂」（右圖以前者說明）。

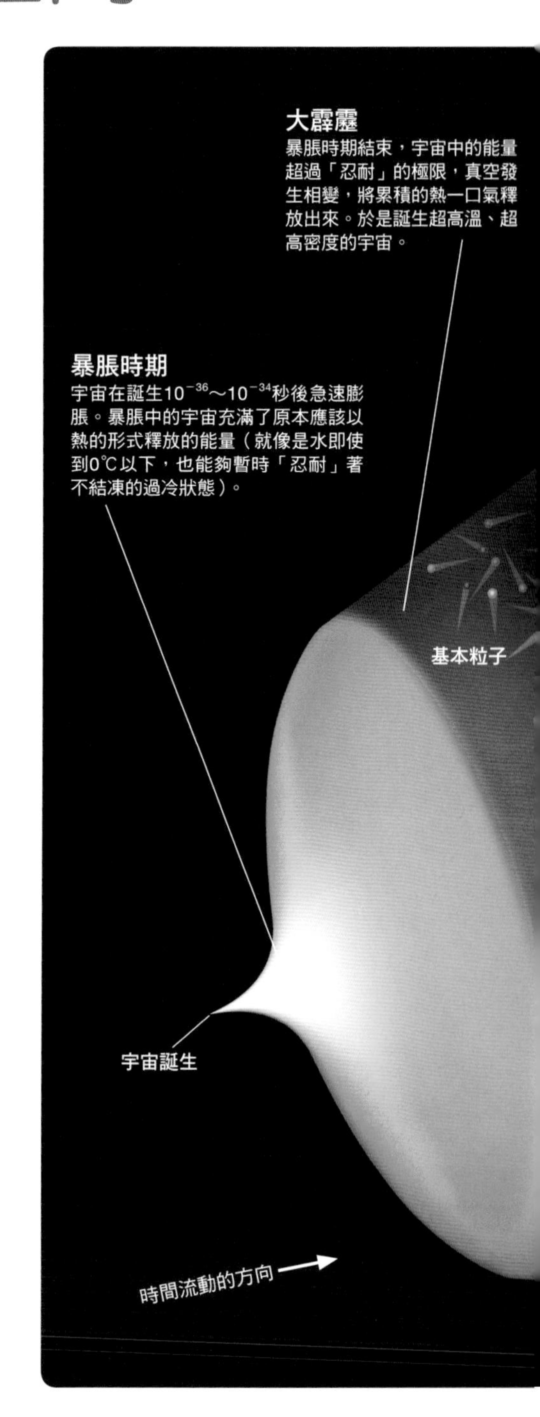

專欄 COLUMN 宇宙放晴

誕生３分鐘後的宇宙，因為密度太高而呈現不透明的狀態。光因為電子的四處飛竄而無法直線前進，產生散射。後來宇宙的溫度下降，原子核能夠抓住電子，原子於是形成。故在宇宙中的視線變得開闊，光也能自由穿梭，這就稱為「宇宙放晴」。這個瞬間存在的光（輻射），波長逐漸拉長，變成至今依然充滿宇宙的黑體輻射（宇宙微波背景輻射，cosmic microwave background radiation）。

質子與中子誕生

宇宙誕生10^{-5}秒後，基本粒子「夸克」聚集，質子（氫原子核）與中子誕生。

質子與中子融合

宇宙誕生3分鐘後，質子與中子開始碰撞融合，形成氘、氚與氦的原子核。

原子誕生

宇宙誕生37萬年後，氫與氦的原子核開始能夠攫住電子，形成原子。

星體與星系形成

宇宙後來仍持續不斷地膨脹。接著物質聚集，在宇宙誕生的2億～3億年後，氫形成的最初恆星因核融合反應而開始發光，直到約5億年後，形狀不規則的星系合體，形成大型星系。推測太陽系的誕生，是在宇宙誕生約92億年後（距今約46億年前）。

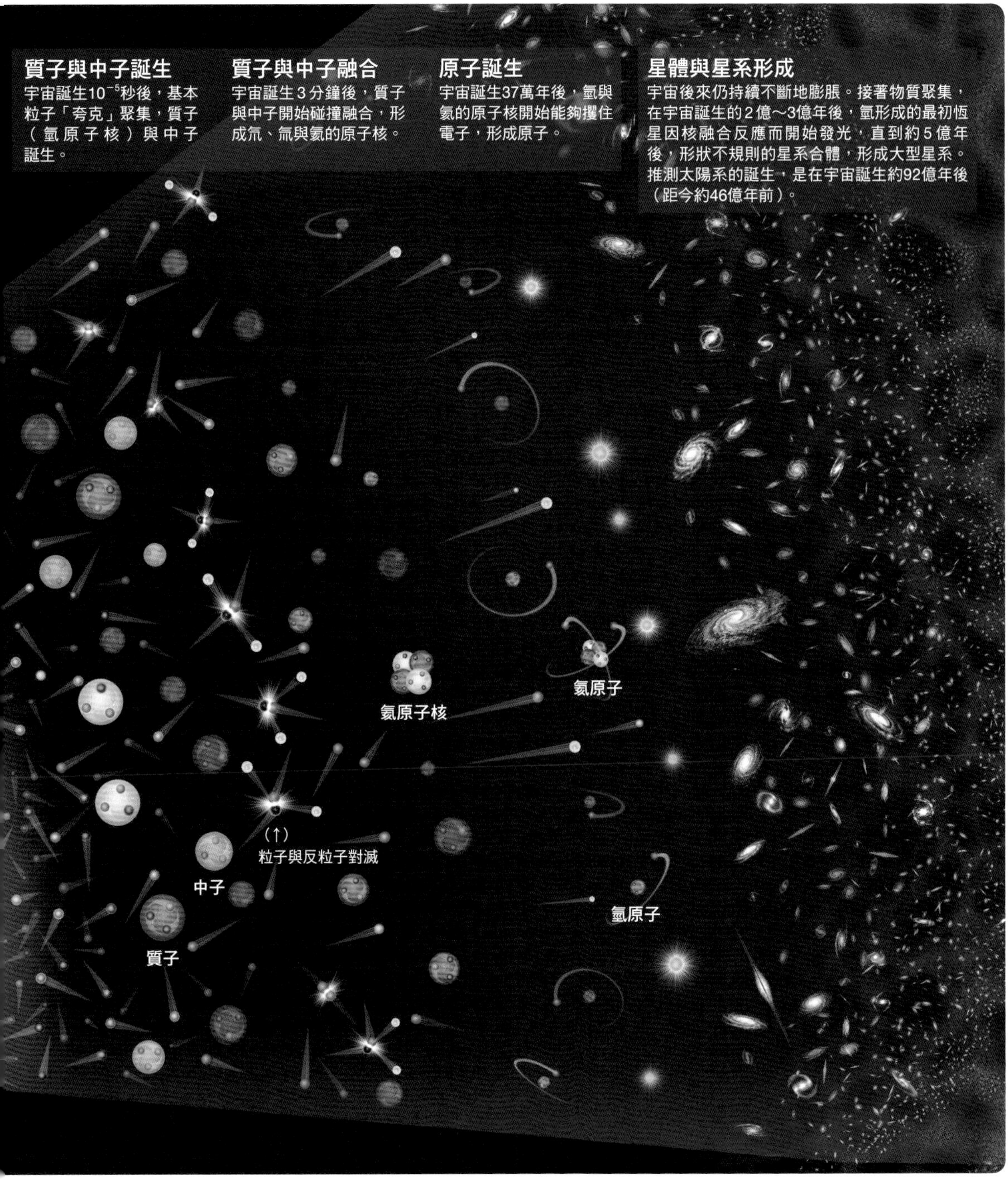

氦原子核

氦原子

（↑）
粒子與反粒子對滅

中子

氫原子

質子

與最遠的星系相距約134光年

光在真空中前進1年的距離稱為「1光年」。光速為秒速約30萬公里，因此1光年就是「約9兆4600億公里」。舉例來說，從太陽到銀河系中心的距離為2萬8000（±3000）光年，而從太陽系到最近的恆星「半人馬座α星」的距離則是4.2光年。

若宇宙的大小為138億光年，那麼現在能夠以光的形式看見的最遠星系，距離便是134億光年。換句話說，現在抵達地球的是「最遠星系」在134億年前發出的光，我們觀測到的是其134億年前的樣貌。

至於光1分鐘前進的距離則稱為「1光分」。太陽光約8.3分鐘抵達地球，因此地球與太陽之間的距離就能夠以「8.3光分」表示。不過，太陽系的天體距離通常表示為「天文單位」（AU）。1天文單位是地球與太陽的平均距離，換算成公里約為「1億5000萬公里」。

與天體的距離（→）

地球與太陽距離為「8.3光分」，與金星的距離約為「2.5光分」，與火星的距離約為「4光分」，與木星的距離則約為「30光分」。附帶一提，距離地球最近的月球，與地球之間的距離則是「1.3光秒」，這代表月球位在距離我們38萬公里之外的地方。月球約以每年3.8公分的速度遠離地球，因此推測月球剛誕生時，距離地球只有約2萬公里。

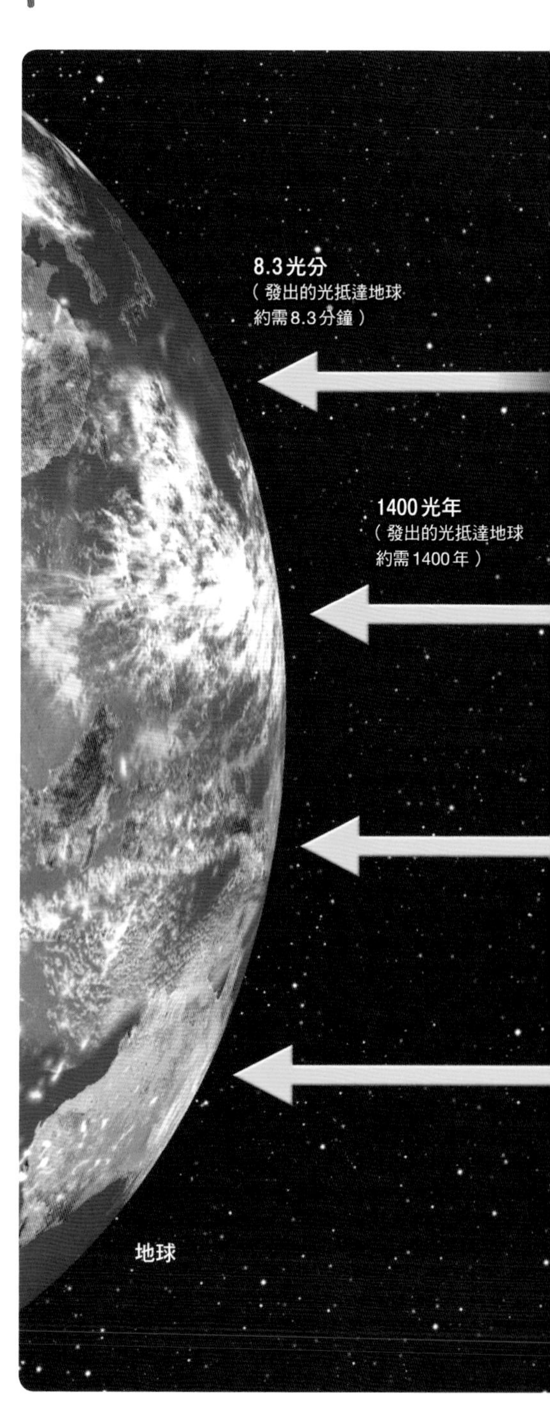

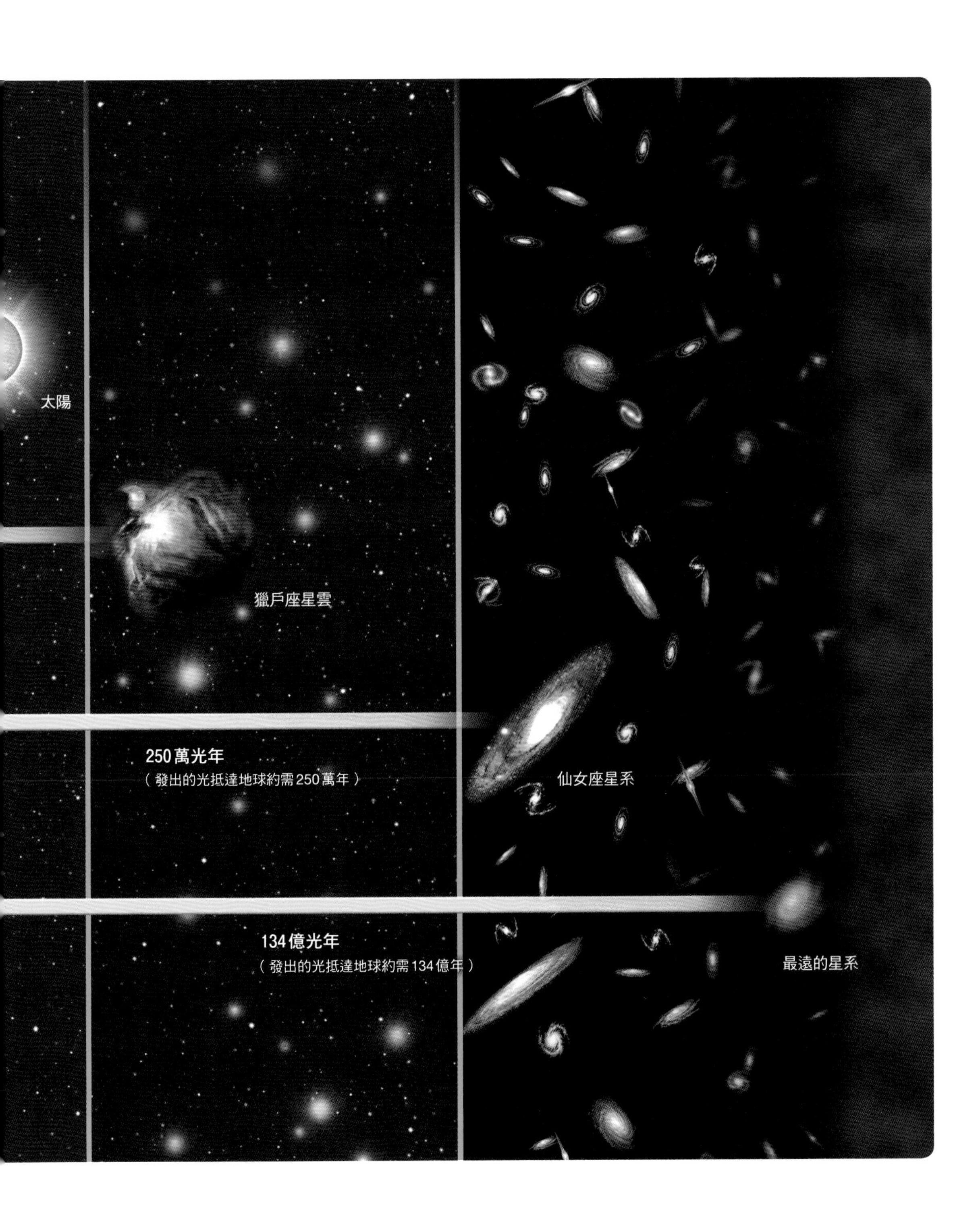
太陽
獵戶座星雲
250萬光年
（發出的光抵達地球約需250萬年）
仙女座星系
134億光年
（發出的光抵達地球約需134億年）
最遠的星系

人類還無法知道宇宙的大小

宇宙到底有多大呢？

推測宇宙約誕生於138億年前，而光直到宇宙誕生約37萬年後，都因為和宇宙空間中飛竄的電子碰撞而無法直線前進。換句話說，光直到宇宙誕生約37萬年後才開始直行，而花了約138億年抵達地球的光，就來

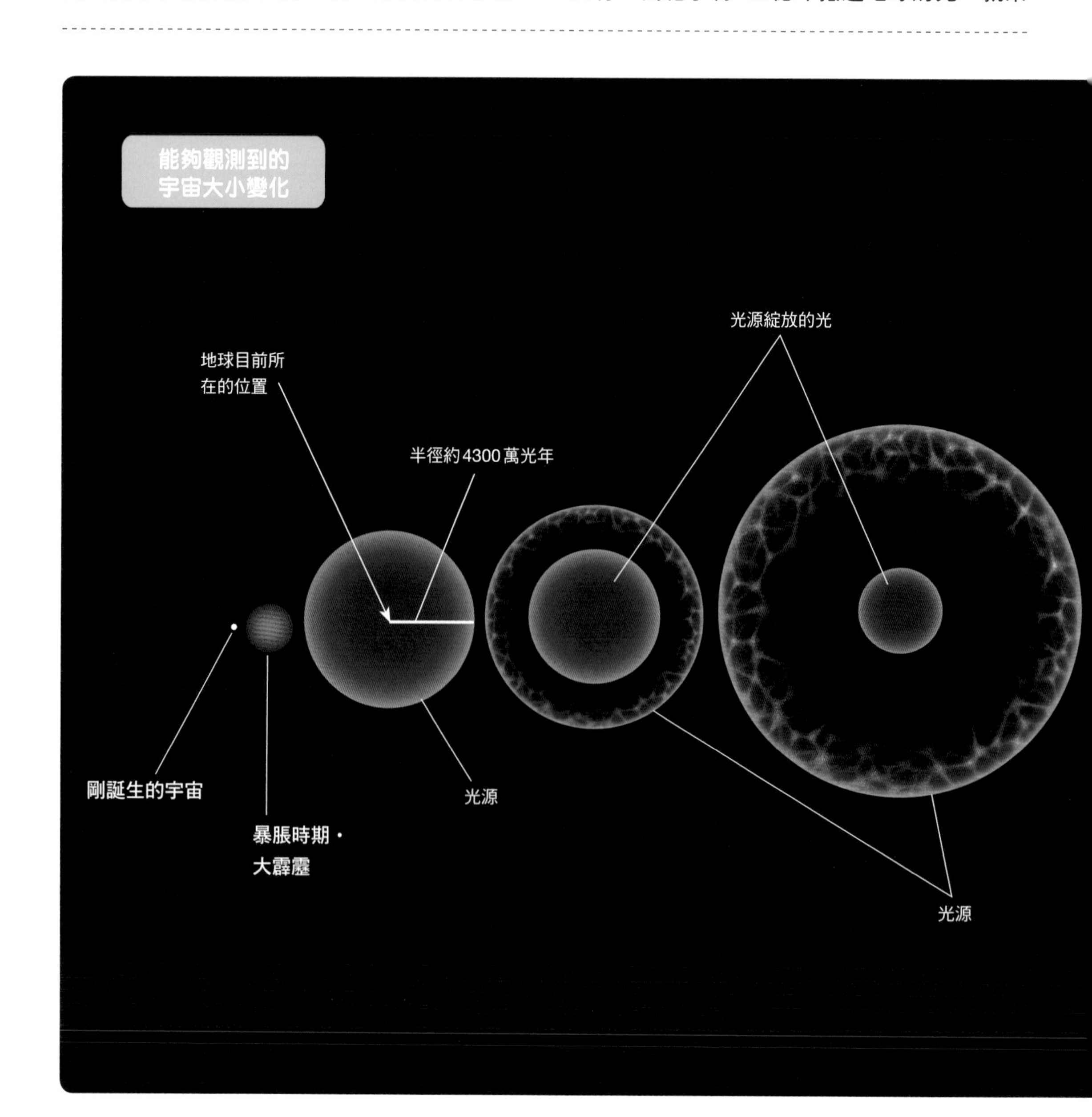

自我們所能夠觀測到的最古老過去（最遠的地方）。

我們能夠觀測到的最古老的光，由距離目前地球所在位置半徑約4300萬光年的光源所綻放。但光卻花了約138億年才前進這樣的距離，這是因為宇宙正在膨脹。光在前進的同時，與地球之間的距離也逐漸拉長。

附帶一提，現在能夠觀測到的宇宙，因為宇宙膨脹的關係，位於以地球為中心「半徑約470億光年」的位置。但宇宙在這段期間依然逐漸擴大，因此我們不可能知道宇宙「真正的」大小。

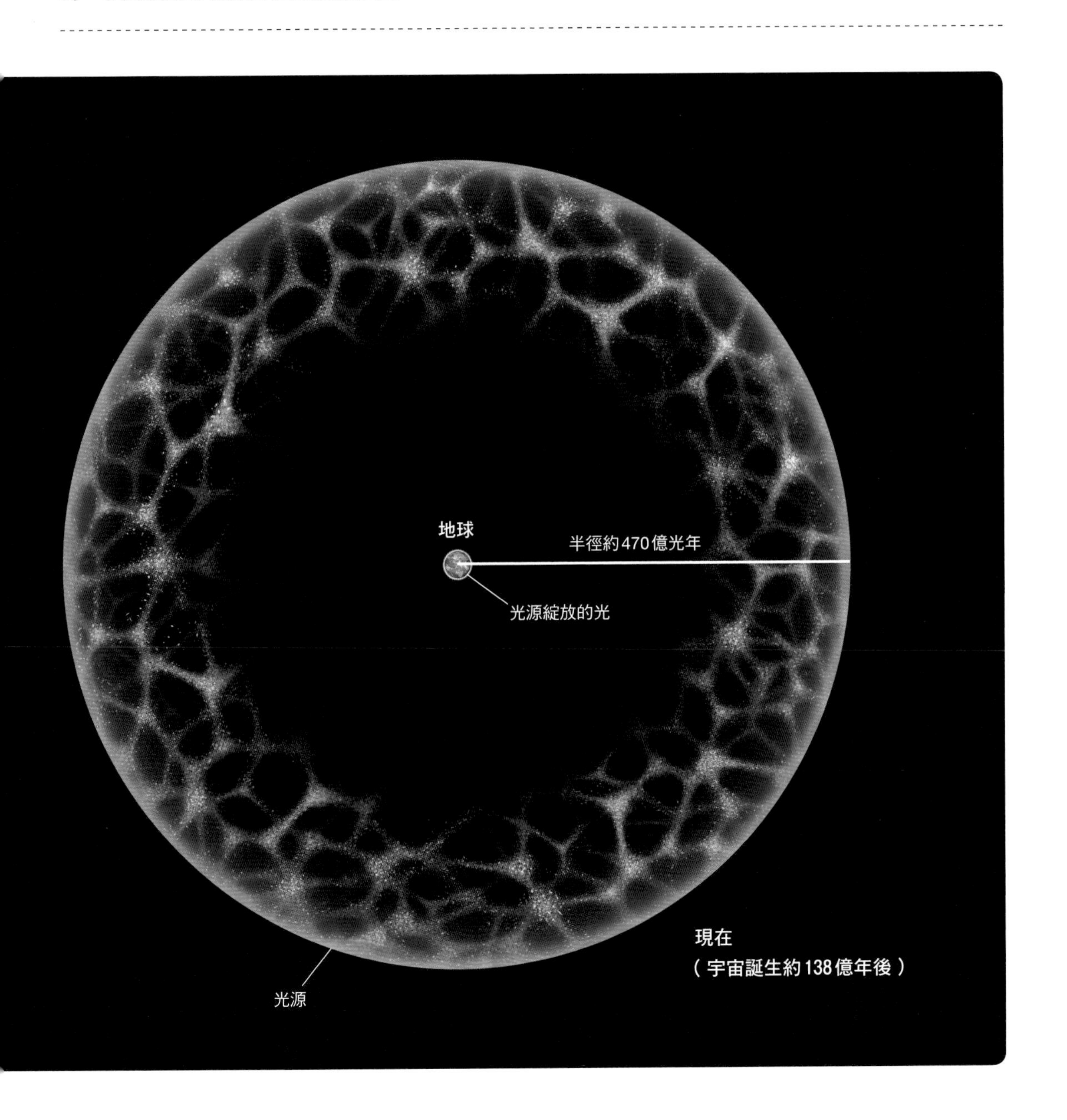

宇宙未來的樣貌取決於暗能量

1929年，天文學家哈伯發現宇宙正在膨脹。接著到了1998年，波麥特（Saul Perlmutter，1959～）、施密特（Brian P. Schmidt，1967～）與黎斯（Adam Riess，1969～）等3名教授，透過研究發現宇宙膨脹的速度正在加快。

直到宇宙誕生約80億年後，星系間的距離都還很短，重力發揮了莫大的作用。在重力的作用下發生「減速膨脹」，宇宙的膨脹速度

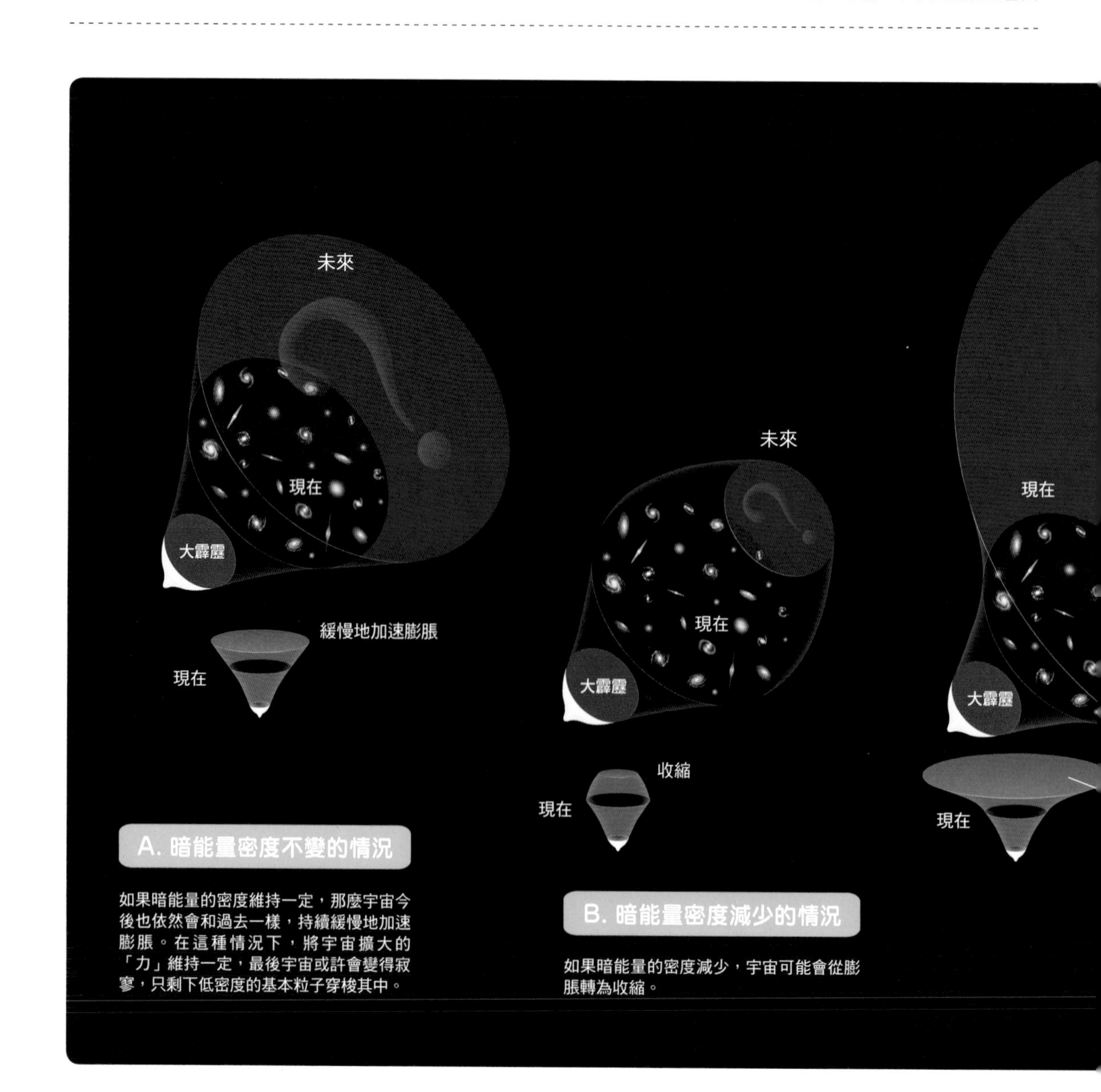

A. 暗能量密度不變的情況

如果暗能量的密度維持一定，那麼宇宙今後也依然會和過去一樣，持續緩慢地加速膨脹。在這種情況下，將宇宙擴大的「力」維持一定，最後宇宙或許會變得寂寥，只剩下低密度的基本粒子穿梭其中。

B. 暗能量密度減少的情況

如果暗能量的密度減少，宇宙可能會從膨脹轉為收縮。

逐漸變慢。然而到了約60億年前，宇宙的膨脹速度轉為逐漸加快的「加速膨脹」。

膨脹加速代表某種力正在宇宙空間中運作，但我們完全不清楚這種力的廬山真面目，因此稱之為「暗能量」(dark energy)。

關鍵就在於暗能量？

宇宙的未來就取決於暗能量的密度。但暗能量被視為現代物理學的最大謎團，我們並不清楚這股能量會如何變化。如果暗能量的密度固定，而且不會再改變，那麼宇宙或許將持續緩慢地加速膨脹，最後逐漸變得寂寥，只剩下低密度的基本粒子穿梭其中。

倘若暗能量的密度增加，宇宙更猛烈地加速膨脹，那麼銀河系與太陽系或許就會暴脹並撕裂。最後就連原子也無法完全抵抗宇宙的膨脹，同樣將暴脹撕裂，稱為大撕裂(Big Rip)。

另一方面，暗能量的密度也可能減少。這麼一來宇宙膨脹就會轉為減速，或許從某個時間點開始收縮。這麼一來星系間將會彼此接近，最後整個宇宙壓縮成1個點(大崩墜，Big Crunch)。

不過，也有物理學家設想出與這些截然不同的未來。因此關於宇宙未來的預測，至今依然混沌不明。

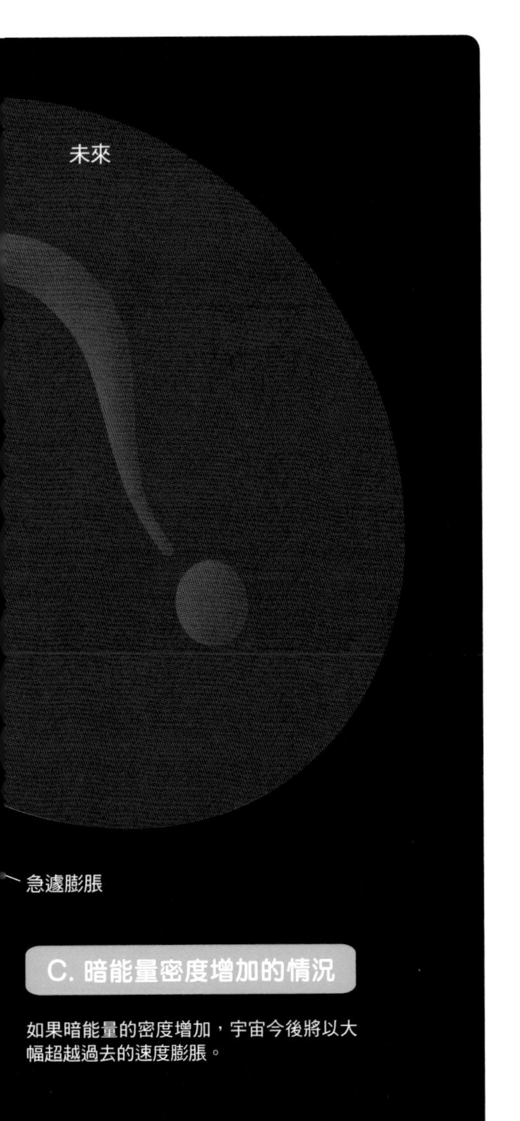

C. 暗能量密度增加的情況

如果暗能量的密度增加，宇宙今後將以大幅超越過去的速度膨脹。

專欄 COLUMN 未來的「銀河系」

距離地球約250萬光年的「仙女座星系」，與我們的銀河系以及其他幾座星系靠著重力結合，形成本星系群(local group)。而在本星系群的星系當中，仙女座星系與銀河系有著壓倒性的龐大規模。因此推測周邊的小星系總有一天會被這兩座星系吞噬。而在遙遠的將來，仙女座星系與銀河系本身甚至將碰撞、合併，最後形成巨大的「橢圓星系」(elliptical galaxy)。

不過這是距今約60億年後的事情，如果到時候太陽系依然健在，我們的地球也持續存在，夜空會變成什麼樣子呢？

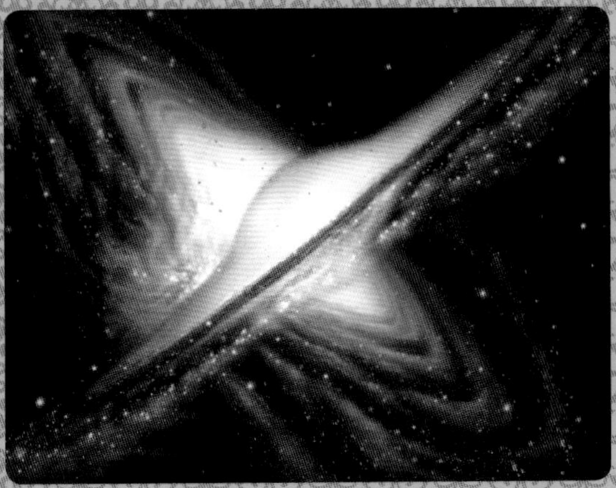

人類首度登陸月球的日子

美國與蘇聯從1950年代到1970年代初，展開了激烈的太空競賽（Space Race）。但是人造衛星的發射與載人太空飛行等重大事件，總是由蘇聯領先。而在1961年4月，蘇聯的太空人加加林（Yuri Gagarin，1934～1968）完成人類史上首次載人太空飛行，在兩者之間拉開了決定性的差距。

美國為了突破這樣的困境，擬定「人類登月計畫」，接著在同年5月，由甘迺迪總統宣布，將在1960年代末之前實現這項計畫。

「阿波羅計畫」啟動

「阿波羅計畫」在倉促之下啟動，但阿波羅1號太空船在測試時發生起火意外，導致3名太空人喪命。

後來暫時以無人太空船反覆進行試驗，終於在1968年10月，由3名太空人搭乘的阿波羅7號，成功完成環繞地球的試驗飛行。接著在同年12月，阿波羅8號朝月球發射，成功完成環繞月球的飛行。當他們首度看見映入人類眼簾的地球樣貌，並拍下令人感動的照片「地球升起」（Earthrise）。

接著美國經由阿波羅9號、10號在月球軌道上進行最後測試，檢查指揮艙與登月小艇等所有構成太空船的零件以及計畫實行的步驟。而後在1969年，載著3名太空人的「阿波羅11號」終於朝月球發射。船長阿姆斯壯（Neil Armstrong，1930～2010）與太空人艾德林（Buzz Aldrin，1930～）在7月20日16時17分40秒（美國時間）達成任務，成為首度登陸月球的人類※。

阿波羅計畫共6次成功登陸月面，直到1972年12月的阿波羅17號，共有12人降落月球，並將共382公斤的岩石帶回地球。

另一方面，阿波羅計畫也發生了重大事故。阿波羅13號的氧氣槽在前往月球的軌道上爆炸，但NASA傾全力面對這項困難，幫助太空人平安返回地球。這起事件也得到下列評價：「比起11號登陸月面，面對13號事故時以冷靜且正確的方式處理，更能夠證明美國科學技術的實力。」而現在已經發現，這起事故的原因是修理氧氣槽時使用的加熱器承受過大的電壓，導致內部線路遭到破壞。

※：他們在月面架設攝影機，插上星條旗之後，還與尼克森總統通電話，並設置各種觀測機器、採集岩石等，總共進行約2個半小時的活動。

阿波羅計畫的照片

A：「地球升起」畫面。B：降落月球的艾德林。艾德林的頭盔面罩上反映出正在攝影的船長阿姆斯壯身影。此外月面覆蓋著細沙，他留下清楚的腳印。C：登陸月面的阿波羅15號。右側可以清楚看到首度帶到月球的月球車（lunar roving vehicle，LRV）。

B

UNITED STATES
C

7

創造科學的人類思考

"Love of wisdom" brings forth science

古希臘哲學是科學的起源

人類自古以來就對各種自然現象與身邊的物質抱持著疑問，並且不斷地思考其原理與由來。舉例來說，在距今2500多年前的古希臘時代，人們就認為打雷是全能之神宙斯（Zeus）的神力，而人之所以會睡覺，則是睡神希普諾斯（Hypnos）的把戲。像這樣的說法就是「神話」（mythos）。

後來出現了一群人，他們試圖擺脫神話，以更具邏輯且理性的說法〔稱為「邏各斯」（Logos）〕解釋事物。當時人們的洞察力非常敏銳，甚至還衍生幾乎領先近代的想法。

像這樣對知識的探究，最後發展成為哲學※。而在17到19世紀之間，部分哲學則轉變成為「科學」（自然科學）。換句話說，伽利略與牛頓等人都是哲學家。

※：雖然現代將物理、化學與數學等稱為「自然科學」，並視為與哲學截然不同的探究範疇，但當時的哲學將這些全都包含在內。

右圖中乃將古希臘神話的全能之神宙斯畫成雷神的形象。有一群人在追求對於自然現象的解答時，尋求的不是神話性的說法，而是理論性的解釋。這些闡述最後發展成為哲學，而哲學後來又衍生出科學。

探究世界根源的古希臘哲學家

古希臘的七賢之一泰利斯（Thales，約前624～約前545）主張，人類、動植物、大地、空氣、天氣變化、生命的誕生與死亡等所有物質與現象的根源都在於「水」。對生於現代的我們而言，這個想法並不正確，不過泰利斯得到這個結論的過程才是重點。

泰利斯廣泛觀測大自然，最後得到如下的事實：「生命沒有水就活不下去」、「所有物體都由氣態、液態、固態組成，水可以變成其中任何一種樣貌」、「大地浮在海（大量的水）上，由海水支撐」等等，並將這些事實當成自己主張的根據。像這種立基於「觀察」的推論手法，也延續到現代科學。

萬物都能以數表示

自泰利斯之後，探究世界（萬物）根源就成了哲學家的主要課題。這是因為對他們而言，理解物質形成的原理與現象發生的原因，並能夠向他人確實說明才是「真知」。

另一方面，希臘智者畢達哥拉斯（Pythagoras，前582～前496）則認為萬物的根源就是「數」。他在某天發現了關於弦長與音階的法則，當發出「Do」音的弦，長度變成$\frac{1}{2}$時，就會發出高八度的Do。同理，如果長度變成$\frac{2}{3}$會發出So，變成$\frac{3}{4}$則會發出Fa。當這些音與原本的Do一起發出聲響，就能演奏出悅耳和弦的音程（完全協和音程）。

至於弦的長度比，低音Do與高音Do是2：1，低音Do與So是3：2，低音Do與Fa則是4：3。演奏出悅耳和弦的弦，比例竟然如此單純，為此深受感動的畢達哥拉斯認為，世界就是由單純的比例形成（美的關係）。

認為隱藏在各種現象背後的法則，能使用數學來表示的想法，在現代科學也極為一般。而畢達哥拉斯的想法即可說是其原點。

形成萬物的「原子」

現代科學會理所當然的認為「所有物質都由原子形成」，是由德謨克利特（Democritus，約前460年～約前370）與留基伯（Leucippus，約前470年～不詳）所提出的※。德謨克利特等人在原子說中主張，除了原子之外，也存在讓原子四處移動的空間——「空虛」（原子在空虛中聚集或分散）。

至於亞里斯多德則否定原子說與空虛的存在。他主張四元素說，認為萬物是由「火、土、空氣、水」所形成，而天界（宇宙）則充滿稱為「以太」（aether）的第五種元素（參考第14頁）。

※：德謨克利特等人的原子說，與現代論點多少有點不同。舉例來說，他們認為原子只要具備「無法再進一步分割」的性質，什麼形狀都無所謂（有各種形狀）。此外，物質的種類與性質，則取決於結合原子的排列方式與方向。

泰利斯
據說泰利斯過著清貧的生活，因此遭人們嘲諷「哲學沒什麼用」。於是他預測橄欖的豐收，並事先以租借方式壟斷榨油的機器，藉此獲得莫大財富，令人改觀。

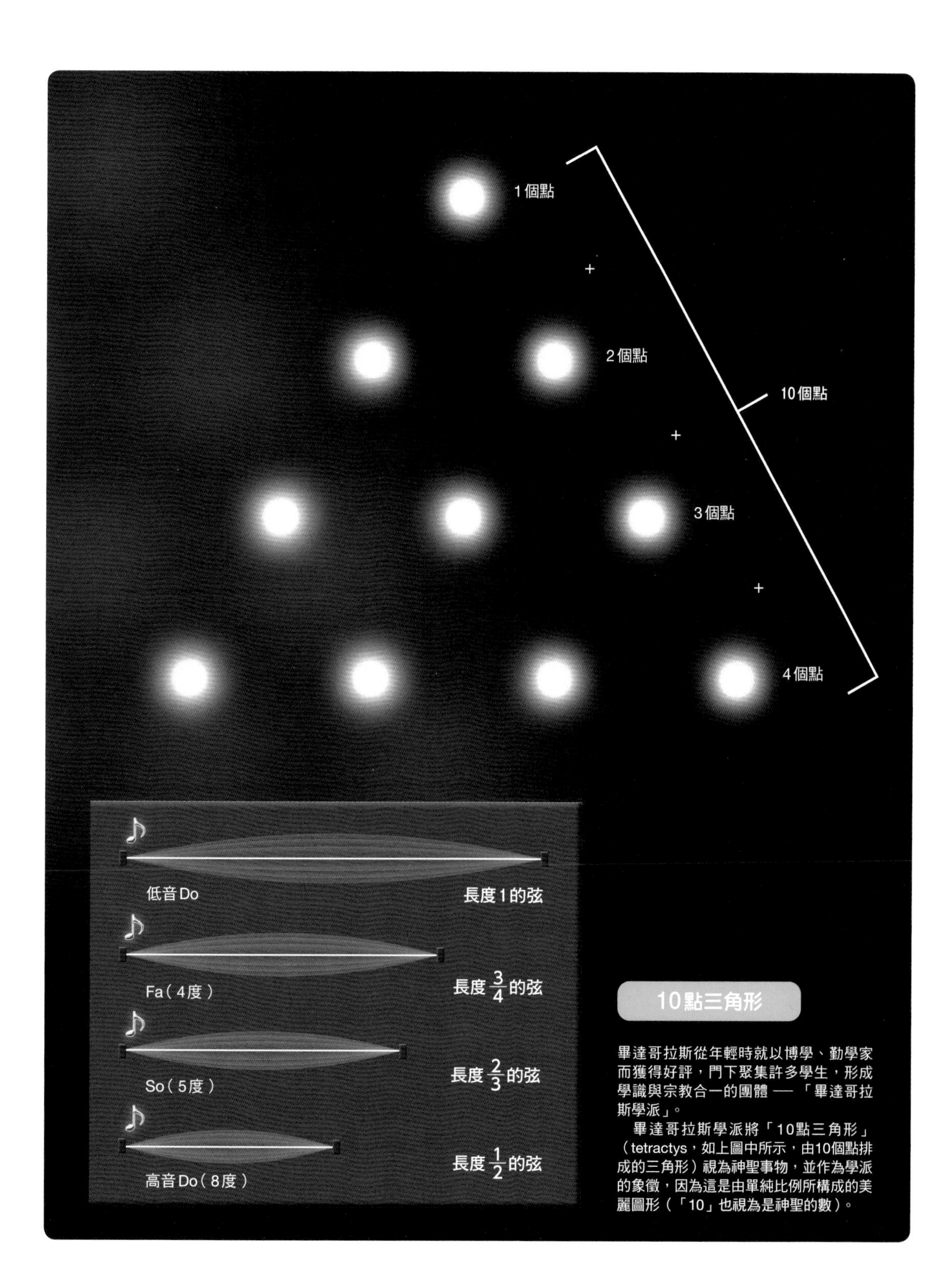

10點三角形

畢達哥拉斯從年輕時就以博學、勤學家而獲得好評，門下聚集許多學生，形成學識與宗教合一的團體 ── 「畢達哥拉斯學派」。

畢達哥拉斯學派將「10點三角形」（tetractys，如上圖中所示，由10個點排成的三角形）視為神聖事物，並作為學派的象徵，因為這是由單純比例所構成的美麗圖形（「10」也視為是神聖的數）。

將哲學作為學問分類的「亞里斯多德」

西元前5世紀，哲學的主要對象逐漸轉移到人類社會。舉例來說，城邦國家雅典就出現傳授如何在政治與法庭說服別人的「詭辯家」(sophist)。

蘇格拉底（Socrates，約前470～約前399）對於這種將知識作為辯論工具的風潮提出質疑，並將哲學再度拉回知識的探索。蘇格拉底因為神諭而被當成最聰明的人，他為了理解神諭的真意，到處拜訪人們口中的智者並與他們對話。最後他發現，世上不存在真知者，所謂最聰明的人就是知道自己無知的人。

於是蘇格拉底對神諭提出如下的解釋：「任何人都必須先了解自己的無知（無知之知），才可能產生追求真知的態度（哲學）」。

至於蘇格拉底的學生柏拉圖（Plato，前429～前347）則主張，天上的世界存在萬物與概念的「理型」(idea)，這個世界則是以理型為藍本製造的「擬象」(eikon)。換句話說，除了我們眼中所見的世界之外，還存在著只能透過智慧理解的另一個世界（二元論）。柏拉圖認為，只有探究理型才能獲得真知。

但另一方面，在柏拉圖學園學習的亞里斯多德，則強烈反對二元論。他認為為了獲得真知，必須徹底觀察自然，並對其結果進行理性的分析與評估。此外他也重視前人文獻的調查。

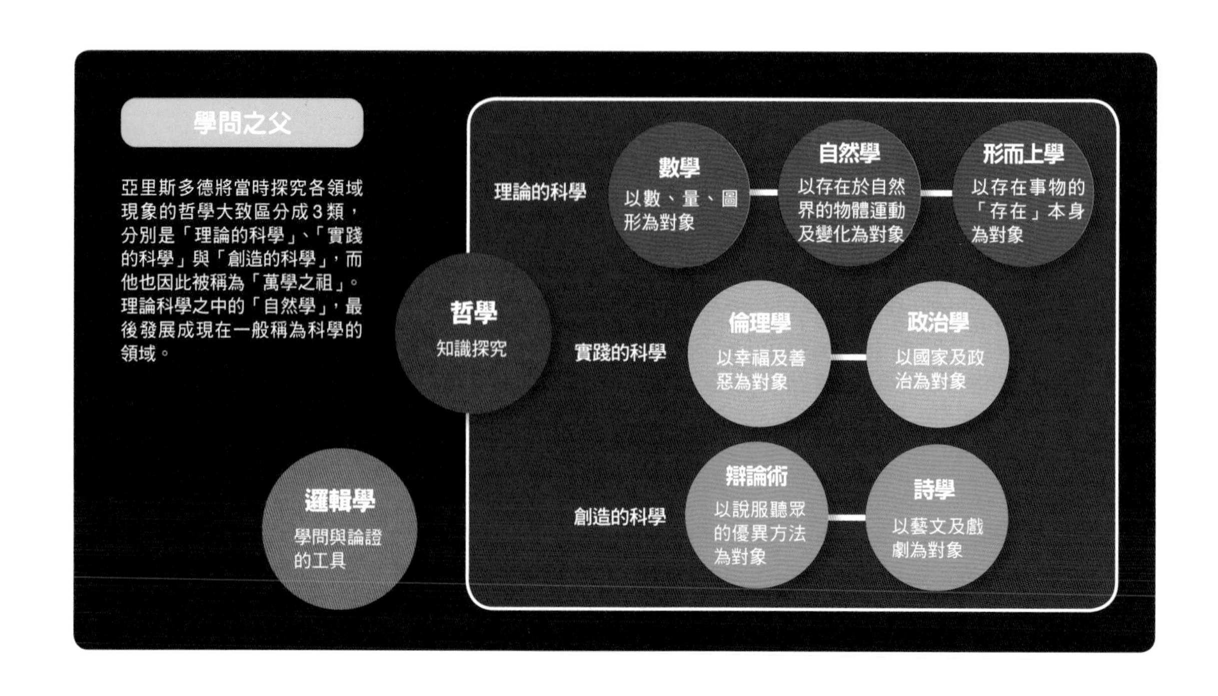

拉斐爾的《雅典學院》

圖中所繪為古希臘哲學家。柏拉圖指著天上的理型世界，亞里斯多德則手掌朝著地面，顯示兩人想法差異的對比。他們倆的想法，分別由後世的哲學家繼承，形成不同的哲學體系。附帶一提，兩人手中分別握持著自己的著作（柏拉圖的是《蒂邁歐篇》，亞里斯多德的則是《倫理學》）。

從中世紀後期發展到近代哲學已具「科學性」

亞里斯多德的哲學在12世紀的歐洲獲得了廣泛接受，但同時也與天主教發生摩擦。這是因為兩者在各方面皆有所差異，舉例來說，亞里斯多德的哲學認為「世界沒有起源」，但天主教則主張「世界是由神創造的」。

在這樣的情況下，神學家阿奎那（Thomas Aquinas，1225～1274）雖然肯定哲學理性的態度，卻依然認為思考關於神的「神學」才是最高級別的學問，哲學則在神學之下。儘管他提出神學與哲學的上下關係，依然企

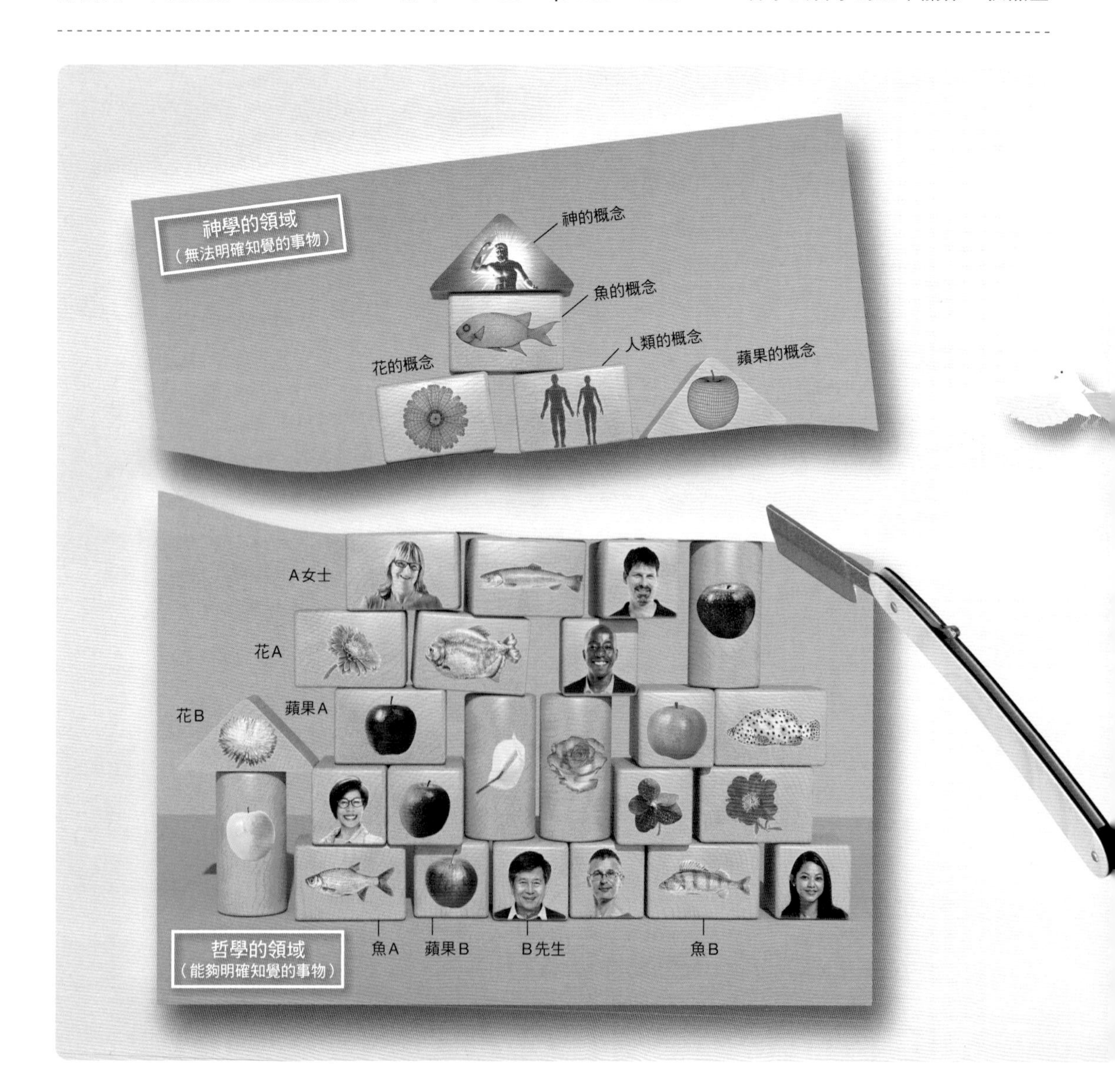

圖調停兩者的對立。

對此，身兼神學家及哲學家的奧坎（William of Ockham，1285～1347）則主張不應該論斷無法明確知覺的存在與概念。這個主張稱為「奧坎簡化論」（Occam's razor，又稱奧坎剃刀），他藉此將使用「神」概念的神學，與重視觀察（經驗）的哲學分離開來，成為日後哲學發展的契機。

主張實驗重要性的培根

從中世紀後期到近代，哲學家帶來了許多「科學性」的發現（科學與哲學尚未區分開來）。以天體觀測結果與合理的驗證、理論為基礎的「地動說」，推翻了將地球視為宇宙中心的「天動說」世界觀，或許就是最具代表性的例子。

然而在另一方面，哲學家培根（Francis Bacon 1561～1626）主張在觀察自然現象時，必須揚棄先入為主的觀念（因為可能帶來錯誤的結論）。此外，他也認為必須像經過反覆實驗才得到物體運動定律的伽利略那樣，仔細地進行實驗才能一點一滴獲得新的知識。

培根排除先入為主的觀念，透過觀察與實驗獲得正確知識的方法稱為「歸納法」（induction）。

※：雖然歸納法從亞里斯多德的時代就開始使用，但將其發揚光大的卻是培根。

奧坎簡化論

用剃刀將神學的領域（無法明確知覺的事物）從哲學的領域（能夠明確知覺的事物）切割開來的示意圖。A女士、B先生等個別人物或是蘋果A、蘋果B等一顆顆蘋果，包含在能夠明確知覺的事物當中；至於人類與蘋果的概念等，則包含在無法明確知覺的事物當中。

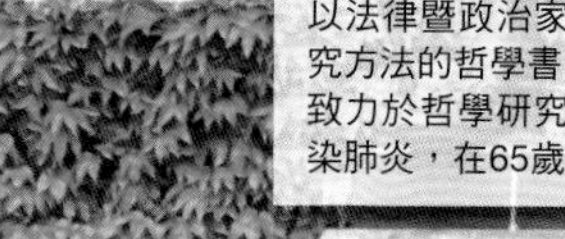

培根

以法律暨政治家的身分活躍業界，同時也出版闡述學問研究方法的哲學書《學術的進展》。60歲時從政界退休，專心致力於哲學研究，卻因為將雪塞入雞體內冷凍的實驗而感染肺炎，在65歲時辭世。

試圖確立各種知識基礎的笛卡兒

法國哲學家笛卡兒試圖從眼前的事物思考「正確的知識」。

我們會發生聽錯、看錯之類的誤判，因此透過感覺理解的世界並不可靠。再加上夢境與現實也可能無法區分。說不定眼前的書、身上穿的衣服甚至自己的肉體都存在於夢中。就連「3+5=8」的計算結果都有可能明明錯誤，卻因為神的矇蔽而讓我們誤以為是對的。

懷疑所有一切的笛卡兒（方法懷疑論），想到了「我思，故我在」（只有懷疑一切的自己才是確實的存在）的真理。

此外笛卡兒試圖從前提而非經驗，找出理論性（基於理性）的正確知識。他也認為這個方法除了哲學之外，也適用於物理學等個別的科學問題。就連人類，都能用同樣的理性思維，將作為機械性物體的「身體」，與思考的「意識」（精神、心）視為分別獨立的存在（心物二元論，mind-body dualism）。

換句話說，笛卡兒將哲學的根本原理完全貫徹到個別的科學。

機械論的自然觀

已往支配世界的「目的論」（teleology），認為自然界的萬事萬物都有其預設的目的，並且為了實現目的而決定形式及行動（運動）。另一方面，笛卡兒則盡可能排除物體的意志等「想像上的概念」※，主張「機械論」（mechanism），只靠「機械性的力」，換句話說就是直接以推或拉的力說明物質世界發生的事件。

※：笛卡兒認同人類存在著靈魂，而靈魂能夠影響世界。

笛卡兒
笛卡兒也具有相當於現代數學家與幾何學家的一面。他提出笛卡兒座標系（一般使用X軸與Y軸表示的座標系，這個系統結合代數與幾何學，實現解析幾何學）與慣性定律（參考第41頁）。

在英國發展並繼承培根流派的哲學

繼承自培根流派，認為「知識必須從經驗中獲得」的哲學，從17世紀開始在英國發展，稱為「英國經驗論」（The British Empiricism），與繼承自笛卡兒的「歐陸理性主義」（The Continental Rationalism，以法國及德國為中心的歐陸哲學，認為知識必須從理性中獲得）處在相對立的立場。

笛卡兒認為人類天生就擁有對於事物的基本「認知」（觀念）。這樣的想法稱為「天賦觀念論」（Innatism），舉例來說，嬰兒就已經具備能夠辨識「香蕉」是「香蕉」的認知。

另一方面，英國哲學家洛克（John Locke，1632～1704）則認為，我們透過香蕉能夠得到香甜、黃色、細長等印象（單純觀念），這些經驗累積起來，在腦中形成「香蕉」這樣的複合觀念，於是我們就能夠辨識香蕉。

主張英國經驗論的主要哲學家中，知名的還有柏克萊（George Berkeley，1685～1753）及休謨（David Hume，1711～1776）。

主張英國經驗論的主要學者

（←）洛克

被譽為「英國經驗論之父」。同時精通醫學，與奠定化學基礎的哲學家波以耳（→第194頁）之間有深入的交流。

洛克認為，以香蕉為例，心外世界的香蕉原型，只擁有大小及形狀。而香蕉則具備讓我們感受到顏色及氣味等的「能力」，能夠對我們的五感產生作用，在我們心中建立「黃色香甜香蕉」的觀念。

柏克萊（→）

愛爾蘭哲學家。洛克假設心外世界擁有只具備大小及形狀的原型，而柏克萊則認為，就連原型都是五感受到刺激所產生的心中觀念。像這種連物質存在都否定的立場，則稱為「主觀觀念論」（Subjective Idealism）。

＊另一方面，柏克萊也認為，如果是能夠為人所感知的事物，即使當下人並未感知，神也能知覺，以神的觀念存在。

休謨

蘇格蘭哲學家。休謨認為「因果關係」只不過是眼睛能夠看見的規則，至於假定其背後類似必然性的部分則屬於幻想。

譬如在撞球檯上，以白球（母球）撞擊靜止的1號球，如果球的位置、球桿擊球的力道、球彼此撞擊的角度等所有條件都完全一致，那麼不管重複幾次，母球與1號球在碰撞後所前進的方向與速度應該都會相同。不過，就算能夠觀察到同樣的現象反覆發生，不代表這樣反覆具有必然性，也不見得母球的運動是「原因」，1號球的運動是「結果」。

雖然我們擅自以「必然性」及「原因」、「結果」的概念解釋這樣的狀況，但這只不過是思考習慣帶來的推測。就像這樣，休謨強烈地主張人類的知有其極限。

「背後的世界」
不存在？

洛克也認為，關於現在眼前所見的事物是否存在這個問題，雖然我們具備確切的知識，但對於只在之前看過的事物，就不能夠說是現在也依然存在（此為示意圖）。

在現代量子力學的解釋當中，電子之類微觀粒子的位置等性質，只有觀測才能確定（形成世界）。就這點而言，兩者的概念非常相似。

先有世界還是先有認知？康德的逆轉發想

英國經驗論與歐陸理性主義就在彼此互相影響之下分別發展。接著介紹試圖融合兩者，並開創科學之路的哲學家。那就是活躍於近世結束、18世紀中葉工業革命揭開序幕之際的德國哲學家康德（Immanuel Kant，1724～1804）。

根據康德的想法，我們無法得知外面世界真正的樣貌。但我們能夠透過與生俱來的「濾鏡」，認知外面的世界是「受自然法則支配的，有秩序的世界」。

康德認為，可將濾鏡分成「感性」「悟性」及「理性」※。濾鏡為人類共通的事物，大家透過認知建立相同的世界，並主張只要置身於這個世界，就能夠累積「客觀的知」。

※：悟性也翻譯成知性等。至於康德所說的理性，則是整合感性與悟性的邏輯思考力（哲學專有名詞的意義，經常隨著時代與人物而改變）。

康德

康德誕生於普魯士公國（現在的德國）。他也以受牛頓力學影響，主張太陽系是由塵埃聚集而成的「星雲說」為人所知。

他對英國經驗論提出質疑，認為透過每個人的個別經驗，不太可能獲得人類共通的客觀認知。而對於歐陸理性主義，他也指出以神之存在為前提的理論並不理性。康德的想法則克服這些問題，形成截然不同的概念。

透過「濾鏡」認識的世界

哥白尼式革命

「哥白尼式革命」是康德創造的詞彙。源於哥白尼提倡地動說而顛覆天動說的典故，意思是對於事物的看法有了180度的轉變。康德登場之前的哲學，建立在「先存在有秩序的世界，我們再認知這個世界」的前提上。但康德則主張完全相反的世界觀，認為「先存在我們的認知，這個認知再建立起有秩序的世界」。

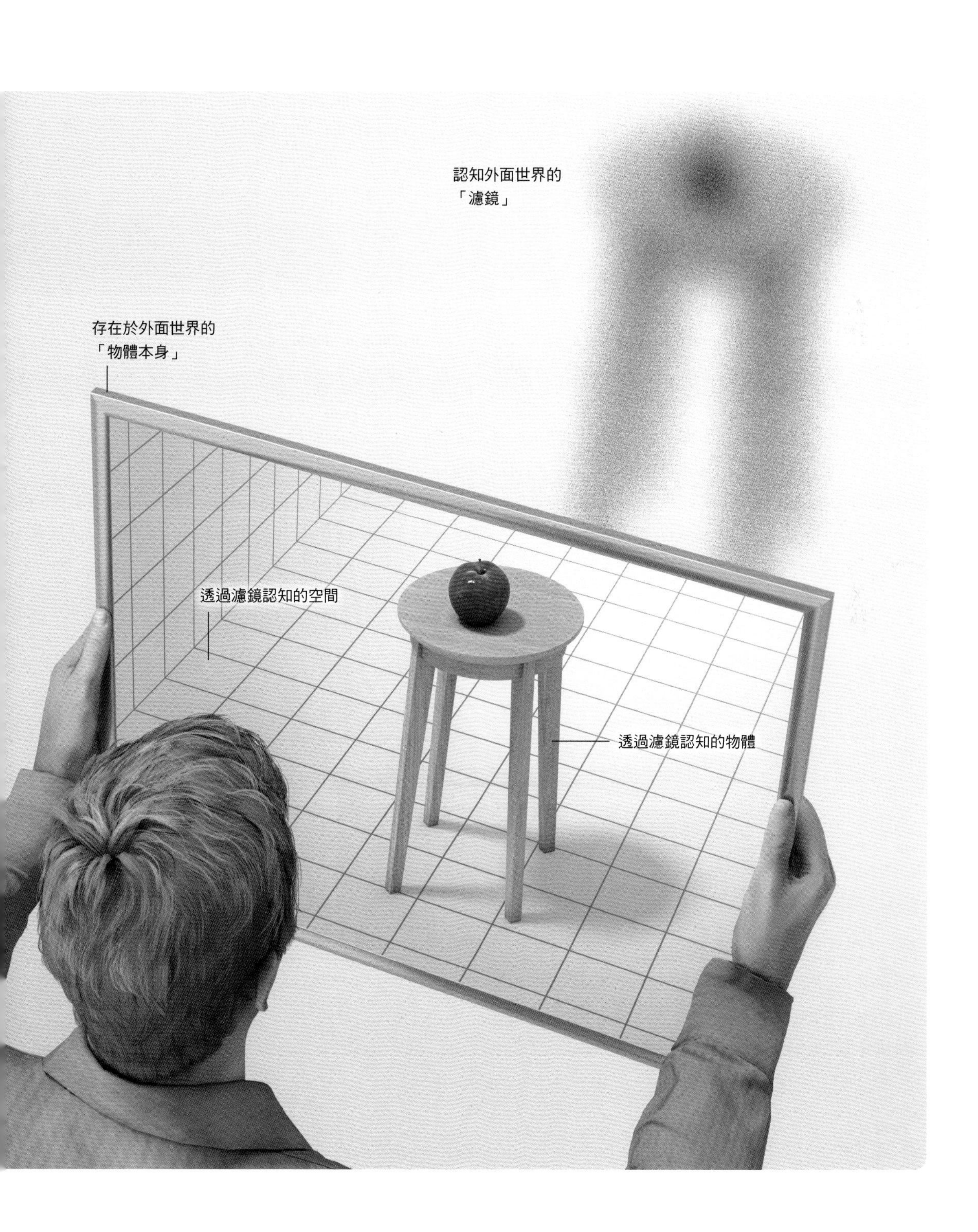
認知外面世界的
「濾鏡」
存在於外面世界的
「物體本身」
透過濾鏡認知的空間
透過濾鏡認知的物體

能夠預見萬物未來的「拉普拉斯精靈」

假設你正在煩惱飯後要喝咖啡還是紅茶，最後基於自己的意志選擇了咖啡。然而「左思右想之後選擇了咖啡」其實早已被某種力量預先決定，這樣的想法就稱為「決定論」（Determinism）。

法國數學家拉普拉斯（Pierre Simon Laplace，1749～1827）也支持決定論，他主張如果存在著了解世界萬物的「知性」（後來稱為「拉普拉斯精靈」，Laplace demon），對於這個知性而言就不存在任何不確定性，它想必能夠看穿未來的所有一切。換句話說，掌握萬事萬物狀態（位置與運動狀態）的拉普拉斯精靈，能夠呈現所有事物的確切未來。這可稱得上是決定論所勾勒的終極世界觀。

拉普拉斯以「科學」觀點理解決定論的想法，獲得一定程度的支持。但科學在20世紀後踏進了微觀的世界（量子力學揭開序幕），拉普拉斯精靈乃逐漸被視為是過時的觀念。

拉普拉斯精靈
抓著宇宙（以球表現）的是拉普拉斯精靈的手，而時鐘則表示拉普拉斯精靈能夠看見過去、現在與未來。拉普拉斯的想法發展自當時認為能夠解釋所有物體運動的「牛頓力學」。不過決定論之所以無法預測未來，是因為人類的能力有其極限（未來實際上已經決定好了）。

專欄 COLUMN 拉普拉斯與「貝氏定理」

貝斯以提出「貝氏定理」而廣為人知（參考第92頁）。身為數學家，他這輩子只留下1本論文，但裡面所記載的機率概念，就成為貝氏定理的原型。不過在他尚未發表就離世，後來才由友人普萊斯（Richard Price，1723～1791）在1763年替他出版並公開。

另一方面，拉普拉斯也發現與貝氏定理相似的定理。他在某天得知貝斯這個人，並將貝氏定理融入自己的定理當中再進一步發展。如此一來，貝氏定理就更加為人所知。附帶一提，拉普拉斯之所以考慮出版，是為了反駁休謨（參考第189頁）對天主教所主張的「奇蹟論證」（argument from miracles）。

過去
現在
未來
拉普拉斯

「科學」是什麼時候誕生的呢？

伽利略與牛頓等人所進行的研究，其目標乃在於解開自然法則之謎，在當時稱為哲學（自然哲學）。而自然哲學的一部分從17世紀時開始分離，分離出來的學問就稱為「科學」。

另一方面，運用思考與理論（思辨手法）

建立科學的主要學者

圖中整理出活躍於16～19世紀，與科學誕生密切相關的哲學家。

培根
（1561～1626）
主張揚棄先入為主的觀念與進行實驗的重要性（參考第185頁）。

克卜勒
（1571～1630）
發現與行星運動相關的定律，為地動說背書（參考第156頁）。

帕斯卡
（1623～1662）
以「人類是會思考的蘆葦」這句話而聞名。批判笛卡兒的哲學。

洛克
（1632～1704）
主張人類由誕生後之經驗獲得知識的「經驗論」（參考第188頁）。

1500年

1600年

哥白尼
（1473～1543）
對天動說抱持疑問，主張顛覆當時常識的地動說（參考第152頁）。

伽利略
（1564～1642）
因支持地動說而被視為異端，並獲判有罪（參考第154頁）。

笛卡兒
（1596～1650）
懷疑一切事物，從零開始重新建立哲學。「我思，故我在」（參考第166頁）。

波以耳
（1627～1691）
出生於愛爾蘭。發現與氣體體積及壓力相關的「波以耳定律」。

科學革命

17世紀的許多歐洲哲學家，為自然科學帶來了顯著的發展（近代科學的確立），稱為「科學革命」。這個名稱來自英國歷史學家巴特菲爾德（Herbert Butterfield，1900～1979）。

獲得知識的活動，則繼續保留在「哲學」當中。從2500年前開始的哲學，就這樣走上了與科學不同的道路。

科學的英文是「science」。這個字本身從14世紀就已經存在，在當時是知識與學問的意思。不過從18世紀初開始，這個字的意義有時也只侷限於「透過觀察及實驗所帶來的定律與知識」。接著到了19世紀中葉，這個詞彙的意義開始固定下來，與現代的定義幾乎相同。

專欄 COLUMN　science與「科學」

一般認為，18～19世紀時，科學（science）才開始細分為物理、化學、天文學等各門學問。在這樣的背景之下，19世紀後期（明治時代初期）的日本思想家西周（1829～1897），根據science這個字所表示「不同專業領域」之「學問」的意義，將其翻譯成「科學」。

牛頓
（1642～1727）
統整運動的基本定律，建構牛頓力學（參考第36頁）。

歐拉
（1707～1783）
以發現「歐拉公式」而聞名。將物理學數學化，為哲學與自然科學的分道帶來貢獻。

康德
（1724～1804）
主張新的認知論（參考第190頁）。此外也根據引力及斥力提出個人的自然觀。

休爾
（1794～1866）
整合性地探究科學的歷史與哲學，主張「科學哲學」的重要性。

1700年　1800年

萊布尼茲
（1646～1716）
與牛頓在同時期發現微積分法。批判笛卡兒的哲學。

柏克萊
（1685～1753）
繼承洛克的經驗論，主張非物質論（參考第188頁）。

休謨
（1711～1776）
出生於蘇格蘭。否定因果關係，主張個人的經驗論（參考第189頁）。

拉瓦節
（1743～1794）
發現質量在化學反應前後不會改變（質量守恆定律），開啟定量化學研究之路。

奧斯特
（1777～1851）
藉由康德研究中得到的問題意識，以整合不同的力為目標，發現電流磁效應。

從「批判牛頓」發展出一般相對論

牛頓力學認為，所謂物體的運動，是「物體在固定空間（絕對空間）中的位置變化」。換句話說，如果有兩個物體A、B，只有A移動的情況，以及只有B朝著其反方向移動的情況，在理論上是不同的。

萊布尼茲對這個想法提出異議，他認為物體的運動是「物體彼此的相對位置關係發生變化」。我們無法分辨「只有A移動的情況」，以及「只有B朝著其反方向移動的情況」。但區分無法分辨的事物並不合理（不可分者之同一性原理），依此否定絕對空間的存在。

提倡絕對運動的牛頓，對提倡相對運動的萊布尼茲舉出了「懸吊的旋轉水桶」作為例子。在這個例子當中，裝在水桶裡的水因為離心力的關係而表面凹陷。牛頓主張，儘管水桶與水以同樣的速度旋轉（水相對於水桶是靜止的），水面卻發生了凹陷的變化，因此這個現象無法以相對運動說明。

對牛頓「提出異議」的馬赫

而跨越200年的時空，奧地利哲學家馬赫（Ernst Mach，1838～1916）再次對牛頓提出異議。馬赫主張如果將水桶與水之外的整個宇宙都視為在旋轉，就無法否定地球上靜止的水桶也有水面凹陷的可能性。

某個物體的狀態取決於與整個宇宙的相對關係，這個概念稱為「馬赫原理」（Mach Principle）。據說愛因斯坦從馬赫原理得到靈感，建立了一般相對論的基礎。

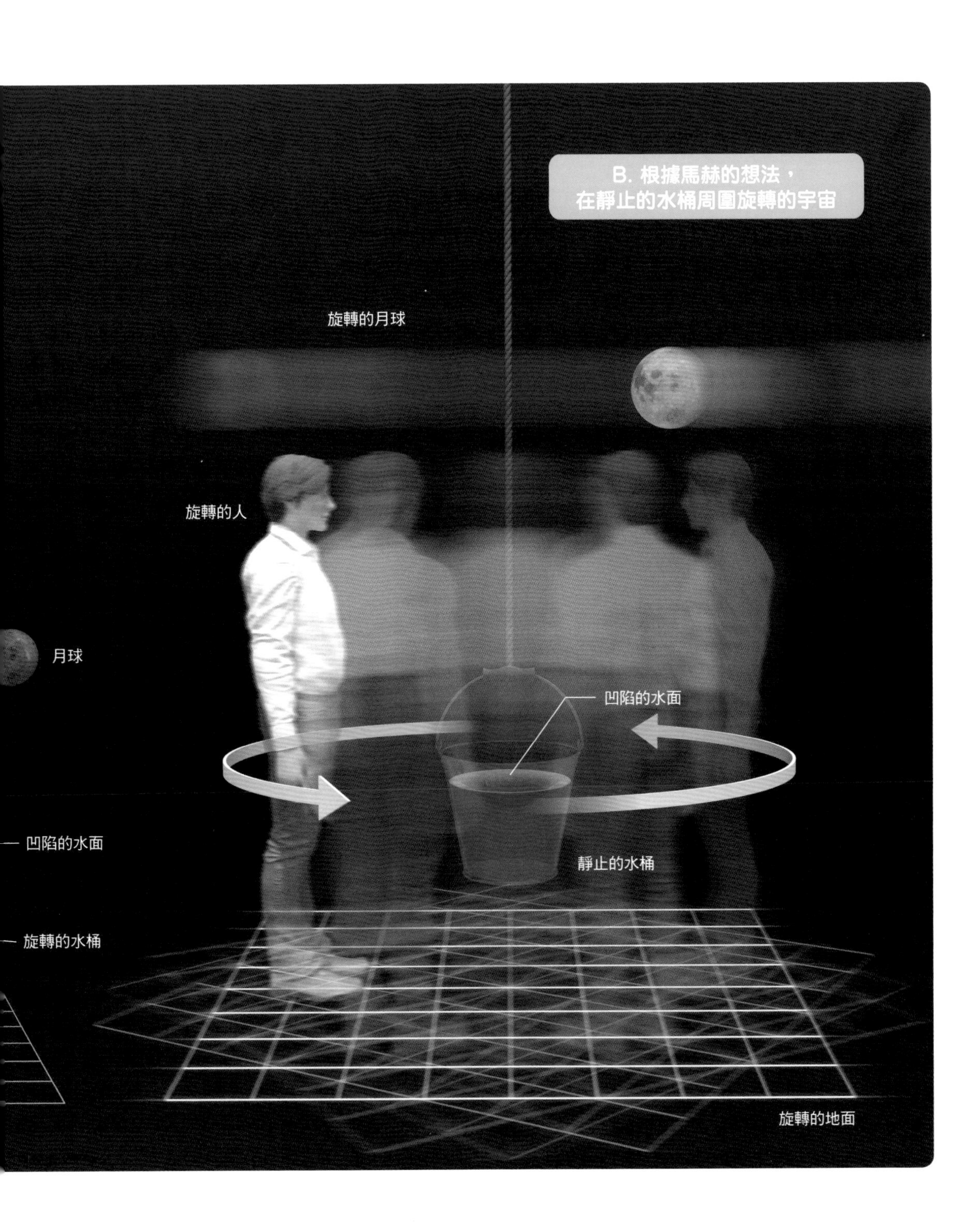
B. 根據馬赫的想法，
在靜止的水桶周圍旋轉的宇宙
旋轉的月球
旋轉的人
月球
凹陷的水面
凹陷的水面
靜止的水桶
旋轉的水桶
旋轉的地面

反覆假說和否證進行科學的驗證

所謂「科學的」到底是什麼意思呢？以「所有天鵝都是白色」的假說為例，思考關於科學的驗證。一般來說，會逐隻調查天鵝的顏色，換句話說就是透過累積個別的觀察以驗證假說，並導出定律（歸納法）。但休謨（參考第189頁）指出，基於歸納法的推論，無法帶來確切的正確性。

英國哲學家波柏（Karl Popper，1902～

1994）接受了休謨的想法，提出不依靠歸納法的科學手法。波柏主張試圖證明假說的錯誤（嘗試否證）才是科學的驗證。舉例來說，只要能夠發現1隻「黑天鵝」，就能證明「所有的天鵝都是白色」這個假說的錯誤。基於歸納法的驗證總是不確實，但否證卻是確實的。

波柏認為，反覆進行「為了解決問題而建立假說，接著找出反例否證這個假說，再提出新的假說……」的過程，就能進行科學的驗證。而這種「能夠否證（具備可否證性，falsifiability）」就是科學的定義。

尋找黑天鵝的態度才是「科學」

根據波柏的想法，針對「所有天鵝都是白色」的假說，試圖找出作為反例的黑天鵝以作為否證，才是科學的驗證（實際上，無論是黑天鵝還是褐色的天鵝都存在）。

此外，波柏也提到作為科學家的態度，如果假說遭到否證，科學家應該乾脆地撤回自己的主張。

革命性理論登場所引發的科學大轉換

對於過去的人們而言，世界「不會改變」。舉例來說，基督教認為神所創造的這個世界，雖然終有一天將迎來末日，但在末日來臨之前卻是穩定的存在，既不會前進也不會後退。

讓現代的我們認知到「世界正逐漸進步」這件事，是由黑格爾（Friedrich Hegel，1770～1831）等近代哲學家所提出來的（進步史觀）。

20世紀初，科學史對科學的理解也受到進步史觀影響。但另一方面，致力於研究科學史的孔恩（Thomas Kuhn，1922～1996），卻對「科學的進步是連續的」此種想法提出異議。

科學的歷史是「不連續的轉換」

從17世紀牛頓力學建構以來，科學家皆根據牛頓力學這項「規則」，進行研究並解決各式各樣的問題※。這樣的行為就像是依照牛頓給予的線索，將他留下的拼圖描繪出宇宙的面貌。

不久之後，無法繼續依照這項規則（理論）拼圖的時期到來了。就在某天，能夠將拼圖湊起來的革命性理論（愛因斯坦的相對論）誕生，科學家再次使用這項新的規則（線索）拼圖。

孔恩稱這樣的轉換為「典範轉移」（paradigm shift）。換句話說，他認為科學的歷史就是「不連續的轉換」。

※：不只牛頓力學，其背後的形而上學及解決問題的方法等各式各樣的要素合為一體，創造出典範。

科學的大轉換「典範轉移」

孔恩主張「偶然誕生的革命性理論為科學帶來大轉換」。所謂的「大轉換」，舉例來說就是從天動說轉換成地動說，或是從牛頓力學轉換成相對論等。換言之，無法再繼續使用過去的規則拼圖時，就會誕生新的規則，典範於是進行轉移。

?
F=ma

Check!

基本用語解說

AI（人工智慧）
自動針對輸入的資訊進行分類與判斷的軟體。其中，透過主動「學習」各種資料以提升精確度的AI，其學習的基本原理，就是從得到的結果獲取更具可信度的事後機率之「貝氏修正」。

DNA・染色體・基因
DNA是具備遺傳訊息的線（鏈）狀高分子，可與蛋白質結合的「染色質纖維」填滿核中，在細胞分裂時則成為摺疊起來的「染色體」結構。

至於在DNA當中，則是由「基因」來指示蛋白質之製造方式與時機的領域。

ES細胞、iPS細胞
從胚胎取出的細胞在特殊條件下培養所得的細胞即為「ES細胞」。「iPS細胞」則是不使用胚胎所製成的幹細胞。兩者都能分化成胎盤以外的任何細胞。

大氣層
從地表延伸到上空幾百公尺，覆蓋著大氣的領域。根據溫度變化的特徵分成4層，分別是對流層、平流層、中氣層及增溫層。

大霹靂
宇宙誕生時，真空能量發生相變，莫大的熱能解放，宇宙因此充滿了光和熱。這個相變的瞬間，以及包含暴脹在內的宇宙起源，稱為「大霹靂」。

中子
與質子一起構成原子核。各原子核所含的質子數固定，中子數則各不相同。

元素
顯示原子種類的名稱。元素的概念始於拉瓦節所定義「無法再繼續分割的單純物質」，與亞里斯多德在四元素說所提到的「元素」意義不同。

化學反應
原子之間藉電子的交換與分享而結合。譬如燃燒與中和等都是屬於化學反應。

牛頓力學
牛頓所建構的力學系統（古典力學）。能夠說明球體與天體等各種物體的運動。

可見光
人眼能夠看見的電磁波（光），波長約400～800微米。

目的論、機械論
過去支配世界的是「目的論」，主張自然界的萬事萬物都事先擁有目的，並且為了實現目的而決定行動（運動）及形式。

對此，笛卡兒則主張「機械論」，認為物質世界發生的事件，能夠只靠直接推、拉的力說明。

後來透過牛頓力學，發現只要假設如重力般不是直接推拉的力，就能以簡單的數學描述世界，於是「機械論」的意義也發生改變，變成用來指稱這樣的概念：所有事物都根據某種能夠數值化的法則，如機械般移動。

光子
光同時兼具波與粒子的性質，而著眼於其粒子的性質時，就稱為光子。愈亮的光，光子的數量就愈多。

光年
光在真空中以秒速約30萬公里的速度前進。1光年是光走1年的距離，約9兆5000億公里。

地函
地球內部由地核、地函、地殼這3層構造組成。地函（由以二氧化矽為主要成分的岩石形成）在地球內部進行對流運動，上升流稱為熱柱，沉降流則稱為冷柱。

夸克
構成質子與中子的基本粒子。

有機物、無機物
「有機物」是以碳為主要成分的化合物（CO、CO_2除外）。譬如擁有以碳原子結合成鏈狀為架構的丙烷、乙烯，以及具有環狀構造的苯等。至於有機物以外的化合物，便稱為「無機物」。

自律神經
控制體內器官的神經，主要由交感神經與副交感神經組成。

免疫系統
將病原體等入侵體內之異物予以排除的機制。由先天免疫系統及後天免疫系統這2個階段形成。

岩漿、熔岩
「岩漿」主要是指形成地函的岩石部分融熔變成液體後的物質。「熔岩」則是從火山噴火口等流到地表的岩漿，以及岩漿冷卻凝固形成的岩石。

恆星、行星
「恆星」是因核融合反應而發光的天體，而恆星周圍的天體中具有一定質量以上的稱為「行星」。行星無法自行發光，必須反射恆星（太陽）的光才會發亮。

星系、太陽系、銀河系
「星系」是大型星體集團。現在已經知道宇宙有許多星系。我們居住的太陽系（太陽引力所及的行星等形成的集團）所在的星系，則稱為「銀河系」。

相對論
愛因斯坦所構思提出關於重力與時空（時間與空間）的理論。分成特殊相對論與一般相對論。

相變
指的是物質的性質在達到某個條件時突然產生變化。舉例來說，水變成冰就是一種相變。即使低於0℃，水也「忍耐著」不結冰則是過冷卻狀態，這樣的狀態如果遭受到衝擊等，就會一口氣發生液體變成固體的相變。

科學
舉例來說，伽利略與牛頓等人所進行的，以探察自然法則為目標的研究，在當時稱為哲學（自然哲學）。不過部分自然哲學從17世紀開始分離，這些分離出來的學問不久後就被稱為「科學」。

重量、質量
作用在物體上的重力大小稱為「重量」，如果改變地點，即使是相同的物體，重量也會改變；至於「質量」則是表示物體移動難度（加速難度）的量。重量會受重力影響，質量則與重力無關。

原子、分子
「原子」是構成物質的最小單位，由原子核（有質子、中子）與電子組成。原子的英文「atom」源於希臘語，意思是「無法進一步分割的物體」。

兩個以上的原子結合在一起則形成「分子」。譬如水分子（H_2O）就是由2個氫原子（H）與1個氧原子（O）組成。

原子核
位於原子的中心，由質子與中子一起組成。

核融合、核分裂
原子核彼此融合，或是一分為二的現象。反應時部分質量會轉變成能量，這些能量遠比一般的化學反應（燃燒等）更大。

能量
物體等所具備的「作功能力」總稱。能量有各式各樣的形態，有時也能夠從某種形態轉換成其他形態。例如蒸汽機能夠將燃燒燃料所獲得的熱能轉換成蒸氣的動能。

基本粒子
無法再進一步分割的最小粒子。

速率、速度
「速率」是顯示物體運動快慢的量，譬如時速。速率與運動的方向合起來則稱為「速度」。

量子
具有波粒二相性的微小「粒子」稱為量子。除了電子與光子之外，原子、分子、原子核、質子、中子等全都是量子。

量子電腦
利用能夠同時顯示0與1之「量子位元」的電腦。舉例來說，10個量子位元能夠同時顯示1024種模式，因此如果想將量子位元顯示的1到1024個數與特定的數相乘，只要進行1次計算即可。

幹細胞
能將失去的部分予以修補的細胞。就如同樹木從樹幹分化出枝葉，幹細胞也能分化成各式各樣的細胞。

溫室效應
地表放射的紅外線被大氣中的「溫室氣體」吸收。這麼一來，就會有部分紅外線無法釋放到宇宙空間，而是再度使地表變暖。

萬有引力、重力
「萬有引力」（引力）是所有物體都具備之彼此互相吸引的力。「重力」通常指的就是萬有引力，但地球上的重力則是離心力（源於地球自轉）與地球引力的合力。

過敏
免疫細胞對不會傷害身體之異物的過度反應。過敏的種類有很多，譬如花粉症、食物過敏、金屬過敏等等。至於異位性皮膚炎與氣喘等因過敏所引發的疾病，則稱為過敏性疾病。

電子
分布於原子核周圍帶著負電荷的粒子。每個原子所含的電子數與質子數相等。

慣性
物體運動的一個基本性質，亦即不受外力影響下，運動的物體會以原本的速度持續運動，靜止的物體則維持靜止。

磁鐵
用來將便條紙吸在冰箱上的是「永久磁鐵」，至於用於馬達等的則是「電磁鐵」。電磁鐵以導線纏繞鐵芯製成，通電後就能發揮磁力。

質子
與中子一起構成原子核的粒子。原子的種類（元素）取決於質子的數量（原子序）。

震度、地震規模
震度顯示的是地震對地表造成的搖晃程度，或物體因受振動所遭受的破壞程度。現今地震儀器已能詳細描述地震的搖晃情形。「地震規模」則是顯示地震實際強度（能量）的尺度。地震規模加1，能量就增加約32倍。

激素
隨著血流影響特定內臟與器官之物質的總稱。人體透過激素的分泌，進行各種體內環境的調節。

癌症
正常的細胞能夠由送進來的分子訊號判斷「分裂」還是「停止分裂」。但癌細胞中促進細胞分裂的基因發生突變，使得分裂無法停止，導致組織與器官因此而遭到破壞。

離子
原子因獲得或是失去電子所形成的帶正電或負電的粒子。帶正電的稱為「陽離子」，帶負電的則稱為「陰離子」。

Index

▼索引

數字、A～Z

二劃、三劃

四畫

五畫

六畫

七畫

八畫

九畫

阿波羅9號發射升空（1969年3月）

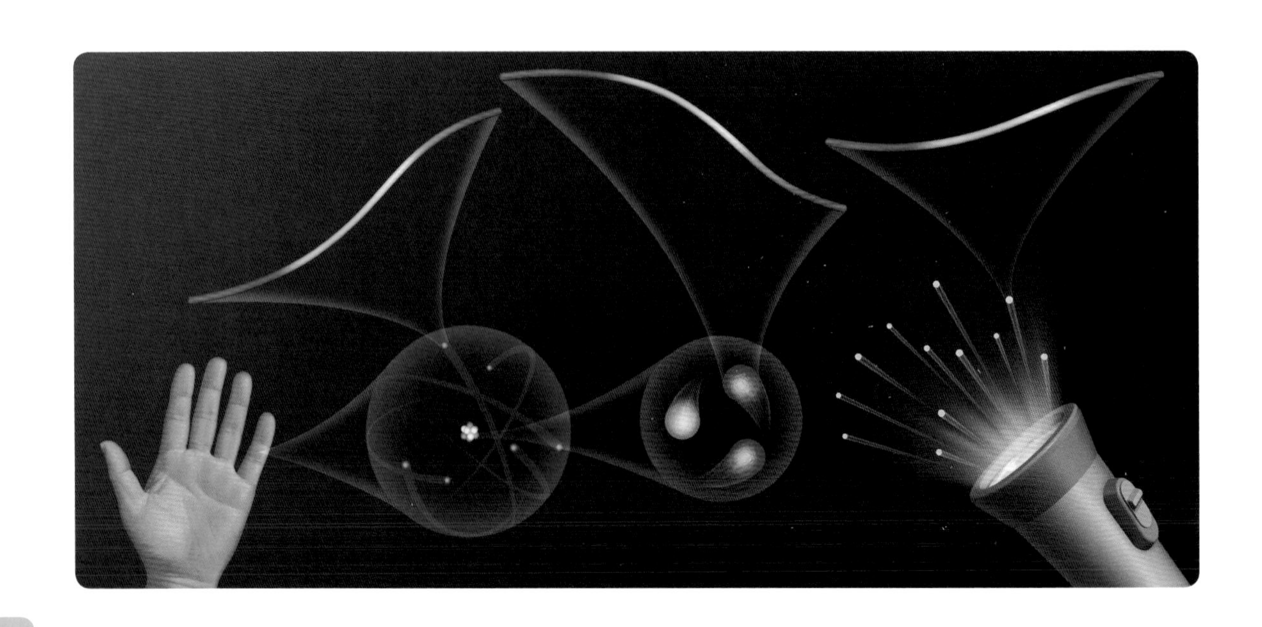

Staff

Editorial Management	木村直之
Editorial Staff	中村真哉，上島俊秀
Design Format	小笠原真一（株式会社ロッケン）
DTP Operation	平木昭子，菊池 靖

Photograph

013	DG PhotoStock/stock.adobe.com
015	杉本宜昭（東京大学大学院 新領域創成科学研究科）
028-029	akg-images / PPS通信社
031	yoshiji/stock.adobe.com，kai/stock.adobe.com
037	Science Source / PPS通信社
038-039	（ボイジャー）Brian Kumanchik, Christian Lopez. NASA/JPL-Caltech,（背景）ESA/Gaia/DPAC, CC BY-SA 3.0 IGO（https://creativecommons.org/licenses/by-sa/3.0/igo/）
044-045	JAXA / NASA
059	banprik/stock.adobe.com
063	Ferdinand Schmutzer
074	Pituk/stock.adobe.com
079	Bantamweight / PIXTA
088-089	Rainer Fuhrmann/stock.adobe.com, Georgios Kollidas/stock.adobe.com
096-097	zephyr_p/stock.adobe.com
098-099	Syda Productions/stock.adobe.com, Olivier Le Moal/stock.adobe.com, ryanking999/stock.adobe.com, bannosuke/stock.adobe.com
121	pongmoji/stock.adobe.com
123	公益財団法人長寿科学振興財団
124	Seventyfour/stock.adobe.com
126-127	taka/stock.adobe.com
128-129	NASA Goddard Space Flight Center Image by Reto Stokli (land surface, shallow water, clouds). Enhancements by Robert Simmon (ocean color, compositing, 3D globes, animation). Data and technical support: MODIS Land Group; MODIS Science Data Support Team; MODIS Atmosphere Group; MODIS Ocean Group Additional data: USGS EROS Data Center (topography); USGS Terrestrial Remote Sensing Flagstaff Field Center (Antarctica); Defense Meteorological Satellite Program (city lights)
132	NOAA（アメリカ海洋大気庁）
139	Yoshinori Okada/stock.adobe.com
144	Andrey Lapshin/stock.adobe.com
154	akg-images / アフロ
174-175	（地球の出）NASA Johnson Space Center,（月面）NASA Marshall Space Flight Center
176	Caito/stock.adobe.com
183	akg-images / Cynet Photo
185	pauws99/stock.adobe.com
187	Granger Collection / Cynet Photo
188	Classic Vision / AGE Fotostock / Cynet Photo，Granger Collection / Cynet Photo
189	Yingyaipumi/stock.adobe.com
190	iStock.com / Grafissimo
194	Spiroview Inc.t/stock.adobe.com, Georgios Kollidas/stock.adobe.com, Classic Vision / AGE Fotostock / Cynet Photo
195	iStock.com/Grafissimo, Universal Images Group / Cynet Photo, Granger Collection / Cynet Photo, acrogame/stock.adobe.com
198-199	EwaStudio/stock.adobe.com
205	NASA Johnson Space Center

Illustration

Cover Design	小笠原真一，北村優奈（株式会社ロッケン）
005	Ja_inter/stock.adobe.com
006-007	ilyakalinin/stock.adobe.com
008～018	Newton Press
012	浅野 仁
018-019	Newton Press・山本 匠
020-021	Newton Press・小﨑哲太郎
022-023	Newton Press・山本 匠
024～035	Newton Press
036	Newton Press，小﨑哲太郎
037～047	Newton Press
048-049	小林 稔
050～057	Newton Press
058-059	Newton Press・山本 匠
060～065	Newton Press
066-067	Newton Press・黒田清桐
068-069	Newton Press
070-071	腾龙 郭/stock.adobe.com
072-073	Newton Press
074	Newton Press，aki/stock.adobe.com
075-076	Newton Press
077	Newton Press・Rey.Hori
078～081	Newton Press
082-083	Newton Press・sabelskaya/stock.adobe.com
084-085	木下真一郎, Sergey Nivens/stock.adobe.com
086～091	Newton Press
092-093	Newton Press，madiwaso/stock.adobe.com
094-095	Newton Press，Production Perig/stock.adobe.com
096-097	Newton Press
100-101	metamorworks/stock.adobe.com
102-103	Newton Press
104-105	Newton Press・小﨑哲太郎
106	Newton Press・brankospejs/stock.adobe.com
107～111	Newton Press
112-113	Newton Press, dlyastokiv/stock.adobe.com
114-115	Newton Press・Johnson, G.T. and Autin, L., Goodsell, D.S., Sanner, M.F., Olson, A.J.（2011）. ePMV Embeds

	Molecular Modeling into Professional Animation Software Environments. Structure 19,293-303
116-117	Newton Press, SENRYU/stock.adobe.com
118～123	Newton Press
125	Newton Press・木下真一郎
126-127	Newton Press
130-131	加藤愛一
132-133	月本佳代美
134～137	Newton Press, 羽田野乃花
138	Newton Press
140-141	Newton Press, hisa-nishiya/stock.adobe.com
142-143	Newton Press（地図データ：Reto Stöckli, NASA Earth Observatory）
144～147	Newton Press
148-149	藤丸恵美子
150-151	Newton Press
152-153	藤丸恵美子
155	富﨑NORI
156-157	Newton Press・小﨑哲太郎
158～167	Newton Press
168-169	黒田清桐
170-171	Newton Press
172-173	Newton Press, 寺田 敬
178-179	Newton Press
180～182	Newton Press, ilyanatty/stock.adobe.com
184-185	Newton Press, Anait/stock.adobe.com, Dariia/stock.adobe.com
186～191	Newton Press
192-193	Newton Press・山本 匠
194-195	Newton Press,（ニュートン）小﨑哲太郎,（コペルニクス）藤丸恵美子, Archivist/stock.adobe.com, acrogame/stock.adobe.com
196～201	Newton Press
204	lovemask/stock.adobe.com
206	吉原成行

Galileo科學大圖鑑系列 20

VISUAL BOOK OF THE SCIENCE

科學大圖鑑

作者／日本Newton Press
執行副總編輯／陳育仁
翻譯／林詠純
編輯／林庭安
發行人／周元白
出版者／人人出版股份有限公司
地址／231028新北市新店區寶橋路235巷6弄6號7樓
電話／(02)2918-3366（代表號）
傳真／(02)2914-0000
網址／www.jjp.com.tw
郵政劃撥帳號／16402311人人出版股份有限公司
製版印刷／長城製版印刷股份有限公司
電話／(02)2918-3366（代表號）
香港經銷商／一代匯集
電話／(852)2783-8102
第一版第一刷／2023年8月
定價／新台幣630元
港幣210元

國家圖書館出版品預行編目資料

科學大圖鑑＝Visual book of the science/
日本 Newton Press 作；
林詠純翻譯. -- 第一版. -- 新北市：
人人出版股份有限公司, 2023.08
面；　公分. -- (Galileo 科學大圖鑑系列)
(Galileo 科學大圖鑑系列；20)
ISBN 978-986-461-339-7(平裝)
1.CST：科學 2.CST：通俗作品
300　　112009099

NEWTON DAIZUKAN SERIES KAGAKU DAIZUKAN